Karl Kreuser, Thomas Robrecht

Wo liegt das Problem?

So machen Sie Ihr Team in 3 Stunden wieder arbeitsfähig

Ein Leitfaden zur zeitoptimierten Bearbeitung
schwieriger Situationen in Unternehmen
für Führungskräfte und Berater

Praxisteil von Thomas Robrecht

Theoretische Grundlagen von Karl Kreuser

Wolfgang Metzner Verlag

Lektorat Jürgen G. Heim
Gestaltungskonzept Farnschläder & Mahlstedt, Hamburg
Umschlaggestaltung Jana Fiala
Umschlagabbildung © Antikwar/iStockphoto
Autorenfotos und Grafiken © Robrecht/Kreuser
Druck und Einband Hubert & Co., Göttingen
Printed in Germany
ISBN 978-3-943951-62-2

Bibliografische Information der Deutschen Bibliothek
Die Deutsche Bibliothek verzeichnet diese Publikation in der
Deutschen Nationalbibliografie; detaillierte bibliografische
Daten sind im Internet über http://dnb.d-nb.de abrufbar.

Inhalt

Vorwort

Unternehmen brauchen engagierte Mitarbeiter. Je engagierter sie sind, desto mehr Emotionalität setzen sie frei. Aufforderungen zur Sachlichkeit bleiben oftmals wirkungslos und schnell können eskalierende Konflikte entstehen. Das stört die Arbeitsabläufe und schadet dem Unternehmenserfolg. Also soll es möglichst keine Konflikte geben, oder wenn, dann nur möglichst kleine. Führungskräfte, die diesem Grundsatz konsequent folgen, werden irgendwann mit Erfolg belohnt: Die Konflikte sind tatsächlich verschwunden. Es wird nicht mehr gestritten und die Menschen machen in Ruhe ihre Arbeit. Doch leider wird dieser Erfolg von einer schädlichen Nebenwirkung begleitet. Mit dem Verschwinden der Konflikte verschwindet auch das Engagement der Mitarbeiter. Sie regen sich über nichts mehr auf und machen ihren Dienst nach Vorschrift. Morgens freuen sich auf ihren Feierabend, am Monatsende auf ihr Gehalt und einmal im Jahr auf ihren Urlaub. Dadurch entsteht ein doppelter Verlust: Die Unternehmen verlieren das Engagement ihrer Mitarbeiter. Es gibt nur noch Verwalter, aber keine Gestalter. Die Mitarbeiter verlieren ihre Freude an der Arbeit und das Gefühl, etwas Sinnvolles und Werthaltiges zu tun. Man könnte auch sagen: Sie verlieren täglich acht Stunden Lebensfreude.

Auch im 21. Jahrhundert gibt es immer noch zahlreiche Unternehmen, die genauso funktionieren und das auch noch als völlig normal betrachten. Sicher ist, dass es einen demographischen Wandel gibt. Das führt zu einer Verschärfung des Kampfs um engagierte Mitarbeiter. Die Gewinner dieses Kampfes verfügen über einen überlebenswichtigen Wettbewerbsvorteil. Unternehmen, die sich nicht engagierte Mitarbeiter leisten wollen, werden früher oder später aussterben.

Daraus folgt: Engagierte Mitarbeiter, die harmonisch und konfliktfrei miteinander arbeiten, müssen erst erfunden werden. Zusätzlich besteht ein ernsthafter Zweifel, ob es konfliktfrei engagierte Mitarbeiter jemals geben wird. Da es sie also nicht (oder noch nicht) gibt, müssen Führungskräfte mit den vorhandenen Mitarbeitern auskommen. Meist funktioniert das ganz gut und manchmal eben nicht. Wenn es nicht funktioniert, gibt es eine einfache Logik, der Führungskräfte folgen: P. U. L. S. Dies steht für Problem, Ursache, Lösung, Sicherung. Die erste Frage auf dem Weg zur Lösung lautet also:

»Wo liegt das Problem?«

Klar ist, dass eine schnelle Antwort gebraucht wird – je schneller, desto geringer die Kosten. Doch oft wächst das Problem bei der Suche nach einer Antwort. Es zeigen sich immer mehr Facetten. Manchmal mutiert das Problem sogar zu einer richtigen Krise. Auf die einfache Ausgangsfrage eine Antwort zu finden, wird es immer schwieriger. Doch damit nicht genug, denn auch die Ausgangsfrage mutiert. Und das oft völlig unbemerkt. Plötzlich heißt sie »Wer hat Schuld?« oder »Wer hat Recht?«. Das eigentliche Ziel der Lösungsfindung verkümmert zur Nebensache.

Wenn dann Konflikte und ihre Auswirkungen für Führungskräfte nicht mehr handhabbar sind, nutzen sie die Unterstützung von Beratern. Das ist ein Riesengeschäft, das sich solange selbst erhält, wie Konflikte ihren negativen Beigeschmack behalten. Deshalb sind Berater gefragt, die diesen unangenehmen Beigeschmack beseitigen oder wenigstens erträglicher machen.

Wir sind als externe Berater in Unternehmen immer wieder gefordert, in schwierigen Situationen mit möglichst geringem Aufwand zum bestmöglichen Ergebnis zu gelangen. Manchmal sind Situationen ziemlich eindeutig. Dann ist es auch relativ einfach, einen Ausweg aus einer schwierigen Situation zu finden. Doch meist gibt es in schwierigen Situationen zusätzlich einen ziemlich dichten Nebel, bei dem eine Orientierung nicht so einfach ist und eine ohnehin schwierige Situation noch schwieriger wird. So bleiben die möglichen Lösungswege unentdeckt im Nebel verborgen.

Wenn wir als Berater in einem Unternehmen tätig sind, ist es für uns wichtig, dass wir die möglichen Lösungswege in kürzester Zeit entdecken. Doch auch wir sehen immer nur Teilaspekte des Unternehmens – das Ganze bleibt auch uns verborgen. Damit stehen auch wir im Nebel.

In diesem Buch nutzen wir den Begriff »Unternehmen« als Sammelbegriff für Firmen, öffentliche oder soziale Einrichtungen.

Natürlich kann man versuchen, den Nebel zu lichten, bevor man aktiv wird. Damit wäre in jedem Fall das Gefühl gestärkt, auf der sicheren Seite zu sein. Doch bei diesem Gefühl handelt es sich um eine Illusion.

Denn meist entwickelt sich beim Versuch, den Nebel zu lichten, irgendwo heimlich, still und leise ein neuer Nebel. Manchmal ist das sogar beabsichtigt. Mehr noch: Der Nebel könnte vielleicht sogar eine wichtige Schutzfunktion haben. Deshalb ist der Versuch, den Nebel umfassend zu beseitigen, höchst zeitintensiv, mit hohen Kosten und fragwürdigen Ergebnissen verbunden. Immer weniger Unternehmen wollen oder können sich das leisten. Deshalb haben wir uns die spannende Frage gestellt: Wie geht man in solchen Situationen vor? Wie gewinnt man Klarheit, was zu tun ist, wenn man sich im dichten und unauflöslichen Nebel befindet?

Auf der Suche nach Antworten haben wir eine verlässliche Navigationshilfe entwickelt, die uns immer wieder zu guten Ergebnissen führt. Sie verhilft uns in kürzester Zeit zur Klarheit über den nächsten sinnvollen Schritt – selbst im dichten Nebel. Dabei wird nur gerade so viel Nebel gelichtet, wie für eine Schrittweite erforderlich ist. Diese Navigationshilfe ist ein Extrakt aus jahrzehntelanger Praxiserfahrung, die von wissenschaftlicher Grundlagenarbeit kontinuierlich begleitet wurde. So gibt es für all diejenigen, die schneller zu besseren Ergebnissen kommen wollen, eine einfache Handlungsempfehlung, die auf belastbaren theoretischen Grundlagen basiert. Wir nennen es die *»Ergebnisfokussierte Klärung«*. Sie hat es uns ermöglicht, die Akzeptanz und Attraktivität von konsensualen Verfahren in Unternehmen deutlich zu steigern, die Reflexe der Schuldsuche zu überwinden und Eskalationsgefahren zu begrenzen. Mehr noch: eine Ergebnisfokussierte Klärung ist neben der Prozessberatung von Unternehmen oder Teams auch für Führungskräfte bestens geeignet. Sie zeigt Wege auf, wie selbst in schwierigen Situationen – mit geringstmöglichem Zeiteinsatz – Menschen und Aufgaben schneller zu besseren Ergebnissen geführt werden.

Die wichtigsten Merkmale einer Ergebnisfokussierten Klärung sind:
- Das konsensuale Verfahren für den Unternehmenskontext
- folgt einem klaren Ablauf und Zeitrahmen,
- identifiziert sinnvolle und wirksame Maßnahmen,
- fördert und fordert Verantwortungsübernahme und
- mündet immer in konkrete Handlungen.

Damit wird eine Kombination von *»schneller und besser«* erreicht. Das wirkt unseriös, weil dies gängigen Erfahrungen widerspricht. Entweder man ist schneller, dann kostet es Qualität, oder man ist besser, dann kostet es Zeit. Aber in jedem Fall kostet es etwas. So verhält es sich auch mit diesem Leistungsversprechen: »*Schneller zu besseren Ergebnissen*« geht wirklich. Man muss nur bereit sein, den Preis dafür zu zahlen. Da stellt sich natürlich die Frage, worin dieser Preis besteht. Die Antwort ist einfach und gleichzeitig anspruchsvoll in der Umsetzung: Der Preis besteht in der Klarheit desjenigen, der eine Ergebnisfokussierte Klärung anwendet und umsetzt. Sie erfordert konsensuales Denken, ein hohes Maß an Selbstklarheit und Selbstkontrolle, die Fähigkeit, als Fels in der Brandung zu bestehen, eine hohe Empathie, Reflexionstiefe und radikalen Respekt. Das ist alles machbar und erlernbar, wenn man es will. So stellen wir in diesem Buch die praktische Umsetzung und die theoretischen Hintergründe einer Ergebnisfokussierten Klärung dar. Damit wenden wir uns an all diejenigen Berufsgruppen, denen konsensuale Ansätze ihre Arbeit erleichtern:

- **Führungskräfte** mit und ohne Weisungsbefugnis wie Geschäftsführerinnen und Geschäftsführer, Teamleiterinnen und Teamleiter, Projektleiterinnen und Projektleiter, Gruppensprecher und Gruppensprecherinnen;
- **Unternehmen und Teams**, die sich demokratisch selbst steuern und die Funktion »Führung« nach eigenen Kriterien fallweise festlegen;
- **Beraterinnen und Berater** in und für Unternehmen wie Personalentwicklerinnen und Personalentwickler, Ausbilderinnen und Ausbilder, Trainerinnen, Trainer und Coaches;
- **Interessenvertreter und Interessensvertreterinnen** wie Personal- und Betriebsräte und Betriebsrätinnen, Juristinnen und Juristen, Rechtsanwältinnen und Rechtsanwälte der Privatwirtschaft und öffentlichen Verwaltung;
- **Lehrende und Lernende**, die sich wirksame und praktische Modelle für die Arbeit in und mit Unternehmen mit einem fundierten wissenschaftlichen Hintergrund erschließen wollen.

Uns ist eine gendergerechte Sprache wichtig, ebenso eine flüssige Lesbarkeit. Wie die Aufzählung der Zielgruppen zeigt, ist das nicht unbedingt gleichzeitig realisierbar. Aus Gründen der Lesbarkeit werden wir uns in unseren Ausführungen auf ein Geschlecht begrenzen. Wir werden je Kapitel zwischen der männlichen und weiblichen Form wechseln. Dabei bleiben wir im jeweiligen Kapitel bei einer Form und sprechen damit immer beide an. Mit diesen Wechseln wollen wir aber nicht nur Geschlechteraspekte und Lesbarkeit vereinen. Es geht dabei auch um die Demonstration einer weiteren Erkenntnis, deren Akzeptanz das Leben deutlich erleichtert: Es gibt keine dauerhaft stabile Ausgewogenheit, keine dauerhafte Gerechtigkeit und letztlich auch keinen Weg, es jedem und allen recht zu machen. Aber es gibt den Versuch, dieses Ziel, trotz seiner Unerreichbarkeit, immer wieder anzustreben.

Unseren Leserinnen und Lesern wünschen wir, dass sich diese Verknüpfung von praktischen Darstellungen und theoretischen Grundlagen als ein Zugewinn für die Arbeit mit Menschen in Unternehmen erweist.

Freystadt und München im März 2016

Thomas Robrecht und Karl Kreuser

1. Einführung

von Thomas Robrecht

Dieses Kapitel beschreibt den Lernweg unserer Konfliktbearbeitung. Zu Beginn war unser Blick auf Konflikte getragen von einer großen Begeisterung für Mediation. Diese Begeisterung ist nach wie vor hoch. Allerdings hat sich unser Blick für die Einsatzmöglichkeiten von Mediation in Unternehmen deutlich geschärft. So ist beispielweise die Ergebnisoffenheit der Mediation ein Aspekt, der in einem ergebnisorientierten Umfeld eines Unternehmens meist Befremden erzeugt. Unternehmen müssen Ergebnisse liefern. Deshalb ist eine Ergebnisfokussierte Klärung ein Weg, wie mediatives Denken und Handeln in Unternehmen seinen Platz finden kann. Dazu richten wir den Blick auf die erfolgsentscheidenden Faktoren.

1.1 Irritationen der Praxis

Seit Beginn unserer Beratungstätigkeit begleitet uns ein seltsames Phänomen. Wir stellen immer wieder fest, dass es in Unternehmen viele Menschen mit hervorragend ausgeprägten Kompetenzen gibt. Sie verfügen über ein umfangreiches Wissen und viel Erfahrung. Man sollte meinen, dass sich – bei einer großen Anzahl kompetenter Mitarbeiter – die Einzelkompetenzen im Kollektiv gegenseitig verstärken oder zumindest addieren. »Synergieeffekte« heißt das Zauberwort, bei der sich Unterschiedlichkeit und Vielfalt als bereichernde Ressourcen darstellen. Doch es kommt zu einem seltsamen Phänomen: Oftmals entwickelt sich diese Unterschiedlichkeit und Vielfalt zu einem blockierenden Hindernis. Dann kommen gut ausgeprägten Individualkompetenzen im Kollektiv erst gar nicht zur Wirkung.

Dazu ein paar typische Beispiele:

- Besprechungen laufen chaotisch ab, obwohl jeder Teilnehmende eine Moderationsausbildung absolviert hat.

- Abteilungen bekämpfen sich, obwohl sie zum selben Unternehmen gehören.
- Bestens ausgebildeten Mediatoren gelingt es nicht, in ihrem eigenen Berufsverband Konsens über die Strategie und die Ziele sowie deren konsequente Umsetzung zu finden.

Gemeinsame Folge: Die Mitglieder eines Unternehmens verbrauchen viel Energie, um ihre Meinungsverschiedenheiten und Konflikte zu pflegen. Das schreckt viele ab, sich zu engagieren. Diese Energie fehlt dem Unternehmen, um Ziele zu erreichen und Strategien umzusetzen. Zunächst hatten wir für dieses Phänomen eine einfache und einleuchtende Erklärung: Schuld daran ist die Dominanz von Individualinteressen. Die logische Schlussfolgerung für unsere Arbeit als Berater lautete: »Mache möglichst alle Individualinteressen transparent, würdige sie und sorge dann für die Stärkung einer konsensualen Selbstlösungsfähigkeit, bei der alle Interessen Berücksichtigung finden.«

Mit dieser Beratungslogik, die der Mediation entspricht, erzielten wir bemerkenswerte Erfolge. Das war immer dann der Fall, wenn alle Beteiligten bereit waren, ihre relevanten Interessen zu veröffentlichen. Doch sobald diese Bereitschaft auch nur ansatzweise fehlte, stießen wir an Grenzen. Dann führte diese Interventionsrichtung in eine Sackgasse. Am Ende war es (fast) wie am Anfang. Entweder blieb es bei der Dominanz von Individualinteressen oder es blieb dabei, dass einzelne Individuen ein ganzes Kollektiv blockieren.

Solche Ergebnisse sind in mehrerer Hinsicht unbefriedigend. Es wird von vielen Beteiligten viel Zeit investiert, die wirkungslos verpufft. Gleichzeitig findet dieses Spektakel im Rahmen eines Unternehmens statt, dessen unternehmerische Ziele in den Hintergrund geraten und Gewinne dadurch reduziert werden. Es wollte uns nicht einleuchten, dass Individualinteressen grundsätzlich eine stärkere Wirkung haben und ihnen mehr Aufmerksamkeit geschenkt wird, als denen des Kollektivs.

So fiel uns auf, dass auch wir etwas sehr Merkwürdiges taten. Ausgehend von dem seltsamen Phänomen, dass ein Kollektiv das Individuum blockiert, suchten wir die Lösung beim Individuum. Das erinnert an die Geschichte des Mannes, der auf einer dunklen Straße seinen Schlüssel verliert, aber seine Suche nach dem Schlüssel an einer ganz anderen Stelle vornimmt, nämlich dort, wo eine Laterne die Straße erhellt. Doch was nützt die Suche beim Licht, wenn der Fundort im Dunkeln liegt? Das regte uns an, die Fokussierung auf das Individuum zu verändern und den Blick auf das Kollektiv zu lenken.

Daraus entstanden neue Fragestellungen für die Bearbeitung der zuvor genannten seltsamen Phänomene:

- Wie gelingt es einem Kollektiv, die Kompetenzen der Individuen zu blockieren?
- Welcher Logik folgt das Phänomen »Kollektiv blockiert Individuum«?
- Unter welchen Bedingungen entsteht dieses Phänomen?

Wir verglichen Situationen, in denen dieses Phänomen besonders deutlich beobachtbar war, mit solchen, in denen es fehlte. Schließlich konnten wir Rahmenbedingungen identifizieren, welche die Ausprägung kollektiver Kompetenzen beeinflussen. Daraus entwickelten wir die Beratungslogik der Ergebnisfokussierten Klärung, die sich von unserer ursprünglichen mediativen Beratungslogik deutlich unterscheidet. Um diesen Unterschied darzustellen, richten wir zunächst den Blick auf die Entwicklungsgeschichte, die aus der mediativen Beratungslogik entspringt.

Seit 1997 bearbeiten wir Konfliktsituationen in Unternehmen überwiegend mit Gruppen, oft mit Einzelpersonen und manchmal auch zwischen zwei Personen. Der Ausgangspunkt ist unsere Leidenschaft für Mediation. Sie wird gespeist von einer tiefen Befriedigung bei dem Erleben, wenn zwischen stark zerstrittenen Menschen eine Verständigung möglich wird. Manche nennen es »magische Momente«, in denen sich den Streitenden neue Perspektiven erschließen und sie völlig neue Wege des Miteinanders entdecken können. Dieses Erleben lässt bei den Beteiligten ein durchaus hohes Suchtpotenzial entstehen, weil es so wohltuend anders ist. Dieses Erleben hat lange Zeit unsere Sichtweise geprägt, dass Mediation auch für Unternehmen etwas sehr Nützliches sei. Doch je mehr wir unsere Erlebnisse in und mit Unternehmen reflektierten, desto klarer mussten wir erkennen, dass Mediation dort nur in seltenen Ausnahmefällen als stimmige und sinnvolle Intervention Anwendung finden kann.

Gegen diese Erkenntnis wehrten wir uns viele Jahre. Lange Zeit suchten wir nach Wegen, wie wir die Menschen zur Mediation bringen können. Doch das funktionierte nur äußerst selten, und wenn, dann eher zufällig. Aber warum nur?

Vermutlich waren wir nicht überzeugend genug. Wahrscheinlich hatten wir noch nicht genau genug erklärt, warum Mediation so wertvoll und hilfreich ist? Doch je mehr wir überzeugen wollten, desto stärker wurde die Skepsis. Das führte zu noch mehr verzweifelten Überzeugungsversuchen, ohne dass sich die gewünschte Wirkung einstellte. So haben wir beispielsweise auch versucht, Mediation als ein Konfliktseminar mit hundertprozentiger Praxisorientierung anzupreisen. Aber auch diese attraktivere Verpackung steigerte die Nachfrage nicht. Sogar das neue Mediationsgesetz vermochte daran nichts zu verändern.

All das macht stutzig:

> Ist Mediation für Unternehmen vielleicht doch ungeeignet?
> Oder sind Unternehmen für Mediation nicht geeignet?

Diese Frage begleitete uns einige Jahre. Irgendwann konnten wir die Erkenntnis nicht mehr verdrängen, dass wir mit Mediation viel zu weit entfernt vom Alltag der Menschen in Unternehmen waren. Doch diese Tatsache hielt uns nicht davon ab, weiter nach Wegen und Formen zu suchen, wie das, was wir bei der Mediation als nützlich und hilfreich erleben, in Unternehmen zu einem Mehrwert zu führen. Wenn also Mediation als Verfahren in Unternehmen eine Seltenheit darstellt (und das aus gutem Grund, wie wir noch aufzeigen werden), wie kann es trotzdem gelingen, konsensuales Denken und Handeln in Unternehmen zu verankern? Diese Suche geschah beiläufig während der Bearbeitung unserer Kundenaufträge.

1.2 Grundlagen der Prozessberatung

Eine erste Unterscheidung lässt erkennen, dass wir Aufträge mit zwei verschiedenen Ausrichtungen bearbeiten. Eine Form ist mit dem Bild einer Feuerwehr vergleichbar, die gerufen wird, wenn es brennt. Diese Sofortmaßnahmen, bei denen es immer darum geht, »die Kuh vom Eis zu bekommen«, haben je nach Kunde verschiedene Namen: Workshop, Moderation, Mediation, Supervision, Teamentwicklung, Einzelcoaching, Teamcoaching, Klärung kritischer Aspekte der Zusammenarbeit u. v. m.

Die andere Form hat eher einen vorbeugenden oder vorbereitenden Charakter, und nennt sich je nach Kundenwunsch und Zielrichtung Führungskräfteentwicklung, Potenzialträgerprogramm, Boxenstopp für erfahrene Führungskräfte, Kulturentwicklung, Nachwuchsförderung, Ausbildung betriebsinterner Konfliktmoderatoren, Mediationsausbildung, Kollegiale Beratung, Kompetenzentwicklung, Strategie-workshop, Zukunftsworkshops, Führungskulturentwicklung, Einführung von Konfliktmanagement, usw. Dabei handelt es sich meist um Seminare, in denen wir konkrete Alltagssituationen der Teilnehmenden als Arbeitsgrundlagen verwenden.

Was an der Oberfläche wie ein bunter Gemischtwarenladen anmutet, basiert auf einem einzigen Fundament, das wir »**Prozessberatung**« nennen. Im Gegensatz zur Fachberatung, bei der die Berater Experten für den Inhalt sind, zählen Prozessberater eher zu den Experten für die Form. Damit ist die Art und Weise gemeint, wie etwas getan wird. Meist geht es dabei um herausfordernde Fragestellungen, die mit Menschen an ihrem Arbeitsplatz zu tun haben. Das sind oft komplexe Situationen, bei denen unterschiedliche Sichtweisen oder gegenläufige Engagements aufeinanderprallen und der Verlauf nicht vorhersehbar ist. Dann begeben wir uns gemeinsam mit den Kunden auf die Suche nach Lösungsmöglichkeiten. Prozessberatung tut also etwas Notwendiges. Entweder soll eine akute Not beseitigt, oder eine potenzielle zukünftigen Not vermieden werden – in beiden Fällen ist für die Beteiligten die Wirkung unserer Arbeit »not-wendend«. Darin liegt ihr Zugewinn. Dafür müssen wir zuvor Klarheit herstellen, worin genau der Unterschied zwischen dem aktuellen Ist-Zustand und dem neuen Soll-Zustand bestehen soll und ob und wie dieser Zugewinn den Strategien und Zielen der Unternehmen dienlich ist.

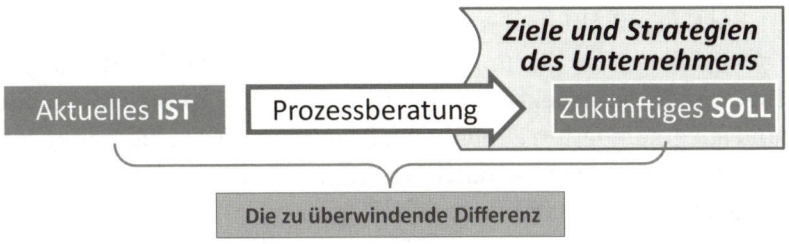

Abb. 1: Not-wendende Prozessberatung

Dabei gehen wir schrittweise vor, ohne den gesamten Weg bereits zu kennen. Wir akzeptieren auch, dass manches noch im Nebel liegt. Dennoch gibt es immer ein Ziel und einen Plan, wie der Weg zum Ziel zu gestalten ist. Und dann gibt es auf dem Weg der Umsetzung Erkenntniszugewinne (z.B. durch einen bereits gelichteten Nebel), die durchaus Ziel und Plan infrage stellen können. So sind wir »im Fluss« fortschreitender Entwicklungsprozesse. Die Baustoffe für den Weg und seine

Richtung geben uns die Rahmenbedingungen und Ziele unserer Kunden vor. Wir sorgen nur dafür, dass die Arbeit zügig voran geht, indem wir uns immer wieder mit den passenden Werkzeugen aus unserem gut gefüllten Werkzeugkoffer bedienen. Er enthält zahlreiche Methoden von Analysetools für Unternehmen und Personen, Frage- und Gesprächstechniken bis hin zu Elementen der Gestalt- und Aufstellungsarbeit.

Doch allein ein gut gefüllter Werkzeugkoffer führt noch nicht zu guten Ergebnissen. Erfolgsentscheidend ist nicht etwa die Wahl des »richtigen« Werkzeuges. Viel wichtiger ist die Haltung, mit der ein Werkzeug eingesetzt wird. Diese Erfahrung macht jeder Handwerker, der an einem Werkstück eine glatte Oberfläche herstellen will. Dazu kann er verschiedene Werkzeuge nutzen wie Hobel, Feile oder Schleifpapier. Aber die Verfügbarkeit des Werkzeuges reicht nicht aus. Wer eine glatte Oberfläche erzeugen will, braucht neben einem gepflegten Werkzeug auch Übung in der Anwendung des Werkzeuges. Damit ist eine gute Voraussetzung für ein gutes Arbeitsergebnis gegeben – aber mehr auch nicht. Das Wichtigste ist, eine bewusste und reflektierte Körperhaltung einzunehmen, über einen stabilen Stand auf einem soliden Fundament zu verfügen, gleichzeitig seine volle Konzentration auf das Werkstück zu lenken und sich mit ihm quasi »zu verbünden«. Nur so entstehen erstklassige Arbeitsergebnisse. Wo diese Aspekte fehlen, bleibt das Ergebnis immer hinter den Möglichkeiten zurück.

Die äußere Körperhaltung des Handwerkers ist vergleichbar mit der inneren Geisteshaltung des Beraters. So lässt sich die Metapher auf die Ergebnisfokussierte Klärung übertragen. Wird sie mechanisch abgearbeitet, ohne eine respektvolle, empathische Haltung und ohne stabilen Stand auf einem festen Fundament, funktioniert es nicht. Damit kommen wir nun zu den wirklich wichtigen und entscheidenden vier Grundlagen als Fundament unserer Beratung:

- **Klarheit von Aufgaben und Verantwortung**

Wir sorgen wir für Transparenz von Aufgaben, Zuständigkeiten und Verantwortungen aller Beteiligten. Mit dieser Klarheit nehmen wir unsere Aufgaben wahr. Gleichzeitig fordern wir von unseren Kunden ebenfalls Verantwortungsübernahme ein.

- **Respekt, Wertschätzung und Empathie**

Jeder Mensch hat einen guten Grund, sich genau so zu verhalten, wie er sich verhält. Das gilt insbesondere auch dann, wenn man diesen guten

Grund nicht kennt oder ihn nicht nachvollziehen kann. Denn meist führen unverständliche Verhaltensweisen sehr schnell zu Konflikten. Deshalb ist es von enormer Wichtigkeit, andere Menschen so zu akzeptieren, wie sie sind – unabhängig von Sympathieaspekten. Erst dann wird es möglich, insbesondere bei Menschen mit sozial unverträglichen Verhaltensweisen, die zugrunde liegende »Not« zu erkunden. So wird Verständnis gefördert und eine emotionale Belastung reduziert. Mit dieser Entspannung steigt die Chance, die zuvor verborgenen Lösungswege zu entdecken.

• Klares Führungsverständnis

Ohne ein klares Bild von Führung ist unsere Arbeit nicht möglich. Im Kontext von Unternehmen sind wir immer auch Unterstützer von Entscheidungsträgern und Führungskräften. Häufig erleben wir eine Differenz zwischen Führungsrealität und Führungsideal. Nach der Idealvorstellung sollen Führungskräfte Handlungen mit demotivierender Wirkung auf ihre Mitarbeiter unterlassen. In der Realität lässt sich das aber nicht immer verwirklichen. Solange Handlungen reflektiert und verantwortungsbewusst vollzogen werden, ist diese Differenz zwischen Ideal und Realität eher unkritisch. Ist sie jedoch Folge eines reflexartigen, unbewussten Führungshandelns, zielt unsere erste Intervention auf die Herstellung einer bewussten und souveränen Führung ab. Wenn das – aus welchen Gründen auch immer – nicht möglich ist, fehlt uns eine unverzichtbare Voraussetzung für unsere Arbeit als Prozessberater. Deshalb ist die Stärkung von Führungskräften unverzichtbar für den Erfolg unserer Dienstleistungen.

• Klares Kompetenzverständnis

Wir messen den Erfolg unserer Arbeit an dem Unterschied zwischen »Vorher« und »Nachher«. Meistens geht es darum, unserem Kunden zur Sicherheit im Umgang mit einer schwierigen Situation zu verhelfen. Genau dazu befähigen Kompetenzen: Sie ermöglichen ein sicheres Handeln in unsicheren Situationen. Kompetenzen setzen sich aus Fähigkeiten und Bereitschaften zusammen. Erst wenn beides vorhanden ist, werden mit zielorientierten Handlungen die gewünschten Ergebnisse möglich. Als Trainer und Berater können wir Fähigkeiten unserer Kunden entwickeln – aber nur dann, wenn sie dazu auch bereit sind. Bereitschaft ist eine Voraussetzung, die wir nicht entwickeln können. Wo sie fehlt, bleibt unsere Arbeit wirkungslos.

Diese vier Aspekte bilden ein solides Fundament für jede Art der Prozessberatung im Kontext von Unternehmen. Zusätzlich haben wir im Laufe unserer Beratungstätigkeit einige Prinzipien entwickelt, die uns immer wieder gute Orientierung bieten und uns für die Ergebnisfokussierte Klärung sehr wichtig erscheinen. Für eine »normale« Prozessberatung sind diese Prinzipien zwar auch hilfreich, jedoch nicht zwingend erforderlich.

- Handlungsprinzipien
  - Konsequente Orientierung am Markt und Kundenwünschen
  - Kontinuierliche Reflektion unserer Erfahrungen
  - Reflexion der eigenen Beratungs-Denkwelt
  - Kultivieren des Mutes, eingefahrene Bahnen zu verlassen
  - Herstellung von Balancen – sofern möglich
  - Berater entbehrlich zu machen

Grundlagen der Prozessberatung in Unternehmen

Klares Führungsverständnis	Klarheit von Aufgaben und Verantwortung	Klares Kompetenzverständnis	Respekt, Wertschätzung, Empathie

Hilfreiche Handlungsprinzipien

- Konsequente Orientierung am Markt an Kundenwünschen
- Reflektion der Erfahrungen und Beratungs-Denkwelt
- Kultivieren des Mutes, eingefahrene Bahnen zu verlassen
- Herstellung von Balancen – sofern möglich
- Stärkung der Autonomie des Kunden: sich als Berater entbehrlich machen

Abb. 2: Grundlagen der Prozessberatung und Handlungsprinzipien

Besonders der letzte Punkt sorgt manchmal für Irritation, weil er aus betriebswirtschaftlicher Sicht unsinnig erscheint oder zumindest altruistisch anmutet. Doch genauer betrachtet, spiegelt sich darin die Absicht wieder, Kompetenzen unserer Kunden zu fördern, also sicheres Handeln in unsicheren Situationen zu ermöglichen. Zusätzlich liegt darin auch eine sehr nachhaltige Form der Kundenbindung, die sich langfristig auszahlt. Uns ist es wichtig, für eigenverantwortliches Handeln mit nachhaltiger Wirkung zu sorgen, und das mit möglichst geringem Ressourceneinsatz.

1.3 Ein gewagtes Leistungsversprechen

Mit diesen Beratungsgrundlagen hatten wir bereits 2004 eine Form der Konfliktmoderation für Gruppen entwickelt, die sich seither bestens bewährt hat und die wir nur noch minimal verändert haben.

In den meisten Fällen waren die Beteiligten mit dem Ergebnis sehr zufrieden. Allerdings gab es ab und zu auch Konfliktmoderationen, mit denen wir ein gutes Ergebnis verfehlten. Durch die regelmäßige Reflexion unsere Arbeit konnten wir schließlich Indikatoren identifizieren, mit deren Hilfe es uns möglich wurde, belastbare Prognosen über die Erfolgswahrscheinlichkeit unserer Intervention zu erstellen.

Eine zweite Entwicklung, die uns zunächst große Probleme bereitete, war eine zunehmende Ressourcenverknappung. Unseren Kunden stand für die Bearbeitung schwieriger Situationen immer weniger Zeit zur Verfügung. Die sonst so wirksamen Methoden intensiver Analyse auf formaler und sozialer Ebene waren nun nicht mehr anwendbar. Was also tun?

Die Arbeit mit Teams, Gruppen und Einzelpersonen in schwierigen Situationen führten wir fort, jedoch immer öfter unter hohem Zeitdruck. Dadurch waren wir gezwungen, unseren prall gefüllten Werkzeugkoffer rigoros abzuspecken. Zunächst waren wir uns absolut sicher, dass wir mit diesem Vorgehen Qualität einbüßen würden. Aber es kam ganz anders.

Wir stellten fest, dass durch die konsequente Konzentration auf das Wesentliche immer noch gute und für Teams und Auftraggeber zufriedenstellende Ergebnisse erzielt wurden. Zusätzlich konnten wir beobachten, dass die blockierende Wirkung dominierender Individualinteressen deutlich geringer wurde. So entstanden die ersten beiden von drei Faktoren, auf denen der Erfolg Ergebnisfokussierter Klärung basiert: Unsere Grundlagen der Prozessberatung ergänzt um einen kräftigen Zeitdruck. Der dritte Faktor besteht aus der wissenschaftlichen Untermauerung unserer Praxiserfahrung. So haben sich Theorie und Praxis wechselseitig inspiriert. Unterstützt wurde dieser Erfolg durch einige glückliche Umstände:

Thomas Robrecht konnte in acht Jahren Vorstandsarbeit im Bundesverband Mediation wertvolle Erfahrungen sammeln bei der Entwicklung eines Mediationsverbandes auf dem Weg in die Professionalität. Zusammen mit Karl Kreuser entstand 2010 das Forschungsprojekt Mediationskompetenz, bei dem sich 562 Mediatorinnen und Mediatoren im deutschsprachigen Raum beteiligten. Die Ergebnisse dieser Umfrage boten zahlreiche nützliche Erkenntnisse. So entstand u. a. eine neue Definition von Konflikt, die sich durch ihren Pragmatismus und eine handfeste Alltagstauglichkeit auszeichnet. Schließlich konnten wir diese Faktoren in unsere berufliche Praxis als Trainer und Berater für Führung und Management einfließen lassen und in vielen Situationen erproben.

Wir optimierten unsere Konfliktmoderation weiter bis wir etwas erreicht hatten, was unserer bisherigen Grundüberzeugung widersprach: Plötzlich hatten wir ein »Rezept« für eine erfolgreiche Bearbeitung von Konflikten in Unternehmen. Und das passierte ausgerechnet uns, die doch Rezepte immer als unreflektiertes Handeln mit vorhersagbar schädlichen Folgen abgetan hatten! Doch mit den Grundlagen der Prozessberatung ergänzt um einen klaren Ablauf und einem vorgegebenen Zeitrahmen ließen sich immer wieder verlässlich zufriedenstellende Ergebnisse erzielen. So präzisierten sich die Merkmale Ergebnisfokussierter Klärung:

Klare Führung, klare Ziele, klarer Ablauf und klarer Zeitrahmen.

Als Nebeneffekt bietet unser »Rezept«, das wir nun lieber »Handlungsempfehlung« nennen, zahlreiche weitere Vorteile. Der bestechendste Vorteil ist das messbare Leistungsversprechen, das wir über unser Arbeitsergebnis abgeben können. Wir erleben mit der Ergebnisfokussierten Klärung immer wieder, dass es uns gelingt, sowohl einzelne Personen als auch Teams und Gruppen in kürzester Zeit wieder zur Klarheit über ihre nächsten Schritte zu führen. Zunächst erschien es uns selbstverständlich, weil wir es nicht anders kannten, dann wie ein zufälliges Phänomen, dem ein paar glückliche Umstände zum Erfolg verhalfen. Doch inzwischen können wir ein konkretes Versprechen abgeben, das viele Berater und Kunden gleichermaßen fasziniert und abschreckt:

Wir führen zerstrittene Teams in drei Stunden in die Arbeitsfähigkeit.

Dieses Leistungsversprechen wirkt auf den ersten Blick unseriös, da es den Erfahrungen mit vertrauten Prozesslogiken widerspricht. Zumindest wirkt es höchst oberflächlich und scheint auf einem mechanistischen Menschenbild zu basieren. Doch weit gefehlt, denn ohne die Grundlagen der Prozessberatung funktioniert es nicht.

In der Praxis erleben wir mit diesem Leistungsversprechen, dass immer wieder eine Differenz zwischen Sender und Empfänger entsteht.

| Gesendete Botschaft: | »Herstellung der Arbeitsfähigkeit«. |
| Gehörte Botschaft: | »Konflikt gelöst«. |

Diese verlässliche Diskrepanz ist Ressource und Hindernis zugleich. Die Ressource besteht in dem positiven Marketingaspekt des »Heilsversprechens«, weil für viele Menschen Konflikte negativ belegt sind. Sie verlässlich zu beseitigen, ist deshalb höchst attraktiv. Dadurch steigt auch die Bereitschaft, sich aktiv mit dem Konflikt zu befassen. Diese Ressource wird dann zum Hindernis, wenn die Diskrepanz zwischen »Gesendet« und »Gehört« erhalten bleibt. Deshalb ist eine sorgfältige Auftragsklärung unverzichtbare Voraussetzung und wesentlicher Bestandteil dieser Dienstleistung. Dazu gehört eben immer auch die Klärung des (potenziellen) Missverständnisses:

Arbeitsfähigkeit bedeutet, dass die Beteiligten zur Klarheit über ihre nächsten Schritte gelangt sind – nicht mehr, aber auch nicht weniger. Diese Klarheit ist notwendige Voraussetzung für wirksame Handlungen. Ob die erzeugte Klarheit attraktiv ist oder nicht, können wir nicht beeinflussen. So kann das Ziel zu Beginn einer Zeitoptimierten Klärung sein, die Zusammenarbeit zu verbessern. Und auf dem Weg dorthin kann beispielsweise die Klarheit entstehen, dass den Beteiligten die Bereitschaft zur Kooperation fehlt. Das kommt zwar nur selten vor, kann aber immer auch ein mögliches Ergebnis mit unangenehmen Nebenwirkungen sein. Den Willen zur Kooperation können wir nicht erzeugen. Aber wir können einen fehlenden Willen sozial verträglich offenlegen und besprechbar machen, oder die Fähigkeit zur Kooperation stärken, sofern der Wille dazu vorhanden ist. Auch zeigt sich beim Begriff der »Arbeitsfähigkeit« wieder der Bezug zum Kollektiv: Es ist wieder in der Lage, an den Zielen des Unternehmens zu arbeiten.

Arbeitsfähigkeit bedeutet, dass die Beteiligten wissen, welche Handlungen sie auf dem Weg zum Ziel als nächstes vollziehen werden.

1.4 Konsequent anders

Methodisch betrachtet handelt es sich bei der Ergebnisfokussierten Klärung um eine Kombination einzelner Elemente aus Mediation, Klärungshilfe, lösungsfokussierten Ansätzen sowie zahlreichen Aspekten von Führungsthemen, Team- und Kompetenzentwicklung.

Führungs- und Beratungsprofis erkennen mit den Elementen viel Bekanntes. Innovativ sind jedoch die Kombination der Elemente und das Beratungsselbstverständnis, das zu schneller zu besseren Ergebnissen führt. Das macht es leicht, weil etliches vertraut ist. Und das macht es schwer, weil Zusammenstellung und Geisteshaltung konsequent anders sind.

Der wichtigste Unterschied besteht in dem Vorrang des Kollektivs vor dem Individuum. Hinzu kommt die Erhöhung der Frustrationstoleranz anstelle des Frustrationsabbaus. Daraus leitet sich eine veränderte Prozesslogik ab. Voraussetzung dafür ist ein Zugang zu dieser neuen Denkwelt. Beides stellen wir in diesem Buch dar: Die Denkwelt der kollektiven Kompetenzen mit der daraus abgeleiteten Prozesslogik der Ergebnisfokussierten Klärung sowie deren praktische Umsetzung im Führungs- und Beratungsalltag.

Wir wollen die Anwendung von zeitoptimierten Klärungsprozessen mit einer klaren und haltgebenden Struktur für Führungskräfte und Berater nachvollziehbar darstellen. Hier sehen wir einen umfassenden Nutzen für all diejenigen Berufsgruppen, denen konsensuale Ansätze ihre Arbeit mithilfe unserer Handlungsempfehlung erleichtern:
- Führungskräfte und Projektmanagerinnen / Projektmanager
- Berater und Beraterinnen
- Lehrende und Lernende

Jede dieser Rollen bringt besondere Aufgaben und Verantwortungen mit sich. So hat eine Führungskraft Ergebnisverantwortung und Weisungsbefugnis. Das hat ein Berater nicht. So gibt es wichtige Unterschiede bei der Umsetzung der Ergebnisfokussierten Klärung. Die Einsatzmöglichkeiten und Grenzen unterscheiden sich, je nachdem, aus welcher Rolle heraus gehandelt wird. Deshalb machen wir immer deutlich, welche Handlungen zu welcher Rolle passen.

Dabei unterscheiden wir die Beraterrolle und die Entscheiderrolle. Diese Differenzierung ist besonders für Führungskräfte wichtig, da sie – je nach Situation und Aufgabenstellung – beide Rollen einnehmen können. Hier sind Rollenklarheit und Rollentransparenz unverzichtbare Voraussetzung für die Anwendung der Ergebnisfokussierter Klärung. Gleiches gilt für die Interessensvertreter und Interessensvertreterinnen, die – je nach Selbstverständnis und Situation – ebenfalls beide Rollen einnehmen können.

Im **Kapitel 2** stellen wir unsere Perspektiven auf Unternehmen, Führung, Konflikt und deren Zusammenhänge dar. Dieses Bild ergänzen wir um die Berater- und Führungsperspektive mit ihrem Selbstverständnis und ihrer Rollenklarheit. Damit beschreiben wir die handlungsleitenden Grundlagen sowie die Rahmenbedingungen Ergebnisfokussierter Klärung.

Die praktische Anwendung der zeitoptimierten Bearbeitung schwieriger Situationen in Unternehmen wird in **Kapitel 3** beschrieben. Darunter verstehen wir die Erzielung bestmöglicher Ergebnisse in kürzester Zeit. Wie das erreicht wird, beschreiben wir zunächst für Beraterinnen und Berater und anschließend für Führungskräfte. Soviel sei schon mal vorweggenommen: Führungskräfte haben es mit der praktischen Anwendung wesentlich leichter, als Beraterinnen und Berater.

In Kapitel 4 erläutert Karl Kreuser die theoretischen Grundlagen und zeigt die wissenschaftlichen Wurzeln auf, aus denen das beinahe banal anmutende Vorgehen des Kapitels 3 entspringt.

> Praxisbeispiele zeigen oft besser, worauf es ankommt, als theoretische Umschreibungen. Wir teilen deshalb gern unsere Erlebnisse aus der Praxis in anonymisierter Form, um so Verstehen und Verständnis zu fördern. Sie erkennen Beispiele an dieser Schrift und der eingerückten Form.

2. Unternehmen und Beratung

Dieses Kapitel betrachtet die zentralen Faktoren, die für eine zeitoptimierte Bearbeitung schwieriger Situationen in Unternehmen von Bedeutung sind. Mit »Unternehmen« meinen wir umfassend wirtschaftende Firmen, soziale und öffentliche Einrichtungen usw. Mit »Beratung« meinen wir nicht etwa Fachberatung, bei der Experten für bestimmte Sachthemen gefragt sind (Inhalt, das WAS), sondern Prozessberatung, bei der es in erster Linie auf die Form (das WIE) ankommt. Auch wenn Prozessberater immer auch Experten für bestimmte thematische Inhalte wie Organisationsentwicklung, Personalentwicklung, Persönlichkeitsentwicklung, Teamentwicklung sind, liegt der Fokus immer auf der Arbeit mit Menschen und deren inneren und äußeren Prozessen. Darin liegt eine Gemeinsamkeit von Führung und Beratung. Deshalb ist es wichtig, dass Beraterinnen über ein klares Führungsverständnis verfügen und Führungskräfte über ein klares Beratungsverständnis. Je klarer die Bilder, desto wirkungsvoller die Kooperation beider Disziplinen.

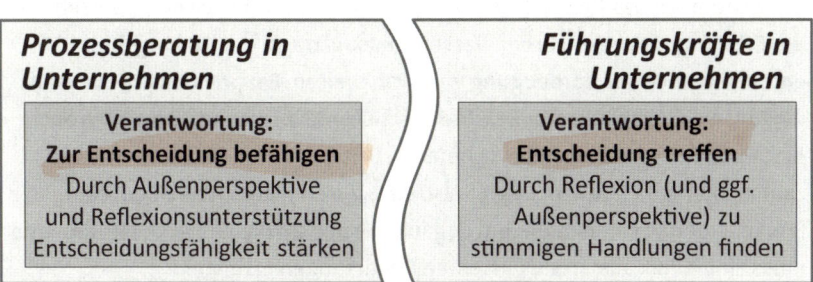

Abb. 3: Verantwortung von Prozessberatung und Führungskräften

Damit bildet in diesem Kapitel die gemeinsame Betrachtung von Unternehmen und Beratung die Basis für die praktische Umsetzung im dritten Kapitel.

Wie in der Einleitung angekündigt, wird in diesem Kapitel die weibliche Form genutzt. Damit ist immer auch die männliche Form gemeint.

2.1 Unternehmen

Stellen Sie sich folgende Aussage einer Verkäuferin vor: »Bei uns können Sie Waschmittel, Raumschiffe, Aktien, Osterhasen, Fachkräfte, Mikroskope, Therapien und Baustoffe kaufen.«

Eine Reaktion wie »Super, da kaufe ich ein« ist eher unwahrscheinlich. Vermutlich werden Sie an der Seriosität dieser Angebote und der dahinter stehenden Firma zweifeln. Und das mit gutem Grund. Hochspezialisierte Waren und Dienstleistungen brauchen für ihre Vertrauenswürdigkeit eine klare Abgrenzung. Es muss für den Markt und die Belegschaft deutlich sein, was das Unternehmen macht, und was nicht. Es braucht Klarheit, was dazu gehört, und was nicht. Diese Grenze zu kennen und zu hüten ist von enormer Bedeutung für die Sicherung der Existenz. Unternehmen sind mit vielen Erwartungen konfrontiert. Neben den üblichen Interessensgruppen wie Kunden, Lieferanten, Mitarbeiter und Kapitalgeber kann es, je nach Kontext, noch viele weitere geben. Alle haben bestimmte Erwartungen an das Unternehmen und jeder hält seine für vorrangig.

> Betrachten wir das Beispiel einer öffentlichen Klinik. Ihre Mission besteht in der Erfüllung des gesetzlichen Versorgungsauftrags, der Heilung ihrer Patienten und auch der Vorbeugung von Krankheiten. Ein privates Krankenhaus hingegen soll dem Investor Rendite bescheren. Darüber hinaus wollen auch Ärzte und Pflegekräfte einen sicheren Arbeitsplatz und Lieferanten einen zahlungsfähigen Kunden. Es gibt also eine Vielzahl an unterschiedlichen Erwartungen von Personen und Organisationen an die Klinik. Doch kann und muss eine Klinik alle an sie gestellten Erwartungen erfüllen?

Es könnten z.B. Krankenversicherer, die ihr Versicherungsrisiko minimieren wollen, die Klinik bitten, alle Patientendaten zur Verfügung zu stellen, um mithilfe dieser Daten die Versicherungsrisiken besser bewerten zu können und Versicherungstarife anzupassen. Oder Mitarbeiter könnten auf die Idee kommen, ihre Wochenarbeitszeit nach eigenen Vorstellungen frei zu gestalten, und diese dann an den zwei Tagen des Wochenendes zu absolvieren. Oder eine Führungskraft könnte auf die Idee kommen, ihre Mitarbeiter mit der Reinigung der Privatwohnung zu beauftragen.

Diese Beispiele verdeutlichen, dass es Erwartungen gibt, die erfüllt und auch solche, die frustriert werden müssen. Das Erfüllen aller Erwartungen würde sehr schnell zum Untergang der Klinik führen. Ebenso wäre das Frustrieren aller Erwartungen existenzgefährdend. Deshalb ist es wichtige Aufgabe von Führung und Management, die durch die Mission definierenden Grenzen vor Überschreitungen zu schützen, sowie die Förderung der Erfüllung der Mission zu belohnen.

Deshalb braucht jedes Unternehmen Klarheit über seine Mission, die den Zweck des Unternehmens beschreibt und die Frage beantwortet: Wozu gibt es uns? Wem oder was dienen wir? Was genau tun wir, um unsere Existenz zu sichern? Und was nicht? Wem bieten wir welchen Nutzen? Und wem nicht?

Aus der Beantwortung dieser Fragen leiten sich übergeordnete strategische Ziele ab. Sie bilden den Maßstab, an denen alle Ergebnisse gemessen und alle Handlungen bewertet werden. Dieser Maßstab gilt für alle diejenigen, die sich vom Unternehmen bezahlen lassen. Auch wenn es ziemlich trivial erscheint, bietet dieser Grundsatz wertvolle Orientierung für Handlungsentscheidungen besonders in schwierigen Situationen.

Für die Sicherung der Mission braucht jedes Unternehmen bestimmte Funktionen. Sinn dieser Funktionen ist es, Prozesse zu steuern und Aufgaben wahrzunehmen, die der Erfüllung der Mission dienen. Dazu gehört eben auch, einerseits Grenzen sichtbar zu machen und auch zu schützen und andererseits innerhalb des begrenzen Rahmens Ergebnisse zu erzielen. Diese Aspekte werden von den zwei zentralen Funktionen »Führung« und »Management« realisiert.

Diese Funktionen werden von Menschen wahrgenommen. Damit sie das tun können und dazu in der Lage sind, brauchen diese Menschen dafür ganz bestimmte Kompetenzen. Das sind Fähigkeiten kombiniert mit der Bereitschaft, diese Fähigkeiten auch einzusetzen. Diese Ergänzung ist wichtig, weil Wille und Werte dazu führen können, dass vorhandene Fähigkeiten wirkungslos bleiben. Dazu zwei Beispiele:

Eine Biathlon-Athletin verfügt über eine hervorragende Schießfähigkeit mit höchster Trefferquote. Diese Fähigkeit kommt zur Wirkung, wenn es sich beim Ziel um eine Schießscheibe handelt. Unter dieser Voraussetzung lassen Wille und Werte es zu, die Schießfähigkeit zu entfalten. Das ist Kompetenz. Bleibt nur zu wünschen, dass diese Kompetenz fehlt, wenn Menschen das Ziel sind und dass dann ihr Wille und ihre Werte ihre Schießfähigkeit blockieren.

Ähnlich verhält es sich mit Führung. Nehmen wir an, jemand hat zahlreiche Führungsseminare besucht und im Seminar seine Führungsfähigkeit trainiert. Damit ist nun die Fähigkeit vorhanden. Wenn aber die innere Erlaubnis, die Führungsfähigkeit im Alltag einzusetzen, fehlt, bleibt die Fähigkeit wirkungslos. Auch das mag auf den ersten Blick banal wirken. Es kommt jedoch im Alltag recht häufig vor, dass Wille und Werte die Entfaltung vorhandener Fähigkeiten verhindern.

Sowohl für Beratungshandeln als auch für Führungshandeln bietet der Blick auf das Unternehmen und seine durch die Mission definierten Grenzen wertvolle Orientierung:

In einem Team gibt es Konflikte mit einer Mitarbeiterin. Es wurden viele Gespräche geführt, um die Situation zu entspannen. Der Erfolg blieb jedoch aus. Damit das Team wieder zu einer wirksamen Arbeitsfähigkeit findet, wurde für die störende Mitarbeiterin eine neue Stelle außerhalb des Teams geschaffen, die unternehmerisch nicht notwendig war.

Damit wurde das Unternehmen auf eine Mitarbeiterin zugeschnitten. Eigentlich sollte es umgekehrt sein. Diese Form von Organisationsentwicklung ist sehr teuer. Zusätzlich nährt sie das Anspruchsdenken, dass das Unternehmen in erster Linie für die Zufriedenheit der Belegschaft verantwortlich sei. Ein solcher Anspruch kann sehr schnell zum handlungsleitenden Dauerbrenner werden. Dadurch wird viel Energie nach innen verbraucht, die dann nicht mehr der Erreichung der Unternehmensziele zur Verfügung steht.

Abb. 4: Grundlegende Aspekte des Erfolgs von Unternehmen

Diese drei Aspekte bilden eine nützliche Grundlage für die Navigation durch schwierige Situationen im Unternehmen.

2.2 Führung und Management

Führungskräfte müssen die zwei wichtigen Funktionen »Führung« und »Management« wahrnehmen, um das Unternehmen zum Erfolg zu führen. Die »Funktion Management« beschreibt Ziele, kontrolliert ihre Realisierung, setzt Grenzen und sichert sie auch. Die »Funktion Führung« gestaltet innerhalb der gesetzten Grenzen das Spielfeld, in dem die Mitarbeiterinnen ihre Fähigkeiten entfalten. Mithilfe dieser Fähigkeiten werden dann einzelne Ergebnisse erzielt, die den übergeordneten Gesamtzielen des Unternehmens dienen.

Dafür muss eine Führungskraft Entscheidungen treffen. Und jede Entscheidung »für etwas« ist gleichzeitig eine Entscheidung »gegen alles andere«. Deshalb wird es immer Menschen geben, die mit einer getroffenen Entscheidung unzufrieden sind. Das ist natürlicher und unvermeidbarer Bestandteil der Führungsaufgabe.

Eine zweite wichtige Aufgabe ist die Kontrolle, ob die Maßnahmen zum gewünschten Erfolg geführt haben. Wer diesen Begriff nicht mag, kann ihn auch anders bezeichnen. Es ändert aber nichts an der Notwendigkeit zu überprüfen, ob und in welchem Ausmaß ein Ergebnis mit dem gesetzten Ziel übereinstimmt. Nur über einen Soll-Ist-Vergleich wird deutlich, ob Korrekturmaßnahmen erforderlich sind. Das Herstellen von Zielklarheit, das Treffen von Entscheidungen und die Kontrolle von Ergebnissen zählen zur Managementaufgabe des Setzens von Grenzen. Gleichzeitig gilt es aber auch, als Führungsaufgabe, ein Spielfeld zu gestalten, in dem die Mitarbeiterinnen agieren können und ihre Potenziale entfalten können, um das laufende »Spiel« zu koordinieren.

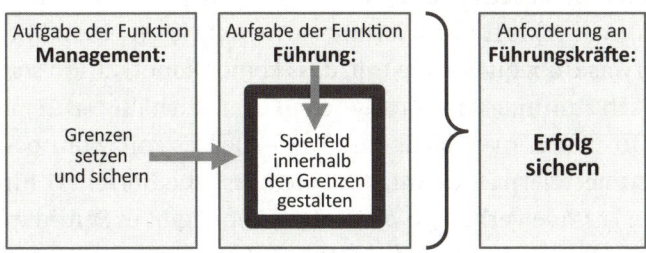

Abb. 5: Funktionen von Führungskräften

Damit ist die Führungskraft so etwas wie Schiedsrichterin, Platzwartin und Mannschaftstrainerin in Personalunion – und manchmal kommt auch noch die Rolle der Spielführerin hinzu.

Der Umgang mit Grenze und Spielfeld zeigt sich besonders deutlich bei Entscheidungsprozessen. Entscheidungen zu treffen ist Führungsaufgabe. Das Ermitteln der Entscheidungsgrundlagen kann aber durchaus delegiert werden. In jedem Fall benötigen Mitarbeiterinnen klare Antworten auf die Fragen, was bereits entschieden ist und feststeht sowie, was verhandelbar ist und geklärt werden soll. Hier gibt es idealtypisch vier Stufen.

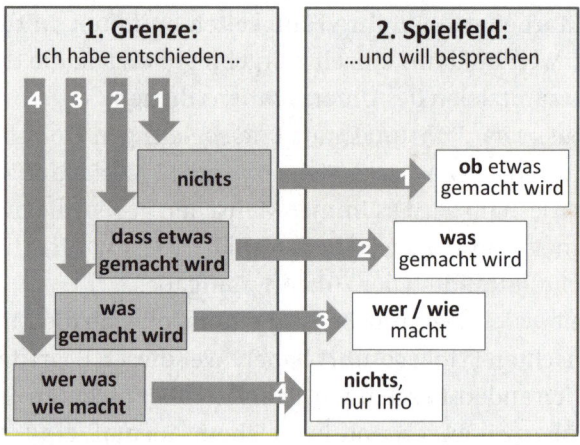

Abb. 6: Die vier Stufen von Grenze und Spielfeld

Wichtige Führungsaufgabe ist es sicherzustellen, dass sich Grenze und Spielfeld auf derselben Stufe befinden. Nun gibt es Führungskräfte, denen eingetrichtert wurde, dass sie ihre Mitarbeiterinnen nicht demotivieren dürfen. Folglich müssen sie auch alles unterlassen, was dieses Ziel behindert. Gleichzeitig gibt es unbequeme Aufgaben, Fakten und Situationen mit einem deutlichen Frustrationspotenzial. Hier beginnt für die Führungskraft der »Eiertanz«: Wie teile ich meinen Mitarbeiterinnen etwas Unbequemes so mit, dass keine Demotivation stattfindet oder sie sich zumindest in verträglichen Grenzen hält? Dafür gibt es Seminare, in denen man lernt, wie Unbequemes mit wohl gewählten Worten so nett verpackt wird, dass die hässliche Botschaft hinter der hübschen Fassade verborgen bleibt. Und leider gibt es Seminare, in denen ernsthaft vermittelt wird, das würde funktionieren. Dort wird die »wahre Kunst« als etwas dargestellt, das nicht nur in der »richtigen« Wortwahl besteht, sondern zusätzlich in einer »geschickten Gesprächsführung«. Die Führungskraft tut so, als habe sie noch nichts entschieden, obwohl sie längst weiß, wer was machen wird. Aber dieses Ergebnis sollen sich die Mitarbeiterinnen selbst »erarbeiten«, weil sie dann auch besser motiviert sind. Nun lenkt unsere Führungskraft das Gespräch in die gewünschte Richtung, bis die Mitarbeiterinnen genau das sagen, was sich die Führungskraft längst gedacht hatte. Diese Manipulation funktioniert ganz wunderbar – zumindest theoretisch und im Seminarraum. Im richtigen Alltagsgeschehen erspüren die Mitarbeiterinnen sehr schnell mehrdeutige Botschaften:

> »Unsere Chefin sagt, wir könnten entscheiden, obwohl sie schon längst entschieden hat! Und dann glaubt sie doch ernsthaft, wir würden dieses Spiel nicht durchschauen – für wie blöd hält die uns eigentlich?«

Das kostet Vertrauen und Motivation. So entsteht die Differenz zwischen der Absicht, Demotivation zu vermeiden, und der tatsächlich erzielten Wirkung. Hier liegt der Schlüssel zur Veränderung in der Handlung: Klartext statt Weichspülen oder Schönreden. Daraus folgt eine wichtige Lektion für Führungskräfte:

> Mitarbeiterinnen und Mitarbeiter dürfen über Entscheidungen der Führungskraft frustriert sein!

Dazu braucht die Führungskraft zunächst eine innere Erlaubnis, Mitarbeiterinnen frustrieren zu dürfen. Und dann braucht sie zusätzlich die Akzeptanz, dass diese Mitarbeiterinnen ihren Frust zum Ausdruck bringen.

Befinden sich Grenze und Spielfeld auf der gleichen Stufe, ist Frustration eine mögliche Folge. Befinden sie sich nicht auf gleicher Stufe, ist Frustration eine sichere Folge

Die weitere Aufmerksamkeit gilt der Ausprägung von formalen und sozialen Führungsaspekten. Zu den formalen Aspekten zählen objektive Dinge wie Grenzen, Ziele, Ergebnisse, Regeln, Verträge – all das, was sich unter Zahlen-Daten-Fakten zusammenfassen lässt.

Zu den sozialen Aspekten zählt das eher Subjektive wie Werte, Bedürfnisse, Vertrauen, Beziehung, Feedback, Sinnhaftigkeit und Gefühle – all das, was zum Menschsein gehört. Führungskräfte haben meist eine Vorliebe entweder für formales/aufgabenorientiertes oder soziales/menschenorientiertes Führungshandeln. Im Idealfall können sie beides. In ungünstigen Situationen wie beispielsweise unter emotionaler Belastung verstärkt sich ihre Vorliebe. Dabei wird die weniger stark ausgeprägte Seite noch mehr vernachlässigt.

> Eine Führungskraft mit starker Ausprägung formaler Führungsaspekte:
> »Meine Mitarbeiterinnen vernachlässigen ihre Pflichten. Ich habe bereits
> mehrmals die Ziele, Aufgaben und Hintergründe erklärt, Regeln aufgestellt
> und klare Grenzen gesetzt – aber all das bewirkt kaum etwas. Ich weiß nicht
> mehr, was ich tun soll.«
>
> Die Beraterin erkennt hier sehr schnell, dass die sozialen Führungsaspekte
> unterbetont scheinen. Deshalb überprüft sie ihre Vermutung mit der Frage:
> »Haben Sie Ihre Mitarbeiterinnen schon mal gefragt, wie es ihnen geht, was
> ihnen an der Arbeit Freude bereitet und worüber sie frustriert sind?«
>
> Führungskraft: »Um Himmels willen! Da würde ich ja ein Fass öffnen, das ich
> niemals wieder schließen kann! Nein, das ist gar keine gute Idee!« Mit dieser
> Antwort bestätigt sich die Vermutung der Beraterin. Hier liegt eine stimmige
> Intervention in der Stärkung sozialer Führungsaspekte.
>
> Eine Führungskraft mit starker Ausprägung sozialer Führungsaspekte:
> »Meine Mitarbeiterinnen sind ziemlich mies drauf. Ich habe mir bereits dem
> Mund fusselig geredet, gehe permanent auf sie ein, bringe Kuchen mit, frage
> danach, was sie wollen – aber all das bewirkt kaum etwas. Ich weiß nicht
> mehr, was ich tun soll.«
>
> Hier liegt die Vermutung nahe, dass die formalen Aspekte unterbetont sind.
> Diese Hypothese überprüft die Beraterin mit der Frage: »Kennen Ihre Mitar-
> beiterinnen Ihre Grenzen? Haben sie ihnen klar und unmissverständlich mit-
> geteilt, was verhandelbar ist, und was nicht?«
>
> Führungskraft: »Um Himmels willen! Da würde ich sie ja noch mehr frustrie-
> ren! Nein, das ist gar keine gute Idee!«
>
> Auch diese Antwort betätigt die Hypothese der Beraterin.

Damit sind wir bei dem wichtigen handlungsleitenden Modell der formal-sozialen Balance. Jedes Unternehmen benötigt für seine Existenz
diese beiden parallelen Strukturen. Bei dauerhafter einseitiger Überbetonung wird es immer zu Problemen kommen. Dann stören sich diese
beiden Strukturen gegenseitig. Je stärker eine Führungskraft auf formale Aspekte achtet, desto stärker werden ihre Mitarbeiterinnen das
Fehlen der sozialen Aspekte beklagen.

> Typische Aussagen: »Wir fühlen uns zu Arbeitsmaschinen degradiert!«,
> »Unsere Meinung zählt nicht!«, »Wir werden ja nicht gefragt!«, »Wie uns
> zumute ist, interessiert niemand!«

Je stärker eine Führungskraft auf soziale Aspekte achtet, desto stärker
werden ihre Mitarbeiterinnen das Fehlen der formalen Aspekte beklagen.

Typische Aussagen: »Uns fehlt die Orientierung, wo es lang geht!«, »Ich weiß nicht, wie meine Chefin meine Leistung bewertet!«, »Wir drehen uns im Kreis von Endlosdiskussionen!«, »Es geht nichts voran!«, »Unsere Chefin ist viel zu nett, die müsste auch mal auf den Tisch hauen!«

Deshalb ist es eine unverzichtbare Führungsaufgabe, eine Balance zwischen den formalen und sozialen Aspekten herzustellen. Und das jeden Tag in jeder Situation immer wieder aufs Neue.

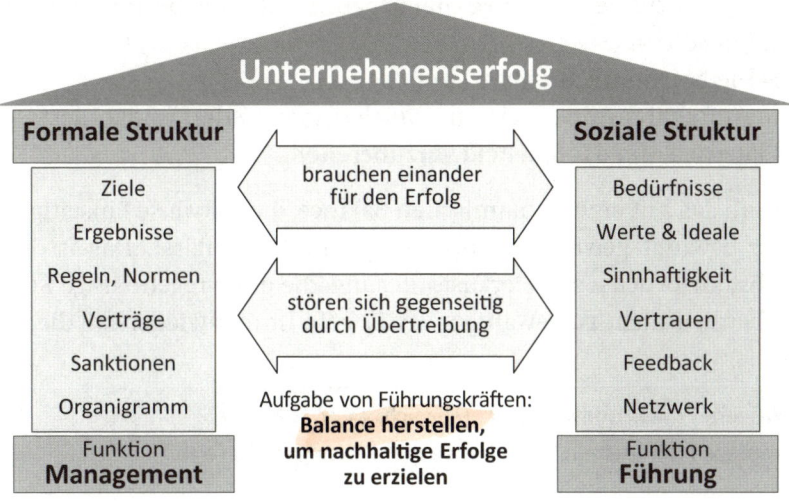

Abb. 7: Parallelstrukturen in Unternehmen

Neben der Formal-Sozialen Balance gibt es weitere notwendige Balancen:

- **Anpassung und Querdenken:** Wird eine neue Mitarbeiterin gesucht, kann dies nach zwei Aspekten erfolgen:
  - **Passt sie zu uns?** Der Fokus auf Anpassung sorgt für Stabilisierung des Vorhandenen. Die Neue soll sich in die Gegebenheiten einfügen, damit alles im vertrauten Rahmen bleibt und es keine überraschenden Veränderungen gibt. Die Frage könnte aber auch lauten:
  - **Bringt sie uns weiter?** Dazu wird jemand gesucht, die querdenkt, unbequem ist und den Finger in die Wunde legt. Das kann schmerzhaft und unbequem sein und gleichzeitig erforderliche Veränderungen anstoßen. Wenn es auch hier eine dauerhafte Überbetonung eines Poles gibt, werden Ergebnisse hinter den Möglichkeiten zurückbleiben.

- **Selbst- und Fremdsteuerung:** Hier spielt sich das Handeln zwischen Freiräumen für Selbstorganisation und engen Regeln und Vorschriften ab. Dauerhafte Einseitigkeit wirkt sich auch hier eher ungünstig aus.
- **Existenzsicherung und Zukunftsbefähigung:** Ziehe ich heute maximalen Gewinn aus dem Unternehmen oder investiere ich den Gewinn in die Zukunft? Auch hier ist eine Balance unverzichtbar.

So zeigt sich die hohe Komplexität der Führungsaufgabe mit ihren vielfältigen Rollen:
- Schiedsrichterin, die Grenzen setzt
- Mannschaftstrainerin, die die Spielerinnen fördert und fordert
- Platzwart, um das Spielfeld vorzubereiten

Und all das mit einer dynamischen Balance, die zeitweise Einseitigkeit nach bewusst gewählten Vorfahrtsregelungen zulässt. Das ist eine höchst anspruchsvolle Herausforderung, die ohne regelmäßige Reflexionsarbeit nicht zu bewältigen ist. Es geht immer wieder um die Fragen:

> Was leitet mich, und was verleitet mich, wenn ich führe?
> Werde ich mit meinen Handlungen meiner Aufgabe gerecht?

2.3 Konfliktverständnis

In Unternehmen sind Konflikte unvermeidbar, da individuelle Interessen sehr leicht dem »großen Ganzen« entgegenstehen. Sehr deutlich zeigt es sich bei unerfüllten Gehaltswünschen. Dann stehen der Schutz der Mission und die dafür erforderliche Grenzsicherung anderen Interessen schnell entgegen. So gesehen ist es immer wieder Aufgabe von Führungskräften, Konflikte zu erzeugen. Sie sind unvermeidbarer Bestandteil der Führungsaufgabe. Gleichzeitig haben Führungskräfte einen besonders starken Einfluss auf die Intensität von Konflikten, denn ihr Handeln kann einen Konflikt unnötig verschärfen. Deshalb ist die Klarheit, dass Konflikte Bestandteil von Führung sind, keine Legitimation für konfliktverschärfendes Führungshandeln. Sie ist vielmehr als Aufforderung zu verstehen, mit Konflikten selbstverständlich aktiv und bewusst umzugehen.

Doch wie macht man das? An welchen konkreten Handlungen wird sichtbar, ob eine Führungskraft dem Anspruch des proaktiven Umgangs mit Konflikten gerecht wird? Dazu ist es hilfreich, schwierige Situationen in stürmischen Zeiten zu betrachten. Denn es ist keine große Herausforderung, bei ruhiger See ein Schiff steuern.

So weit, so gut. Doch was genau ist ein Konflikt? Auf die Frage gibt es unzählige Antworten – von einfach bis komplex. Doch Führungskräfte brauchen eine alltagstaugliche Definition, die eine wirksame und nützliche Handlungsorientierung bietet. Dazu dient die Betrachtung von ganz normalen Alltagssituationen.

Beispielsweise möchte eine Person den rechten Weg gehen, und einen andere Person den linken Weg. »Rechts« und »Links« sind Platzhalter für viele andere Beispiele, die eines gemeinsam haben: Es gibt zwei unterschiedliche Handlungsideen oder Handlungsabsichten. Aber das allein ist noch kein Konflikt. Erst wenn es zu einer Auseinandersetzung über diese beiden Wege kommt, die von einer Person als Einschränkung oder Begrenzung erlebt wird, dann existiert ein Konflikt. Das führt zu einer einfachen Definition:

> Ein Konflikt sind unterschiedliche Handlungsabsichten, die als Begrenzung erlebt werden.

Das passiert täglich und überall und ist damit etwas völlig Normales.

Doch meist ist ein Konflikt negativ besetzt. Warum wird dann etwas Normales als etwas Negatives erlebt? Die Antwort ist einfach. Denn nicht der Konflikt ist das Negative, sondern nur die Art und Weise, also die **Form**, wie die Beteiligten mit ihrem Konflikt umgehen. Da der Umgang mit »Etwas« beeinflussbar und gestaltbar ist, folgt daraus, dass auch ein Konflikt gestaltbar ist. Das reduziert die Perspektivlosigkeit des Ausgeliefertseins und lädt zum aktiven Anpacken und Gestalten ein.

Dazu ein kleines Beispiel:

> Ein LKW mit Anhänger nähert sich seinem Zielort. Da die Fahrerin sich nicht auskennt, und das Gelände unüberschaubar ist, bleibt sie in der Einfahrt zum Firmengelände stehen. Sie steigt aus, um sich bei der Pförtnerin nach der Abladestelle zu erkundigen. Es folgt ein PKW, der ebenfalls auf das Gelände fahren will. Doch die Einfahrt ist nun vom LKW versperrt. Darüber ärgert sich die Fahrerin des PKW, weil sie ohnehin schon spät dran ist und durch den LKW ihr Zeitdruck weiter steigt.

Damit sind die beiden Bedingungen für einen Konflikt gegeben. Es gibt unterschiedlichen Handlungsabsichten, die als Begrenzung erlebt werden. Nun kommt es darauf an, wie die Konfliktbeteiligten diese Situation weiter gestalten. Das hängt davon ab, ob es den Beteiligten gelingt, eine Veränderung ihrer Situation herbeizuführen. Gelingen wird es ihnen nur dann, wenn sowohl die Fähigkeit als auch die Bereitschaft, eine Veränderung herbeizuführen, vorhanden sind.

Durch die Betrachtung von Fähigkeit und Bereitschaft können sich Konflikte in drei verschiedenen Formen zeigen: als Lösung, als Problem und als Symbiose.

2.3.1 Konflikt in Form einer Lösung

Das klingt ziemlich paradox. Ist ein Konflikt in Form einer Lösung überhaupt ein Konflikt? Nach der Definition »Unterschiedliche Handlungsabsichten, die als Begrenzung erlebt werden«, ja – und diese Form ist sogar sehr häufig anzutreffen. Das sind all die Situationen, bei denen die Beteiligten die unterschiedlichen Handlungsabsichten mit der erlebten Begrenzung akzeptieren oder sich auf dem Weg zur Auflösung befinden. Dann wird die Situation zwar nicht als optimal erlebt, aber man kann sich damit arrangieren. Deshalb fühlen sich solche Situationen gar nicht wie ein Konflikt an – obwohl sie es sind. Doch die Beteiligten bemerken es kaum, da sie über die Fähigkeit verfügen, mit dem Konflikt entspannt umzugehen. Zusätzlich sind sie auch bereit, diese Fähigkeit einzusetzen. Dadurch kommt es zu einer Veränderung, die auf zwei verschiedene Arten herbeigeführt werden kann:

> Die Fahrerin des PKW akzeptiert, dass der LKW den Weg versperrt und wartet – wenn auch ungeduldig – ab, bis er die Einfahrt freigibt. – Oder:
> Die PKW-Fahrerin bittet die LKW-Fahrerin, den LKW an die Seite zu fahren und die Einfahrt freizugeben. Die LKW-Fahrerin entspricht diesem Wunsch.

Lösung kann heißen, dass der Konflikt gelöst ist. Es kann aber auch heißen, dass der Konflikt zwar nicht gelöst ist, den Beteiligten jedoch ein gelöster Umgang mit dem Konflikt möglich ist.

Bei dieser Konfliktform sind keine Interventionen Dritter erforderlich und manchmal geht das so selbstverständlich, dass die Beteiligten nicht einmal merken, dass sie eben erfolgreich mit einem Konflikt umgegangen sind.

2.3.2 Konflikt in Form eines Problems

Im Alltagssprachgebrauch drängt sich hier die Frage auf: Ist es nun ein Konflikt, oder »nur« ein Problem? Die Antwort lautet: Es ist ein Konflikt, bei dem es den Beteiligten nicht gelingt, aus eigener Kraft eine Veränderung herbeizuführen – obwohl sie es eigentlich wollen. Deshalb fühlt sich diese Form schon eher wie ein Konflikt (oder ein Problem) an.

> Die Fahrerin des PKW hupt, um ihrem Wunsch nach Weiterfahrt Ausdruck zu verleihen. Die LKW-Fahrerin ist darüber verärgert: »Ich stehe doch nicht zum Spaß hier. Noch zwei Minuten, dann habe ich meine Orientierung und kann weiterfahren«. Dann die Reaktion darauf: »Aber ich habe es jetzt schon eilig und nicht erst in zwei Minuten – ich muss jetzt weiter, bitte fahren Sie Ihren LKW weg!«
> Nun hat die Pförtnerin eine Idee, wie Beiden geholfen werden kann und sagt zur PKW-Fahrerin: »Ich öffne die Schranke der Ausfahrt, dann können Sie dort einfahren.« Damit sind beide Seiten zufrieden und kehren wieder zu ihrem normalen Modus zurück.

Wenn also die Bereitschaft zur Veränderung der Situation vorhanden ist, sind die Beteiligten froh, wenn sie einen Ausweg gefunden haben. Manchmal brauchen sie dazu die Unterstützung Dritter. Diese Unterstützung kann auf verschiedene Arten geschehen. Entweder bietet die dritte Person einen direkten Ausweg an wie oben im Beispiel dargestellt. Oder die dritte Person leitet eine Lösungssuche zwischen den Beteiligten an, ohne dass sie dabei eine Lösung aufzeigt. Die Dritte Person sorgt nur dafür, dass sich die erhitzten Gemüter entspannen. In diesem Modus finden sie leichter einen Ausweg. Das entspricht der Grundidee der Mediation. Hier können auch andere Verfahren hilfreich sein, bei denen eine dritte Person unterstützt, wie Coaching, Supervision, Teamentwicklung oder auch Ergebnisfokussierte Klärung.

2.3.3 Konflikt in Form einer Symbiose

Manchmal gibt es so verfahrene Konflikte, dass kein Ausweg erkennbar ist. Die Beteiligten geraten aneinander und die Situation eskaliert mehr und mehr. Diese Form fühlt sich wie ein »richtiger« Konflikt an. In solchen Situationen zeigen Menschen, die normalerweise ganz vernünftig sind, merkwürdige Verhaltensweisen. Beim neutralen Beobachter entsteht ein verwundertes Kopfschütteln. Eigentlich verfügen diese Menschen über die Fähigkeit, eine Veränderung im Umgang mit dem Konflikt herbeizuführen. Aber sie wollen es nicht. Aus irgendeinem Grund fehlt ihnen die Bereitschaft dazu. Selbst wohlwollende und gutgemeinte Hilfsangebote Dritter werden kategorisch abgelehnt. Ein Beispiel:

Die Fahrerin des PKW hupt mehrmals ungeduldig. Erst die vielen roten Ampeln und jetzt auch noch dieser blöde LKW. Hätte ihr Mann nicht verschlafen, und wie am Vorabend abgesprochen, die Kinder zur Schule gebracht, wäre alles ok gewesen. Aber nein, er musste ja unbedingt noch den Spätfilm anschauen. Nun muss die PKW-Fahrerin alles ausbaden und ihr ganzer Zeitplan ist durcheinander geraten. Sie hört schon die spöttischen Kommentare ihrer Kolleginnen, wenn sie heute wieder zu spät zur Besprechung kommt. Nochmals Hupen. »Jetzt machen Sie endlich Platz, ich habe schließlich Wichtigeres zu tun, als hier darauf zu warten, das Sie endlich zu Potte kommen!«

Nun reicht es der LKW-Fahrerin aber wirklich. Am Tag zuvor hatte bereits ihr Chef Stress gemacht und angeordnet, die Bundesstraße zu nutzen, um die Mautgebühr zu sparen. Die Nachtfahrt bei Regen und die blendenden Scheinwerfer des Gegenverkehrs waren wirklich kein Zuckerschlecken. Sie ist müde. Und jetzt noch diese blöde Tussi – die kommt ihr gerade recht: »Was bilden Sie sich eigentlich ein! Sie halten sich wohl für was Besseres! Sie mit ihren lackierten Fingernägeln, dem hübschen Kostümchen und ihrer aufgeblasenen Taft-Frisur! Lernen Sie erst einmal, die arbeitende Bevölkerung zu respektieren – dann reden wir weiter!«

Nun will die Pförtnerin den beiden helfen und sagt zur PKW-Fahrerin: »Ich öffne die Schranke der Ausfahrt, dann können Sie dort einfahren.« Doch statt der zu erwartenden Entspannung wird es noch heftiger. Plötzlich sagen die beiden Kontrahentinnen zur Pförtnerin wie aus einem Munde: »Halten Sie sich da gefälligst raus!«

Bei einem Konflikt in Form einer Symbiose haben die Beteiligten durch die Existenz des Konflikts irgendeinen Nutzen. In diesem Beispiel besteht der Nutzen darin, einen angestauten Druck abzulassen. Damit wird der eigentliche Auslöser des Konflikts zur Nebensache. Plötzlich ist es nicht mehr so wichtig, ob die Durchfahrt möglich ist oder nicht. Es ist nur noch wichtig, dass sich der angestaute Druck entladen kann.

Darin besteht nun der verdeckte Gewinn. Eine Lösung des Konflikts würde den Verlust dieses Gewinns bedeuteten. Und dieser Verlust wird mit allen Mitteln verhindert. Deshalb muss der Konflikt unbedingt erhalten bleiben. Jeder Lösungsversuch wird bekämpft. Dieses Phänomen beschreibt die Sängerin Annett Lousian in ihrem Lied »Die Lösung« (Album »Unausgesprochen« 2005) sehr treffend mit dem Refrain: *»Geh' mir weg mit deiner Lösung, sie wär' der Tod für mein Problem, jetzt lass' mich weiter drüber reden, es ist schließlich mein Problem, und nicht dein Problem ...«*

Deshalb heißt diese Form »Symbiose«, weil es keine Lösung geben darf.

Selten ist der verdeckte Gewinn sofort erkennbar. Meist hat er sich irgendwo sehr gut versteckt – manchmal sogar so gut, dass er den Beteiligten nicht bewusst ist. Trotzdem sind Handlungen darauf ausgelegt, dafür zu sorgen, dass der verdeckte Gewinn erhalten bleibt. Dann wird das Geschehen wie von einer unsichtbaren Hand gesteuert. Zeigt sich ein Konflikt in Form einer Symbiose, helfen keine noch so guten Ratschläge. Solche verdeckte Gewinne können sehr vielfältig sein:

- Ventilfunktion für angestaute Frustrationen
- Ablenkung von anderen unangenehmen Themen
- Erzwingen von Entscheidungen zum eigenen Vorteil
- Verstärkte Zuwendung Dritter
- Stärkung des Selbstwertgefühls
- Profitieren vom Konflikt anderer (Lachender Dritter)

Bei diesen Vorteilen sorgt die »unsichtbaren Hand« für die Sicherung des individuellen Nutzens. Da die Bereitschaft zur Veränderung fehlt, ist es bedeutungslos, ob die Fähigkeit vorhanden ist, oder nicht. Grundsätzlich ist es die autonome Entscheidung der Beteiligten, in welcher Form sie ihren Konflikt austragen wollen. Wenn damit jedoch eine Gefährdung der Unternehmensziele einhergeht, ist es Führungsaufgabe, die Symbiose aufzulösen. Dazu ist meist ein sehr kräftiger Impuls erforderlich. Das kann z. B. ein Machteinsatz der Führungskraft sein, wie klare und unmissverständliche Worte oder auch die Ankündigung oder Umsetzung von Sanktionen. Beraterinnen können das nicht leisten.

2.3.4 Das Interventionsmodell

Gut zu wissen, dass es drei Formen von Konflikten gibt. Noch besser ist es, wenn man weiß, wozu die Unterscheidung gut ist. Worin besteht also der Nutzen? Diese Betrachtungsweise von Konflikten bietet eine gute Orientierung für die Auswahl einer wirksamen Intervention. Denn nicht jede Intervention ist bei jeder Konfliktform geeignet. Schlimmer noch: eine falsche Interventionsentscheidung kann einen Konflikt verschärfen.

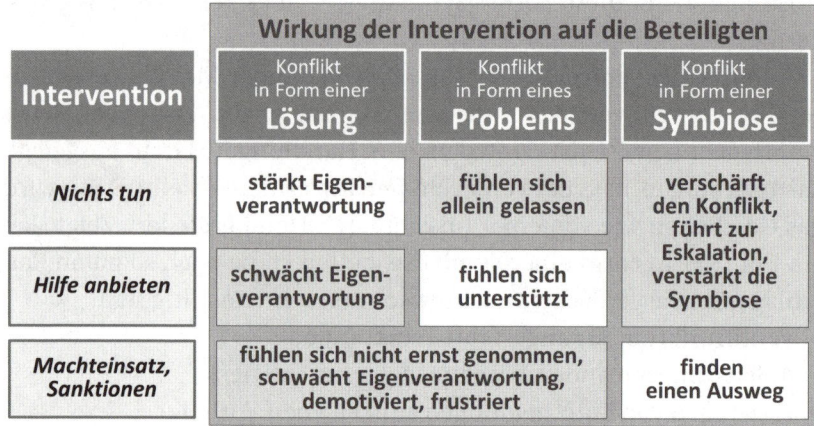

Abb. 8: Wirkung von Interventionen in Abhängigkeit der Konfliktform

So verfestigen sich beispielsweise Symbiosen durch gutgemeinte Hilfe und Probleme eskalieren bei unterlassenen Hilfsangeboten. Auch kann ein Machteinsatz beim Streit zwischen zwei Mitarbeitern, die sich bereits auf dem Weg zur Lösung befanden, zum Rückfall führen. Deshalb sind Hilfsangebote, wie beispielsweise die Mediation, nur bei einem Konflikt in Form eines Problems sinnvoll. Deshalb ist das Erkennen, in welcher Form sich ein Konflikt befindet, wichtig, um eine zielführende Gegenmaßnahme zu ergreifen. Für Führungskräfte auf den Punkt gebracht:

Konflikt in Form einer Lösung:	Nichts tun
Konflikt in Form eines Problems:	Hilfe anbieten
Konflikt in Form einer Symbiose:	Machteinsatz

Die Zusammenfassung zeigt das Interventions-Modell:

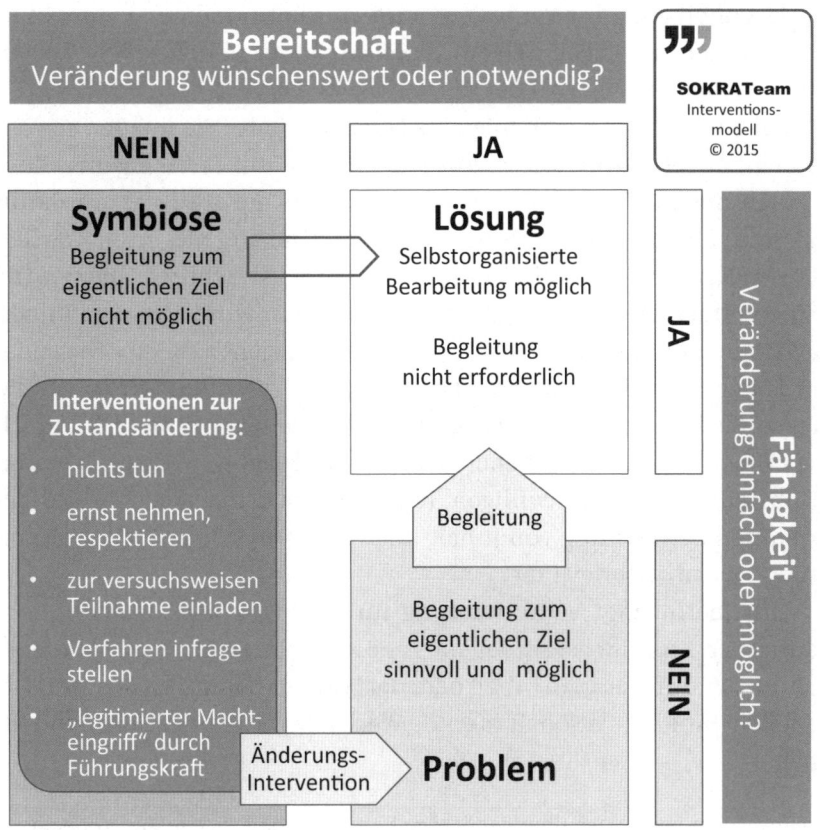

Abb. 9: Interventions-Modell

2.3.5 Verantwortung für Konflikte

Es gibt eine weitere wichtige Perspektive, die allzu oft übersehen wird: Auch Mitarbeiterinnen ohne Führungsverantwortung tragen Verantwortung für den Umgang mit ihren Konflikten. Oft erinnern Verhaltensweisen von erwachsenen Menschen in Konfliktsituationen an streitende Kinder im Sandkasten. Dennoch sind es erwachsene Menschen, die zwar in großer Not sind, aber trotzdem im vollen Umfang für ihr Handeln und auch Nichthandeln verantwortlich sind. Wenn Führungskräfte Schiedsrichterin spielen, entmündigen sie damit ihre streitenden Mitarbeiterinnen. Zusätzlich sorgt die Richterinnenrolle dafür, dass der Kampf um Rechthaben und Wahrheitssuche so viel Raum nimmt, dass die Lösungssuche völlig aus dem Blick gerät. Zusätzlich wird die Verliererin alles dafür tun, damit die Gewinnerin bei nächster

Gelegenheit auch zur Verliererin wird. Aus Entmündigung von Mitarbeiterinnen entwickelt sich ein Teufelskreis, der zu hohen Folgekosten führt.

Führungskräfte haben hier eine Doppelaufgabe: Sie müssen sowohl zu einem verantwortungsgerechten Umgang mit ihren eigenen Konflikten finden, als auch ihre Mitarbeiterinnen darin zu stärken, damit diese zu einem verantwortungsgerechten Umgang mit ihren Konflikten finden. Dazu dient die Trennung von zwei Betrachtungsebenen. Die Eine betrachtet das Thema, um das gestritten wird, also den Inhalt: »Wir sind uns uneinig, ob wir rechts oder links gehen sollen«. Die andere Ebene betrachtet die Art und Weise, wie gestritten wird, also die Form. Sie kann konstruktiv oder destruktiv sein, sie kann still und leise unter vier Augen geschehen oder laut und weit um sich greifen und Unbeteiligte zu unfreiwilligen Teilhaberinnen machen. Mit der getrennten Betrachtung von Inhalt und Form wird die Konfliktbearbeitung wesentlich erleichtert.

Die Chefin trägt Verantwortung für die Ergebnisse. Werden diese durch den Konflikt gefährdet, muss sie handeln. Dafür prüft sie zuerst, ob die Gefährdung vom Inhalt oder der Form des Konflikts ausgeht. Oft entsteht eine eskalationsfördernde Wechselwirkung von Form und Inhalt.

> Frau Müller ärgert sich über den viel zu hohen Zeitbedarf, den ihre Kollegin Fröhlich für die Zuarbeit benötigt. Dadurch erreicht Frau Müller ihre Soll-Zahlen nicht. Sie macht ihrem Ärger immer wieder Luft – und das vor allen Kolleginnen und ziemlich sarkastisch und beißend. Ihre Kollegin Fröhlich fühlt sich unter der Gürtellinie angegriffen und vor allen bloßgestellt. Sie zahlt es Frau Müller mit gleicher Münze heim. Die unbeteiligten Kolleginnen fühlen sich in ihrer Arbeit gestört, Ergebnisse leiden und es ist ihnen unangenehm, Zeuginnen solcher »Schlammschlachten« zu sein. Sie schalten die Chefin ein.

Frau Müller hat ein inhaltliches Problem und Frau Fröhlich kommt mit der Form, in der Frau Müller das ausdrückt, nicht zurecht. Sie findet jedoch keine Alternative und wählt die gleiche Form, um die Angriffe zu erwidern. Den Kolleginnen ist der Inhalt ziemlich egal, sie stören sich an der Form, wie die beiden gegeneinander kämpfen.

> Chefin: »Die Art und Weise, wie ihr streitet, dulde ich in dieser Form nicht. Findet einen Weg, mit eurem Streit so umzugehen, dass er die anderen nicht stört. Falls ihr dabei Unterstützung braucht, lasst es mich wissen. Ich werde sehen, was ich da tun kann.«

Neben der Trennung von Inhalt und Form gilt es eine weitere wichtige Klarheit herzustellen. Wer hat welchen Konflikt – und damit auch Verantwortung, damit umzugehen? Denn die Chefin hat einen ganz anderen Konflikt, als ihre Mitarbeiterinnen. Sie befürchtet, dass Ziele nicht erreicht werden, die sie zu verantworten hat, weil die unbeteiligten Kolleginnen nicht konzentriert arbeiten können. Sie gebietet der störenden Form Einhalt und lässt die Verantwortung über den Inhalt zunächst bei den streitenden Kolleginnen. Nur wenn diese damit überfordert sind, wird sie sich weiter einschalten. In schwierigen Situationen gibt es immer eine Vermischung mehrerer Konflikte, deren Trennung für eine stimmige Bearbeitung unverzichtbar ist. Immer wenn es um beides – Inhalt und Form – geht, dann wird zuerst die Form (wie ihr streitet) und erst dann der Inhalt (um was ihr streitet) bearbeitet.

2.3.6 Anlässe für Mediation in Unternehmen

Wichtig ist die Klarheit, dass der Umgang mit Konflikten in Unternehmen eine zentrale Führungsaufgabe ist. Beraterinnen können Führungskräfte dabei unterstützen. Sie können jedoch den Führungskräften nicht deren Führungsverantwortung abnehmen.

Zur Führungsverantwortung zählt auch die Entscheidung über eine Intervention, wie Mediation oder Sanktion. Allerdings gibt es auch Situationen, bei denen ein vom Kontext legitimierter Machteinsatz nicht möglich ist, wie bei Konflikten auf Geschäftsführungsebene, zwischen Arbeitnehmervertreter und Arbeitgeber oder auch zwischen Unternehmen. Auch hier kann eine Beraterin tätig werden und in einer Mediation versuchen, zunächst die Veränderungsbereitschaft zu fördern. Manchmal gibt es noch irgendwo einen kleinen Funken davon. Mit radikaler Empathie und radikalem Respekt kann er gefunden werden. Wenn es dann zusätzlich gelingt, ihn wieder anzufachen, kann sich daraus eine wirklich gute Lösung entwickeln.

Dabei befindet sich die Beraterin jedoch auf einer Gratwanderung. Mit der Suche nach Wegen, wie ein gemeinsamer Weg gestaltet werden kann, nimmt sie – selbst bei inhaltlicher Enthaltsamkeit – gleichzeitig Einfluss auf ein Ergebnis. Der Versuch, Bereitschaft zu fördern, erhält seine Legitimation aus der Grundannahme, dass die Förderung der Bereitschaft etwas Gutes sei. Doch wer vermag das zu beurteilen? Und wo liegt die Grenze zwischen stimmiger und unstimmiger Förderung der Veränderungsbereitschaft? Weiß die Beraterin besser als ihre Kundinnen, was für sie gut ist? Selbst bei einem klaren offiziellen Auftrag, der etwa lautet »Begleiten Sie uns zur Einigung«, gibt es keine Garantie dafür, dass der Wunsch nach Verständigung ernst gemeint ist. Der unausgesprochene Auftrag lautet: »Sorgen Sie dafür, dass der Andere das macht, was ich will«. Symbiosen zeigen sich oft als Lippenbekenntnis. Damit tarnen sie sich als Problem. So vermitteln sie den Eindruck einer ernstgemeinten Veränderungsabsicht. Beim Konflikt in Form einer Symbiose ist die Erfolgswahrscheinlichkeit von Beraterhandlungen drastisch reduziert. Zusätzlich gibt es immer einen sehr guten Grund für eine Symbiose. Auch ihm gilt Respekt, selbst wenn er im Nebel verborgen liegt.

Und bei allem Respekt vor den guten Gründen einer Symbiose gibt es eine klare Vorfahrtsregelung: Führungskräfte müssen ihrer Ergebnisverantwortung gerecht werden. Deshalb bleibt bei einer dauerhaft stabilen Symbiose keine andere Möglichkeit, als den vom Kontext legitimierten Machteinsatz einer Führungskraft. Sie bietet die manchmal letzte Chance, um eine fehlende Bereitschaft zur Veränderung doch noch zu fördern. Fehlender Machteinsatz nährt Symbiosen.

2.4 Veränderungsbereitschaft

Veränderungen sind kein Selbstzweck. Sie dienen dem Ziel, eine neue Qualität zu erreichen, um die Mission besser zu erfüllen als bisher. Um eine solche Veränderung zu erzeugen, sind Handlungen erforderlich. Erst durch veränderte Handlungen entsteht eine veränderte Realität. Absichtserklärungen sind zwar nicht schädlich, aber sie alleine verändern noch nichts. Viele Menschen wollen eine Veränderung, wenn sie mit dem aktuellen Zustand unzufrieden sind. Doch häufig ist dieses Wollen eng mit der Erwartung verbunden, dass jemand anderes sich verändern soll – oder die Umstände. Schließlich sind »die Andern« oder »die Umstände« der Auslöser des Veränderungswunsches. Warum soll sich jemand verändern, wenn sie doch nur unschuldiges Opfer der Situation ist? Häufig wird in solchen Situationen die eigene Veränderungsbereitschaft an die Bedingung geknüpft, dass sich zuerst die Andere oder die Umstände verändern müssen. Das ist deutliches Indiz für eine fehlende Veränderungsbereitschaft. Wenn es nicht gelingt, eine erforderliche Veränderung zu erreichen, dann stellt sich die Frage: Was tun?

Die Antwort hängt sehr davon ab, ob die Fähigkeit oder die Bereitschaft fehlt. Wie bereits erwähnt, liegt der Unterschied in den Interventionen: Bei »Nicht-Wollen« folgen Sanktionen und bei »Nicht-Können« folgt Unterstützung. Doch oft tarnt sich ein »Nicht-Wollen« als ein »Nicht-Können«. Bleibt dies unentdeckt, wird jedes noch so gut gemeinte Unterstützungsangebot zu keiner der gewünschten Veränderungen führen.

Von daher ist es sehr hilfreich, beim Misslingen der Veränderung so früh wie möglich eine Antwort auf die Frage zu erhalten: *Mangelt es an der Fähigkeit oder fehlt die Bereitschaft?* Für diese Unterscheidung folgen nun einige typische Indikatoren.

- Die Gegnerin als Legitimation des eigenen Verhaltens

Die Legitimation des eigenen Fehlverhaltens wird mit dem Fehlverhalten der Anderen begründet: »*Ich würde mich ja gerne anders verhalten, aber die andere zwingt mich mit ihrem Verhalten dazu, mich so zu verhalten. Erst muss die andere sich anders verhalten, dann verhalte auch ich mich anders.*«

Das eigene Verhalten wird als alternativlos betrachtet und zusätzlich die Verantwortung für das eigene Handeln dem Gegenüber zugeschrieben. Richtig verschärfend ist diese Form, wenn beide Seiten dies in gleicher Weise tun.

- Wer etwas will, findet Wege. Wer etwas nicht will, findet Gründe.

Wenn Menschen sehr viel erklären »*Sie müssen wissen, das ist so weil....*«, kann das ein erstes Indiz für eine fehlende Veränderungsbereitschaft sein. Berichten die Menschen jedoch mehr von den Versuchen, die sie alle schon unternommen haben, um eine Veränderung zu erreichen, kann das ein erstes Indiz für eine vorhandene Veränderungsbereitschaft sein.

- Komplexitätsreduktion

Da die hohe Komplexität der Konfliktsituation schwer auszuhalten ist, erfolgt eine Reduktion auf diejenigen Bestandteile, die das eigene Bild bestätigen. Jede weitere Sichtweise, die das eigene Bild infrage stellen könnte, wird ausgeblendet oder abgelehnt. »*Die Dinge sind genauso, wie ich sie sehe. Alles andere ist reine Halluzination oder Lüge oder irrelevant. Punktum.*«

2.4 Veränderungsbereitschaft

- **Ausblenden der eigenen Anteile**

Die Frage nach dem eigenen Beitrag zum Konflikt wird zurückgewiesen. Auch hypothetische Fragen bleiben unbeantwortet: *»Einmal angenommen, auch Sie hätten einen – wenn auch nur klitzekleinen – Anteil daran, dass die Situation so ist, wie sie ist, welcher könnte das sein?«* Zusätzlich wird betont, dass die Andere die böse Täterin und man selbst nur das arme Opfer ist.

- **Unerfüllbare Bedingungen**

Eine Konfliktpartei stellt als Bedingung für ihre Kooperationsbereitschaft beispielsweise ein Schuldeingeständnis der anderen Seite: *»Wenn sich die andere für ihr Fehlverhalten bei mir entschuldigt, bin ich gerne bereit, mich wieder mit ihr an einen Tisch zu setzen.«*

Wohl wissend, dass die andere ihre Schuld nicht eingestehen wird, (weil sie vielleicht tatsächlich keine Schuld trägt oder weil sie dadurch nicht mehr auf Augenhöhe verhandeln kann) täuscht eine solche Forderung Kooperationsbereitschaft vor. Tatsächlich dient sie viel mehr als Poliermittel des eigenen und vielleicht bereits schon angekratzten Images, als dass sie zur Lösung des Problems wirksam beitragen würde.

- **Reduzierte Bereitschaft zur Verantwortungsübernahme**

Zusammenfassend lässt sich feststellen, dass bei Symbiosen die Bereitschaft, für das eigene Handeln Verantwortung zu übernehmen, stark reduziert ist. *»Ich kann nichts dafür. Die anderen oder die Umstände sind schuld.«*

Menschen in diesem Zustand stehen nur begrenzte Handlungsmöglichkeiten zur Verfügung, weil sie von einem Gegenüber sowie seinen Reaktionen und Verhaltensweisen abhängig sind. Es ist sehr schwer, in diesem Zustand eine Veränderung aus eigener Kraft zu erreichen. Damit eine Veränderung trotzdem gelingt, ist ein hoher Leidensdruck in Kombination mit einem kräftigen Veränderungsimpuls erforderlich. Meist muss dieser Impuls von außen initiiert werden, weil innere Impulse nicht stark genug sind. So kann die Befreiung aus der Fessel der Symbiose gelingen.

Indizien für Veränderungs-bereitschaft	Deutlich	Gering
Fokus des Streitenden auf...	... sich selbst	... den/die Anderen
äußere Indizien	Gestaltungswille, Selbst-wirksamkeit wollen, eigene Möglichkeiten und Anteile sehen, Fokus auf Ressourcen und Handlungen umsetzen	Lähmung und Angst, Klagen, Ohnmacht, Jammern, Fokus auf Defizite, verantwortungs-frei, Schuldzuweisungen, Rechtfertigung des eigenen (Nicht-) Handelns
Einstellung zu Äußeren Gegebenheiten	Ich packe es an und verändere es	Der andere soll sich so verhalten, dass es mir besser geht
Innere Einstellung	Ich lerne mit Unver-änderbarem umzugehen	Der Andere soll endlich akzeptieren, dass....
Suche nach...	... Wegen, um etwas zu erreichen	... Gründen, um zu erklären, warum es nicht geht
Sinnvolle Intervention	Begleitung	Entscheidung
Konflikt-Form eher	Problem / Lösung	Symbiose

Abb. 10: Indizien für Veränderungsbereitschaft

Hier gilt es, solche Indizien zu sammeln, um aus den einzelnen Puzzle-teilen ein Gesamtbild herzustellen. Aus diesem Bild wird erkennbar, ob eine Beraterin erfolgreich sein wird, oder ob ein Machteinsatz der Füh-rungskraft erforderlich ist.

Merksätze:
- Führungskräfte und Mitarbeiterinnen tragen gleichermaßen Verantwortung für den Umgang mit Konflikten
- Symbiosen tarnen sich oft als Problem
- Ohne grundsätzliche Veränderungsbereitschaft gibt es keine erfolg-reiche Beraterinnen-Interventionen

2.5 Funktions- und Rollenklarheit

Die Klarheit der eigenen Rolle ist ein wichtiges Hilfsmittel zur Stärkung der eigenen Handlungssicherheit.

Eine Rolle ist die verdichtete Erwartung an eine Funktion oder Per-son. Diese Erwartungen, wie man als Führungskraft, Beraterin oder In-teressenvertreterin sein will oder zu sein hat, wirken aus unterschied-lichen Perspektiven auf die Rolleninhaberin ein.

- Selbstbild aus eigenen Werten und eigenem Selbstverständnis
- Direkt betroffene Interessensgruppen (z. B. Mitarbeiterinnen, Vorgesetzte, Kundinnen...)
- Indirekt betroffenen Interessensgruppen (z. B. Kolleginnen, Familie, Freundinnen...)
- Gesellschaft

Welche dieser Perspektiven im konkreten Handeln Vorrang erhält, hängt von mehreren Faktoren ab. Je größer die Unsicherheit in der eigenen Rolle ist, desto schwieriger wird es, gute Ergebnisse zu erreichen. Rollensicherheit ist zwar keine Garantie für gute Ergebnisse, aber eine wichtige Voraussetzung dafür.

2.5.1 Professionelles Rollenverständnis

Das eigene Rollenverständnis ist kein statischer Zustand. Vielmehr verändert es sich je nach Situation und noch mehr durch zunehmende eigene Erfahrung. Verallgemeinert können die drei Stufen Anfängerin, fortgeschrittene und professionelle Beraterin unterschieden werden. Jede Stufe ist durch typische Aufmerksamkeiten der Rolleninhaberin geprägt.

• Anfängerin: Methodenfokussiert

Wer am Anfang seiner professionellen Entwicklung steht, versucht durch die fachlich korrekte Anwendung erlernter Methoden erste Sicherheit und Orientierung der eigenen Rolle zu gewinnen. So streben neue Führungskräfte häufig rezepthaft die richtige Umsetzung des Erlernten an. Dabei helfen Leitfäden und Checklisten. Erfolge und Rückschläge halten sich meist die Waage.

Ähnlich verhält es sich bei Beraterinnen wie beispielsweise Coaches, Trainerinnen oder Mediatorinnen. Typisch für diese Stufe ist, dass die Interventionsentscheidung bereits vor der Auftragsklärung gefallen ist. Schließlich ist ja die Beraterin mit der Methode identifiziert. Deshalb achten sie sehr darauf, die erlernten Methoden möglichst korrekt umzusetzen. Dabei kann es passieren, dass die Konzentration auf das Richtigmachen so viel Aufmerksamkeit erhält, dass der Kontakt zum Gegenüber darunter leidet. Hinzu kommt, dass sich die Kundinnen nur äußerst selten an die erlernten Phasenmodelle halten, denn sie kennen diese ja nicht.

- **Fortgeschrittene: Identitätsfokussiert**

Nachdem ausreichend Sicherheit in der Anwendung von Methoden erreicht ist, folgt nun die Konzentration auf die Gestaltung und Festigung der eigenen professionellen Identität. Die Aufmerksamkeit richtet sich auf Handlungen, die deutlich machen: »*Ich bin Chefin/Trainerin/Mediatorin*«. Dafür wird alles getan, dass dies auch vom Umfeld wahrgenommen wird, um von außen eine bestätigende Resonanz zu erhalten. Stellt das Umfeld diese Professionalität infrage, wird dies heftig abgewehrt: Schließlich gilt es, die professionelle Identität zu sichern und gegen Angriffe zu verteidigen. In dieser Phase werden sehr intensive, abgrenzende Diskussionen um eigene und andere Methoden geführt. Es dient der Identitätsdarstellung »*Ich weiß, wie es richtig geht (im Gegensatz zu anderen), und zeige es auch allen*«. Auch auf dieser Stufe ist die Interventionsentscheidung bereits vor der Auftragsklärung gefallen. Allerdings ist hier die Bereitschaft höher, auch einen Auftrag abzulehnen, wenn die Rahmenbedingungen nicht zur Methode passen. Dabei kann es passieren, dass die Konzentration auf die Identitätssicherung so viel Aufmerksamkeit erhält, dass der Kontakt zum Gegenüber darunter leidet.

- **Professionelle Beraterin: Ergebnisfokussiert**

Sobald die Identitätsfindung ausreichend abgeschlossen ist, richtet sich die die Konzentration auf den zu stiftenden Nutzen. Die Aufmerksamkeit gilt der Qualität der Dienstleistung und den Ergebnissen für die Kundin. Dazu zählt auch die Frage, wie nachhaltige Wirksamkeit erreicht werden kann. Dabei geht es bei Führungskräften um Fragen wie: »*Was ist für das Ganze wichtig? Wie diene ich am besten dem Unternehmen? Wie erreiche ich die erforderlichen Ergebnisse? Welche Weichen muss ich heute stellen, damit es in Zukunft gut weiter geht?*«

Beraterinnen stellen sich Fragen wie: »*Was genau braucht meine Kundin? Was hilft ihr, ihr Problem zu lösen? Ist das, was fachlich richtig wäre auch das, was für die Kundin anschlussfähig ist? Habe ich die dafür erforderlichen Kompetenzen?*« Bei Zweifeln: »*Wen kenne ich, die für diese Aufgabe geeignet wäre?*«

Bei Beraterinnen ist diese Stufe geprägt von der Klarheit, dass nur eine Kundin erhalten bleibt, die mit dem Ergebnis zufrieden ist. Wie die Zufriedenheit erreicht wird, ist von nachrangiger Bedeutung. Deshalb steht bei dieser Stufe die Interventionsentscheidung am Ende der Auftragsklärung. Für Führungskräfte ist auf diese Stufe Nachhaltigkeit im

2.5 Funktions- und Rollenklarheit

weiteren Sinn das Wichtigste. Dabei ist ihnen klar, dass eine zentrale Aufgabe darin besteht, ihre Mitarbeiterinnen erfolgreich zu machen.

2.5.2 Klarheit in der Beraterinnenrolle

Trifft die Kundin auf eine Beraterin, der es wichtig ist, eine Methode korrekt anzuwenden (Anfängerin), oder jemanden, die ihre professionelle Identität über eine Methode definiert oder auf Selbstfindungstrip ist (Fortgeschrittene), wird sie immer ein leiser Zweifel begleiten: *»Was passiert, wenn die Methode doch nicht die richtige ist, um mein ganz spezielles Problem zu lösen? Wird es dann vielleicht hinterher noch schlimmer?«*

Die Kundin erwartet von einer Expertin mehr, als nur eine (zuverlässige oder missionarische) Methodenanwenderin. Mit Recht darf sie erwarten, dass die Expertin über einen ganzen Werkzeugkoffer verfügt, damit sie im Bedarfsfall das geeignete Werkzeug zur Hand hat. Darüber hinaus aber braucht sie eine verlässliche Umsetzungspartnerin, die Ergebnisse realisiert.

Zweifelt die Kundin an der Wirksamkeit der Beraterinnenintervention, wirkt dies wie eine sich selbst erfüllenden Prophezeiung: Das Ergebnis wird unbefriedigend sein. Gleiches gilt auch für den Fall, dass die Kundin die Beraterin als hoch kompetent ansieht: Das Ergebnis wird mit hoher Wahrscheinlichkeit zufriedenstellend sein.

Deshalb spielt das Selbstbild der Beraterin eine entscheidende Rolle beim Vertrauensaufbau zur Kundin.

Vertrauensbildende Wirkung hat es auch, wenn die Beraterin ihre Dienstleistung (und nicht ihre Methode) der Kundin in einer Form darstellen kann, die klar und logisch strukturiert wirkt. Das, was eine Kundin versteht und nachvollziehen kann, bietet mehr Sicherheit, als eine Katze im Sack. Deshalb ist es sehr nützlich, wenn die Beraterin ihr Vorgehen in leicht verständlichen Schritten zu erklären versteht. Dazu braucht es jedoch zunächst mehr ein Selbstverständnis von Dienstleistung und weniger von Methoden.

2.5.3 Erfolg von Beratungsdienstleistung

Um einen Erfolg zu versprechen, muss zuvor geklärt werden, was genau Erfolg ist und was ihn ausmacht. Da sich die Kundin in einer Situation befindet, mit der sie unzufrieden ist, klingt ihre Antwort ziemlich einfach: Erfolg ist, wenn die Kundin mit dem Ergebnis zufrieden ist.

Es ist tatsächlich so einfach. Denn auch für die Beraterin gilt, dass ihre Existenz langfristig nur durch zufriedene Kundinnen gesichert wird. Die Kundin hat einen Wunsch nach Veränderung. Doch der Weg zur Kundinnenzufriedenheit ist von vielen Unwägbarkeiten begleitet, auf die die Beraterin keinen Einfluss hat. Dafür ein Erfolgsversprechen abzugeben, wäre unseriös. Also ist eine Differenzierung von der Erfüllung von Kundinnenwünschen und dem Leistungsversprechen der Beraterin erforderlich.

Es ist grob vergleichbar mit dem Wurf einer Bowlingkugel. Der Spielerin steht für ihren Wurf eine Anlaufstrecke von knapp fünf Metern zur Verfügung. Auf diesem Weg gibt sie durch ihren Bewegungsablauf und ihrer Haltung der Bowlingkugel eine gewisse Ausrichtung und Beschleunigung. Nach fünf Metern löst die Spielerin den Kontakt zur Bowlingkugel. Nun bewegt sie sich alleine mit ihrer eigenen und der von der Spielerin zugeführten Energie auf ihren 20 m langen Weg zum Ziel.

Was die Bowlingkugel mit ihrer Energie an ihrem Ziel erreicht, hängt von zahlreichen Einflussgrößen ab. Die Spielerin versucht durch ihre Einflussnahme für eine möglichst hohe Trefferwahrscheinlichkeit zu sorgen. Sie wird, unabhängig von der Spielerin, durch mehrere Faktoren beeinflusst: die Beschaffenheit der Kugel, der Ausprägung ihrer Oberfläche, die Beschaffenheit der Bahn und die Art ihrer Ölung auf den ersten 13 Metern sowie der Intensität der Haftung auf den letzten sieben Metern zum Ziel. Dann ist noch die Verlässlichkeit erforderlich, dass sich keine unerwarteten Hindernisse auf der Bahn befinden oder – während die Kugel rollt – hinzukommen. Der beste Wurf ist ein »Strike« bei dem die Kugel alle Pins trifft. Wird dieses Ergebnis mit zwei Würfen erreicht, ist immerhin noch ein »Spare« gelungen. Wenn alle Faktoren optimal aufeinander abgestimmt sind, wird die Bowlingspielerin mit hoher Wahrscheinlichkeit ein »Spare« erreichen. Verläuft alles ideal, gelingt vielleicht sogar ein »Strike«.

Wenn nun der Wunsch der Kundin darin besteht, dass alle Pins fallen, so kann die Beraterin dafür kein Leistungsversprechen abgeben. Besteht jedoch der Auftrag darin, einen optimalen Wurf mit höchster Trefferwahrscheinlichkeit zu gestalten, kann dafür die Garantie übernommen werden.

Diese Metapher, auf eine Teambegleitung übertragen, bedeutet, dass durch die Beraterin die Voraussetzungen für gute Ergebnisse geschaffen werden, nicht aber die Ergebnisse selbst. Der Lauf einer Bowlingkugel ist mit mathematischen Mitteln vorhersagbar, Verhalten von Individuen oder Kollektiven nicht. Sie können mitten auf ihrem Weg urplötzlich die Richtung verändern, stehen bleiben, sich teilen oder sonstige unkalkulierbare Dinge tun, auf die die Spielerin keinen Einfluss hat. Damit bezieht sich das Leistungsversprechen der Beraterin nicht auf die Herstellung von Arbeitsergebnissen, sondern auf die Herstellung der Voraussetzung dafür, und das ist die Arbeitsfähigkeit.

Und es gibt noch einen weiteren guten Grund, das Leistungsversprechen auf die Herstellung der Arbeitsfähigkeit zu beschränken. Er leitet sich aus der Tatsache ab, dass die Zufriedenheit der Kundin mit dem Ergebnis nicht zwingend gleichzusetzen ist mit der Erfüllung ihrer Wünsche. Auf dem Weg vom Ist-Zustand zum gewünschten Soll-Zustand gibt es häufig Erkenntniszugewinne. Durch sie kann der ursprüngliche Wunsch an Bedeutung verlieren.

So kann es beispielsweise sein, dass eine bestimmte Mitarbeiterin permanent meckert und Unfrieden stiftet. Der Ursprungswunsch der Auftraggeberin besteht darin, dass das Meckern ein Ende hat. Nun könnte es aber durch einen Perspektivwechsel gelingen, den Wert des Meckerns umzudeuten und es als einen Hinweis auf ungenutzte Potentiale zu verstehen. Wenn diese dann auch noch gewinnbringend genutzt werden können, ist die Auftraggeberin mit dem Ergebnis sehr zufrieden, obwohl weiterhin gemeckert wird.

Deshalb ist es ein höchst anspruchsvolles Ziel, einen Weg zu gestalten, um ein die Kundin zufriedenstellendes Ergebnis zu erzielen, das über ihre erste Lösungsidee hinausgeht.

In akuten Belastungssituationen bedeutet Ergebnisfokussierte Klärung nicht mehr, als die (Wieder-)Herstellung der Arbeitsfähigkeit. Zusätzlich erleben die Beteiligten bei der Umsetzung, dass ein Team zu völlig neuen Ergebnissen findet, die zuvor nicht möglich waren.

Ein weiterer erfreulicher Nebeneffekt resultiert aus der hohen Anschlussfähigkeit dieser zeitoptimierten Vorgehensweise an die Wirklichkeit in Unternehmen. Da Kosten und Zeitbedarf überschaubar sind, ist die Entscheidungshürde niedrig und es kommt meist schnell zum Auftrag.

2.5.4 Klarheit in der Führungsrolle

Eine Definition von Führung lautet: *Gezielte Einflussnahme auf Menschen und Aufgaben um Ergebnisse zu erreichen.* Dabei muss das Führungshandeln für jede Situation immer wieder von neuem zwischen mehreren Polpaaren balanciert werden:

- Formales und Soziales
- Anpassung und Querdenken
- Selbststeuerung und Fremdsteuerung
- Grenzziehung und Spielfeldgestaltung
- Existenzsicherung und Zukunftsbefähigung

Je stärker der Versuch, für den eigenen Weg Halt und Orientierung in äußeren Aspekten oder Regeln zu suchen (wir sind wieder bei der Methodenanwenderin), desto wahrscheinlicher wird sein, sich zwischen den vielfältigen Erwartungen aufzureiben. Rollenfindung ist ein Entwicklungsprozess, der über Anfängerin, Fortgeschrittene und Profi verläuft. Je eher es gelingt, durch Selbstreflexion Halt und Orientierung in sich selbst zu finden, desto kraftvoller die Wirkung. Die wichtigste Klarheit in der Führungsrolle:

> Es gibt keine objektive Eindeutigkeit über richtiges und falsches Führungshandeln.

Diese Tatsache ist jedoch keine Erlaubnis für unreflektiertes oder unbewusstes Führungshandeln. Im Gegenteil. Diese Tatsache verpflichtet zur permanenten Selbstreflexion des eigenen Führungshandelns.

2.5.5 Konfliktverschärfung durch Führungshandeln

Konflikte in Unternehmen sind unvermeidbar. Das Übersehen oder Leugnen dieser Tatsache kann dazu führen, dass Führungskräfte unbeabsichtigt für eine Verschärfung des Konflikts sorgen. Führungskräften dienen die folgenden Beispiele zur Selbstreflexion. Für Beraterinnen dienen sie als Navigationshilfe, um typische Führungsfehler zu identifizieren. Sie sind vor jeder nachhaltigen Klärung zu entdecken und dann zu bearbeiten. Denn wenn diese Führungsfehler z. B. von Mitarbeiterinnen bei einem Workshop öffentlich benannt werden, hat das gleich mehrere schädliche Nebenwirkungen. Zum einen führt es zu einer möglichen Schwächung der Führungskraft inklusive Imageschaden. Zum anderen laden öffentlich gewordene Führungsfehler dazu ein, von der Eigenverantwortung der Mitarbeiterinnen abzulenken. So geschwächte Führungskräfte haben es dann noch schwerer, die Eigenverantwortung ihrer Mitarbeiterinnen einzufordern. Damit entsteht auch hier ein Teufelskreis. Deshalb gehört die Überprüfung, ob das Führungshandeln konfliktverschärfend wirkt, bereits zur Auftragsklärung. Dazu einige typische konfliktverschärfende Beispiele:

- **Konfliktvermeidung als Handlungsgrundsatz**

Wo Konfliktvermeidung Handlungsgrundsatz ist, haben es Mitarbeiterinnen und Führungskräfte meist sehr schwer: Entweder dauert es sehr lange, bis Entscheidungen getroffen werden oder es wird aus Sorge vor möglichen Konflikten gar nicht entschieden. Dieses Phänomen hat eine seiner Wurzeln in der Annahme, dass es unter allen Umständen zu vermeiden sei, Mitarbeiterinnen zu frustrieren. Schließlich müssten sie motiviert werden. Diese seltsame Sicht auf Mitarbeiterinnenführung ist immer noch weit verbreitet. Sie blendet die Verantwortung der Mitarbeiterinnen aus, indem sie Motivation zum allheilenden Konsumgut macht. Schlechte oder unzureichende Ergebnisse müssen angesprochen und konsequent beseitigt werden, man kann sie nicht »wegmotivieren«. Führungskräfte sind keine Animateurinnen.

- **Tabuisierung von Konflikten**

Es gibt viele »gute Gründe«, Konflikte zu verharmlosen oder gar mit einem Tabu zu belegen. »Konflikte – sowas haben wir nicht.« Das kann zum einen ein überzogenes, fast schon suchtartiges Bedürfnis nach Harmonie sein, das selbst heftige Streitereien ausblendet und verharmlost. Andererseits kann unreflektiertes Berufsethos dazu führen. *»Wir sind doch Mediatorinnen / Sozialpädagoginnen / Erwachsene / Akademikerinnen... und wir können über alles reden und streiten doch nicht...«.* Drittens kann die Angst vor Imageverlust in einer Rolle Grund für ein Tabu sein. *»Ich bin doch Vorständin/Professorin... und als solche hat man keine Probleme, denn wenn man als solche Probleme hätte, wäre man ja schließlich nicht in dieser Position«.* Daneben kann auch die Angst, als Führungskraft versagt zu haben, eine Rolle spielen. Die Angst paart sich oft mit der einlullenden Hoffnung, es werde sich von selbst schon wieder beruhigen. Schließlich trägt auch ein gewisses Gruppendenken dazu bei. *»Konflikte lösen wir unter uns im Team, das geht Außenstehende nichts an.«*

- **Unklare Grenzen**

Führungskräfte, denen es schwer fällt, Grenzen zu setzen, machen es dadurch sich und ihren Mitarbeiterinnen unnötig schwer. Absicht ist meist die Vermeidung von Frustrationen und Unzufriedenheit. Doch Mitarbeiterinnen dürfen sich ärgern und frustriert sein, wenn sie an Grenzen stoßen. Das ist eine natürliche Reaktion. Gleichzeitig haben Mitarbeiterinnen auch ein Recht darauf von ihrer Chefin zu erfahren, wie nah oder weit sie von einer Grenze entfernt sind, wie die Chefin ihre Leistung beurteilt und wo sie Grenzen unter- oder überschritten haben.

Zunächst erscheint es logisch, dass sich Grenze und Spielfeld auf der gleichen Stufe befinden müssen (siehe »Die vier Stufen von Grenze und Spielfeld« S. 34). Doch in der Praxis entstehen viele Konflikte durch eine Verschiebung der Stufen von Grenze und Spielfeld. Das trifft Mitarbeiterinnen genauso, wie Beraterinnen. Hier ist es wichtig zu klären, auf welcher Stufe sich der Auftrag der Führungskraft befindet.

Wenn die Chefin bereits eine klare Vorstellung davon hat, *was genau* getan werden soll, und ihren Mitarbeiterinnen sagt, sie wolle mit ihnen prüfen, *ob* etwas getan werden soll, dann stimmen die (geheime) Grenze auf und das (offizielle) Spielfeld nicht überein – das kann nicht funktionieren. Trotz dieser einleuchtenden Logik treffen Beraterinnen im Alltag immer wieder auf diese diffuse Divergenz von Grenze und Spielfeld. Das ist der Fall, wenn die Führungskraft bereits über eine nicht kommunizierte Klarheit verfügt, welche Maßnahmen sie ergreifen wird. Da sie Widerstände gegen diese Entscheidung bei ihren Mitarbeiterinnen vermutet, sollen diese schonend darauf vorbereitet werden. Dafür soll eine unangenehme Botschaft möglichst attraktiv verpackt werden, um die Mitarbeiterinnen nicht zu sehr zu frustrieren. Oder die Mitarbeiterinnen sollen das Gefühl haben, sie seien selbst auf das gekommen, was ohnehin zuvor schon feststand. Häufig resultieren solche Manipulationsformen aus der Not der Hilflosigkeit im Umgang mit der eigenen Rolle. In einer solchen Situation liegt die oberste Priorität darin, die Führungskraft so zu stärken, dass sie Sicherheit gewinnt, ihre Führungsrolle souverän und klar wahrzunehmen.

- **Dauerhafte Überbetonung von Formalem oder Sozialem**

Wie bereits erwähnt, müssen Führungskräfte formale und soziale Aspekte gleichermaßen berücksichtigen. Führungskräfte mit gering ausgeprägter Selbstreflexion neigen zur dauerhaften einseitigen Überbetonung einer dieser beiden Aspekte. Das führt meist zu Problemen. Ist eine Führungskraft stets darauf bedacht, das Ziele erreicht werden, Regeln, Verträge und Grenzen eingehalten werden (Schiedsrichterin) und achtet nicht auf die Bedürfnisse und Befindlichkeiten ihrer Mitarbeiterinnen (Mannschaftstrainerin), werden diese früher oder später in eine äußere oder, schlimmer noch, in eine innere Kündigung abwandern. Gleiches passiert bei einer Führungskraft, die stets ein offenes Ohr für die Sorgen und Nöte ihre Mitarbeiter hat, gerne viele und lange Gespräche führt aber aus Sorge möglicher Demotivation ihrer Mitarbeiterinnen keine Entscheidungen trifft oder keine Grenzen setzt und sichert.

- **Fehlende Differenzierung von Fachlichkeit und Führungsaufgabe**

Es gibt Führungskräfte, die aufgrund ihrer hohen fachlichen Kompetenz zur Führungskraft wurden, ohne sich jemals Führungskompetenzen angeeignet zu haben. Wenn sie zusätzlich auch noch nie die Möglichkeit hatten, sich bewusst mit ihrer Führungsrolle auseinanderzusetzen, werden sie sehr leicht mit ihrer Führungsaufgabe überfordert sein. Das führt zu einer übermäßigen Belastung von Führungskraft und Geführten. Dieses Phänomen ist in wissenschaftlichen Arbeitsfeldern besonders stark ausgeprägt. So gibt es beispielsweise Chefärztinnen, die ihre Führungsaufgabe auf ihr exzellentes fachliches Arbeiten und Entscheiden reduzieren, weil sie es nie anders gelernt hatten. Ähnlich ergeht es Meisterinnen, Technikerinnen oder Ingenieurinnen, die im Laufe Ihrer Karriere zwar immer mehr Führungsverantwortung erhielten, aber ihr Selbstbild dieser Entwicklung nicht folgen konnte. Da kann es leicht passieren, dass ihre Detailverliebtheit ihren Blick für die gewachsene Führungsaufgabe trübt. Diesen Führungskräften ist es nicht möglich, ihre Aufmerksamkeit dem großen Ganzen zu widmen. So gibt es beispielsweise eine Vorständin eines großen IT-Unternehmens, die sich immer noch in die Arbeit ihrer Programmiererinnen einmischt.

- **Unpassende Intervention**

Eine dauerhafte Überbetonung formaler oder sozialer Aspekte kann auch dazu führen, dass in schwierigen Führungssituationen unpassende Interventionen gewählt werden. Wer eher die formalen Aspekte im Führungshandeln betont, wird auch eher dazu neigen, Sanktionen anzuwenden. Wer eher die sozialen Aspekte bevorzugt, wird bei Problemen eher Unterstützung anbieten. Wer sich mit Grenzsetzungen schwer tut, wird in schwierigen Situationen erst einmal nichts tun und die Dinge laufen lassen in der Hoffnung, dass es sich von alleine löst. Sofern diese Handlungen der Situation angemessen sind, weil sie den Daseinszweck sichern, ist nichts gegen diese Handlungen einzuwenden. Kommen sie unreflektiert und reflexartig zum Einsatz, kann es kritisch werden.

- **Den Mitarbeiterinnen die Verantwortung für den Umgang mit deren Konflikt abnehmen**

Eine weit verbreitet Form unpassender Interventionen ist die unreflektierte inhaltliche Einmischung der Führungskraft in den Konflikt der Mitarbeiterinnen. Damit schwächt die Führungskraft die Eigenverantwortung und die Konfliktkompetenz ihrer Mitarbeiterinnen. Geht eine Führungskraft beim Streit ihrer Mitarbeiterinnen reflexartig in die Rolle der Richterin, entmündigt sie damit ihre Mitarbeiterinnen. Damit wird mit der gut gemeinten Absicht, helfen zu wollen oder den Konflikt zu lösen, genau das Gegenteil bewirkt.

- **Umgang mit Selbstkritik**

Führungskräfte bieten immer Anlässe zur Kritik. Manche dieser Kritiken sind gerechtfertigt und andere eben nicht. Lässt eine Führungskraft Kritik grundsätzlich an sich abperlen, ist das genauso unpassend, wie sich jeden Schuh anzuziehen. Hier ist die Fähigkeit und Bereitschaft erforderlich, sich mit jeder Kritik auseinanderzusetzen und über den Umgang damit jedes Mal neu zu entscheiden.

Bei Verdachtsmomenten für konfliktverschärfendes Führungshandeln ist immer zuerst ein Führungscoaching die passende Intervention.

2.5.6 Erfolgsfaktor Selbstreflexion

Um die rollenbedingten Funktionen und Aufgaben erfolgreich zu bewältigen, ist eine kontinuierliche Selbstreflexion unverzichtbar sowie die Beantwortung der Frage: »*Was leitet mich beim Führen?*« sowie »*Was leitet mich beim Beraten?*«

Auf diese Fragen gibt es keine eindeutige und dauerhafte Antwort, da sie immer situationsabhängig ist. Was gestern noch richtig war, kann heute falsch und morgen wieder richtig sein. Schutz vor Beliebigkeit wird durch Selbstreflexion erreicht, die durch die Unterstützung Dritter wesentlich einfacher wird. Dazu dienen Settings wie Coaching, Supervision oder kollegiale Beratung.

Werden die Rollen verantwortungsgerecht und selbstreflektiert ausgefüllt, hört das Lernen niemals auf. Dabei gibt es immer wieder etwas Neues über sich selbst zu lernen. Das stärkt die eigene Authentizität, Souveränität, Glaubwürdigkeit und Selbstwirksamkeit.

2.6 Beratungslogiken

Ein übergeordnetes Ziel einer jeden Beratung in Unternehmen ist es, einen Mehrwert für ein Unternehmen zu schaffen. Fehlt dieser Mehrwert am Ende der Beraterinnentätigkeit, war die Arbeit wertlos. Um das zu vermeiden, braucht die Beraterin einen roten Faden, der die Logik ihrer Handlungen auch für die Kundin erkennen lässt. Dabei spielt es keine Rolle, welcher Methode oder Werkzeug die Beraterin einsetzt.

Immer geht es darum, eine Veränderung zu erreichen. Oft ist es eher unbedeutend, ob die Beraterin eine gute Idee hat. Viel wichtiger ist, dass die Beteiligten bereit sind, einer Idee zu folgen. Bei vertrauten Ideen gelingt das meist viel leichter, als bei Neuem oder Fremdem. Es braucht Zeit, um sich mit dem Neuen anzufreunden und gleichzeitig auch Vertrauen in die Beraterin, die den Prozess begleitet. Da das nicht einfach mit »Schalter umlegen« funktioniert, braucht es eine Reise, bei der die Beteiligten neue Erkenntnisse gewinnen. Die Beraterin ist dabei so etwas wie eine Reiseleiterin. Nun hat jede Reisende ihr eigenes Tempo mit dem sie Erkenntnisse sammelt. Während manche mit dem Sammeln fertig sind und ungeduldig auf die Abfahrt zum nächsten Ort warten, haben andere mit dem Sammeln noch gar nicht angefangen. Das führt dazu, dass die Reiseleiterin mit ihrer Tempoentscheidung immer irgendjemanden frustriert.

2.6.1 Notwendigkeit der Situationsanalyse

Ein weiteres Erschwernis der Bearbeitung konfliktärer, kritischer oder widersprüchlicher Fälle liegt in der Auffassung, man müsse vor einer Intervention eine umfassende Analyse betreiben, die möglichst alle Sachverhalte einbezieht, um zu einer verlässlichen Interventionsauswahl zu kommen. Dieser Ansatz kann bei eher präventiven Interventionen wie beispielsweise Strategie- oder Leitbildentwicklung durchaus sinnvoll sein. Doch wenn die Bearbeitung akuter Probleme im Mittelpunkt steht, ist eine umfassende Analyse wenig nützlich und seine Um-

setzung oft auch unmöglich. Natürlich kann es bei Kundin und Begleiterin das Gefühl der Sicherheit steigern, wenn möglichst alle Einfluss-
faktoren erfasst wurden und der Nebel vollständig beseitigt ist, um aus
einer Analyse eine Intervention abzuleiten. Dieses Gefühl der Sicherheit könnte auch als »Illusion der Sicherheit« bezeichnet werden und
passt nicht zum Selbstverständnis einer professionellen Beraterin.

Die Analysetätigkeit einer Beraterin ist bereits eine wirksame Intervention. Sobald offen über eine schwierige Situation gesprochen und
diese aus unterschiedlichen Perspektiven dargestellt wird, hat das eine,
das Gesamtsystem verändernde, Wirkung. Darin zeigt sich, dass sich
ein System allein durch die Beobachtung eines Dritten schon verändert. Damit hinkt das Ergebnis der Analyse der tatsächlichen Entwicklung hinterher. Die Analyse stößt eine Entwicklung an, die nicht mehr
durch die Analyse erfasst werden kann. Somit ist das Ergebnis der Analyse zumindest fragwürdig. Zusätzlich kostet es viel Zeit und damit
auch viel Geld. Und das ist nicht attraktiv. Mehr noch: Die Praxis zeigt,
dass selbst die konkrete Ankündigung einer Intervention, wie beispielweise einer Mediation, schon verändertes Konfliktverhalten hervorrufen kann.

Jede Situation hat eine umfangreiche Vorgeschichte. Sie ist meist
sehr komplex und mit differierenden Bewertungen belegt. Eine Führungskraft betrachtet eine Situation aus einer anderen Perspektive, als
ihre Mitarbeiterinnen, als ihre Kolleginnen und auch als die Geschäfts-
führung.

So stellt sich gleich zu Beginn der Auftragsklärung die grundsätzliche Frage nach einem geeigneten Vorgehen.

- Wie komme ich als externe Beraterin zu einer geeigneten Interven-
  tion oder auch zu einem geeigneten Prozessdesign?
- Von wem erhalte ich welche Information?
- Wer verfügt über relevante Informationen?
- Wie finde ich heraus, wie wichtig welche Information für meine
  Vorgehensweise ist?
- Und wenn ich mich dann für eine Intervention entschieden habe,
  wie sorge ich bei den Beteiligten für Akzeptanz dafür?

Jede noch so sorgfältig durchgeführte Situationsanalyse wird niemals
ausreichen, um alle relevanten Einflussgrößen zu erfassen. Außerdem
kann es leicht passieren, dass die Beraterin nach der Analyse ein Bild erhalten hat, dass von den Ratsuchenden nicht geteilt wird. Deshalb ist es
viel wirksamer, wenn die Beteiligten, statt einer »objektiven« Analyse,

selbst ein nachvollziehbares Bild der subjektiven Sichtweisen herstellen. Auf diesem Weg gewinnen sie neue Erkenntnisse und finden so zu neuen erfahrungsbasierten Einsichten. Diese münden viel schneller in veränderungswirksamen Handlungen, als jede noch so gut durchdachte Beraterinnenempfehlung. Das ist ein zutiefst mediativer Beratungsansatz, bei dem das zu beratende System in die Lage versetzt wird, sich selbst zu helfen. Dazu dient eine iterative Prozessgestaltung, die in Kooperation mit der Kundin entsteht.

Zunächst wird mithilfe von Ist- und Soll-Zustand eine zu verändernde Differenz beschrieben. Anschließend folgen Interventionsvorschläge und eine Interventionsentscheidung. Diese wird umgesetzt und mündet in einen Handlungsplan für den Alltag. Anschließend wird der Plan im Alltag umgesetzt, sodass eine neue Ist-Situation entsteht. Sie ist Ausgangspunkt für eine neue Runde mit Bewertung, Planung und Umsetzung.

Dabei ist es ziemlich normal, dass es auf diesem Weg neue Erkenntnisse gibt, durch welche die Bedeutung des ursprünglichen Solls verändert wird. Dadurch verändert sich auch die Bewertungsgrundlage der Erfolgsmessung.

> Eine Führungskraft in einem IT-Unternehmen: »Als wir vor drei Monaten unsere Maßnahmen planten, war es das wichtigste und dringlichste Ziel, dass jede Mitarbeiterin jeden Prozessablauf in unserer Abteilung genau kennt. Seit einem Monat wissen wir, dass wir vor einer Umstrukturierung stehen. Damit ist das damals wichtigste Ziel heute bedeutungslos geworden. Es ist vorhersehbar, dass es durch die Umstrukturierung neue Prozessabläufe geben wird.«

Mit der iterativen Prozessgestaltung entsteht eine für alle Beteiligten klar überschaubare Vorgehensweise. Dabei ist stets darauf zu achten, dass Rollen und Verantwortungen von allen Beteiligten (Führung, Team und Beraterin) stimmig wahrgenommen werden. Dazu gehört auch die Arbeit an klar definierten Zielen und Aufträgen. Da sich niemals alles in seiner Gesamtheit erfassen lässt, bleibt »nur« die Arbeit mit dem, was sich unmittelbar zeigt. Das, was momentan wichtig ist, wird sich im Prozess auch zeigen. Das, was sich noch nicht zeigt, mag zwar existieren, kann aber momentan nicht bearbeitet werden. Wenn es aus dem Nebel auftaucht, dann entsteht eine neue Situation, die neue Beurteilung und Interventionen erfordert. Diese iterative Prozessgestaltung bietet zahlreiche Vorteile.

- Sie ermöglicht ein schrittweises Einbeziehen der Perspektiven aller Beteiligten.
- Sie bildet den Rahmen der Erkenntniszugewinne des Kollektivs und ist eine wichtige Voraussetzung für die Entwicklung kollektiver Kompetenz.
- Sie beschreibt einen Rahmen, der auch für die Auftraggeberin überschaubar und verständlich ist und damit ihr Risiko kalkulierbar wird.
- Sie gestaltet ein Prozesstempo, dass von dem System gesteuert wird und damit genau für das System stimmt.

	1. Runde	2. Runde	3. Runde	X-te Runde
	1. Beschreibung des Ist-Zustands			
		2. Überprüfung der Relevanz des ursprünglichen SOLL		
	3. Beschreibung des Soll-Zustand			
	4. Differenz zwischen IST und SOLL			
	5. Interventionsideen zur Reduzierung der Differenz			
	6. Entscheidung für eine Intervention			
	7. Durchführung der Intervention mit Handlungsplan für den Alltag			
	8. Prozess der Umsetzung des Handlungsplans im Alltag			
	9. Mit neuem Ist-Zustand und neuen Erkenntnissen in die nächste Runde			

Abb. 11: Iterative Prozessgestaltung

Als Konsequenz dieses konstruktivistischen Ansatzes wird zu Beginn der Auftragsklärung eine Bestandsaufnahme im kleinstmöglichen Kreis durchgeführt. Dazu werden die Sichtweisen der unmittelbar Beteiligten einbezogen. Im ersten Schritt stellt die Führungskraft ihre Sicht der Dinge dar und formuliert ihre Erwartung an den Beratungsprozess. Sieht die Beraterin die Chance, die Erwartung zu erfüllen, erfolgt ihre Auftragsannahme immer mit einem Vorbehalt. Die Beraterin kann den Erwartungen der Auftraggeberin nur dann entsprechen, wenn ihre Mitarbeiterinnen »mitspielen«. Dazu ist auch mit ihnen eine Auftragsklärung erforderlich. Wenn dann die Aufträge von Chefin und Mitarbeiterinnen widerspruchsfrei sind, kann die Arbeit beginnen. Wenn nicht, wird solange weiter geklärt, bis entweder Widerspruchsfreiheit gegeben ist oder die Wahl auf eine andere Intervention fällt. Das ist dann meist ein Coaching für die Führungskraft. Diese Form der

2.6 Beratungslogiken

Auftragsklärung stellt bereits eine sehr wirksame Intervention dar. Zusätzlich entsteht auf diesem Weg Vertrauen in Verfahren und Begleiterin und ein vertieftes Verständnis der Situation bei allen Beteiligten.

Das ist das Vorgehen der »eineinhalb Schritte«, bei dem zunächst ein erster Schritt geplant und konkret beschrieben wird. Der zweite mögliche Schritt wird grob skizziert. Ob er dann tatsächlich durchgeführt wird, entscheidet sich erst, wenn der erste Schritt vollzogen wurde. Dann gibt es neue Erkenntnisse und neue Perspektiven, die es zuvor nicht gab. Damit entsteht auch eine neue Situation und mit ihr eine neue Bewertungsbasis. Sie ermöglicht die Beantwortung der Frage, ob sich der ursprünglich geplante zweite Schritt als sinnvoll erweist, oder auch nicht. Diese Navigationsform ermöglicht auch im dichten Nebel sichere Schritte. Folgen mehrere dieser Schritte nacheinander, entsteht ein für das System stimmiger und akzeptierter Weg, der zu nachhaltigen Ergebnissen führt.

2.6.2 Interventionsrichtungen

Wer sich in einer schwierigen Situation befindet, sucht nach möglichen Wegen, wie eine Entlastung erreicht werden kann. Hierfür stehen zwei grundsätzliche Pfade zur Verfügung, die einzeln oder in Kombination genutzt werden können.

Der erste Pfad richtet die Aufmerksamkeit auf die **äußere Situation und Begebenheiten** und stellt Fragen wie:

- Was ist hier los?
- Wo liegt die Differenz zwischen Ist und Soll?
- Was ist zu tun, um diese Differenz zu überwinden?

Hier wird versucht, mithilfe geeigneter Handlungen eine Veränderung der Situation herbeizuführen und dadurch eine Entlastung zu erreichen.

Der zweite Pfad richtet die Aufmerksamkeit auf die **Wirkung, welche die äußeren Begebenheiten im Inneren erzeugen** und stellt Fragen wie:

- Was ist hier los?
- Welches innere Erleben erzeugt diese Situation?
- Auf welchen Grundannahmen basiert dieses Erleben?
- Welche Grundannahmen lassen sich erweitern, um ein anderes Erleben zu erzeugen?

Hier ist das Ziel, durch eine veränderte Bewertung der Situation eine innere Entspannung zu erreichen, ohne dass im Außen etwas Sichtbares geschieht. Hierzu ein Beispiel:

> Eine Führungskraft leidet darunter, dass ihre Mitarbeiterinnen über bestimmte Rahmenbedingungen, auf welche die Führungskraft keinen Einfluss hat, frustriert sind. Zu den Klassikern zählt die Unzufriedenheit über ein zu geringes Gehalt. Über den ersten Pfad könnte die Führungskraft nun versuchen, andere Wege zu finden, über welche die Zufriedenheit der Mitarbeiter gesteigert werden kann. So gibt es statt mehr Gehalt vielleicht öfters mal Kaffee und Kuchen während der Arbeitszeit oder auch einen gemeinsamen Biergartenbesuch. Dieser Weg ist getragen von der Hoffnung, über kompensatorische Mittel Frustration abzubauen.

Der zweite Pfad betrachtet nun das innere Erleben der Führungskraft. Dieses Erleben ist geprägt von der Grundannahme, dass Mitarbeiterinnen nicht frustriert werden dürfen, weil die damit einhergehende Demotivation ihre Leistungsfähigkeit reduziert. Deshalb müssen unbedingt Wege gefunden werden, um die Frustration abzubauen. Wenn sich nun – aus welchen Gründen auch immer – keine Wege finden lassen, dann steigt automatisch auch die innere Belastung der Führungskraft.

Um hier eine Entlastung zu erreichen, ohne dass eine äußere Handlung erfolgt, wird die Grundannahme

> »Führungskräfte müssen Mitarbeiter glücklich machen, weil diese nicht frustriert sein dürfen«

geändert in eine Frustrationserlaubnis

> »Wenn Mitarbeiterinnen an Grenzen stoßen, dürfen sie frustriert sein. Führungskräfte müssen diese Grenzen sichern und dürfen gleichzeitig Leistungsbereitschaft von ihren Mitarbeiterinnen erwarten. Und das auch dann, wenn sie frustriert sind.«

Für eine solche Veränderung von Grundannahmen braucht es in der Regel Dritte wie Coaches oder Beraterinnen. Die eigene Betrachtungsweise ist immer von einer gewissen Betriebsblindheit begleitet und nur sehr schwer aus eigener Kraft identifizierbar und noch schwerer veränderbar. Impulse von Dritten machen es da wesentlich einfacher. Gleiches gilt auch für zielorientierte äußere Veränderungen. Eine inhaltlich unbeteiligte Person hat es immer leichter, weil sie frei von emotionaler Belastung und Befangenheit ist. Ebenso wie Führungskräfte haben auch Teams und Unternehmen Grundannahmen, die sie in ihrem Handeln, Leiten und Leiden leiten.

2.6.3 Logiken der Prozessberatung

Es gibt zwei unterschiedliche Prozesslogiken, durch die für möglichst alle Beteiligten eine spürbare Entlastung erreicht wird. Beide verfolgen das Ziel, eine neue Realität durch neue Handlungen zu schaffen. Sie basieren jedoch auf unterschiedlichen Grundannahmen und nutzen unterschiedliche Interventionsrichtungen. Am Anfang steht die Frage, welches Hindernis überwunden werden muss, damit der Weg zu einen neuen Realität Realität wird.

Prozesslogik »Verständnis fördern«

Die Ausgangsfrage lautet: *Was blockiert die Beteiligten darin, eine veränderte Realität herzustellen?* Diese Logik hat eine klare Antwort darauf: Es sind die individuellen Frustrationen. Sie müssen abgebaut oder zumindest auf ein erträgliches Maß reduziert werden, damit sich die blockierte Bereitschaft zur Kooperation verändern kann. Folgerichtig geht die Interventionsrichtung dieser Logik nach innen, um die Frustration zu erfassen und ein vertieftes wechselseitiges Verständnis herzustellen. Dadurch wird die Empathie zwischen den Beteiligten gestärkt. Ein typisches Verfahren, dass sich dieser Prozesslogik bedient, ist die Mediation.

Für die Herstellung eines wechselseitigen Verständnisses ist ein Abtauchen von der sichtbaren Wasseroberfläche der Handlungen hin zu dem in den Tiefen des Wassers verborgenen Erleben der Beteiligten und ihrer Beweggründe erforderlich. Dadurch wird das wirklich Wichtige der einen auch von der anderen erkennbar, nachvollziehbar und dadurch verständlich:

> »Ach so ist das bei Dir. Jetzt verstehe ich, warum das Dir so wichtig ist!«

Die Prozessbegleiterin leitet den äußeren »Tauchprozess« an. Ausgangspunkt des Tauchvorganges sind emotionale Belastungen. Sie sind wie Bojen an der Wasseroberfläche die signalisieren, dass am anderen Ende der Boje in der Tiefe etwas Wichtiges im Verborgenen liegt. Das gilt es zu bergen und ans Tageslicht zu holen. Je mehr es den Beteiligten gelingt, diesem von der Mediatorin angeleiteten äußeren Prozess des Abtauchens auch innerlich zu folgen, desto besser gelingt der Prozess. Manchmal fällt es Menschen schwer, das wirklich Wichtige zu benennen, weil sie es nie gelernt haben. In diesem Fall ist die Abtauchhilfe der Mediatorin wertvolle Unterstützung. Das braucht manchmal viel Zeit und die erforderliche Dauer ist kaum kalkulierbar. Doch wenn es gelingt, führt es – bei entsprechender Bereitschaft – zur deutlichen Entlastung aller Beteiligten.

Bei der Prozesslogik »Verständnis fördern« zielen die Handlungen der Beraterin darauf ab, individuelle Frustrationen zu reduzieren. Das erreichen sie durch Fördern der Verständigung zwischen den Individuen. Diese finden dadurch zu Handlungen, mit der sie sich eine neue Realität schaffen.

Deshalb sorgt die Beraterin für einen intensiven Dialog zwischen den Beteiligten, achtet dabei auf wertschätzende Formulierungen und fordert ganz viele »Ich-Botschaften« von ihnen ein. So wird das unter der Wasseroberfläche liegende wirklich Wichtige nach und nach wechselseitig verständlich. Dafür braucht die Beraterin eine ausgeprägte Form der Empathie, mit der sie genau fühlt und versteht, was die Kundinnen belastet und wie ihnen zumute ist. Dadurch wir es ihr möglich, als »Übersetzerin« wechselseitiges Verständnis zu fördern.

Doch die Wasseroberfläche, die es dafür zu überwinden gilt, hat auch eine Schutzfunktion. Nicht immer ist es unter Kolleginnen sinnvoll, all das, was darunter verborgen und wirklich wichtig ist, preiszugeben. Denn wenn die Beteiligten nicht wollen, dass unter ihre Wasseroberfläche abgetaucht wird, wäre dieses Vorgehen unpassend und übergriffig und ist dadurch auch nicht möglich. Dann sind die Beteiligten nicht bereit, dem äußeren Prozess innerlich zu folgen. Gut, wenn sich alle Beteiligten in dieser Verweigerung einig sind, denn Uneinigkeit wäre schlecht. Dann kann es passieren, das eine Beteiligte bereit ist, das wirklich Wichtige preiszugeben und eine andere eben nicht. Die Andere wird zur Beobachterin des sich preisgebenden Gegenübers. Dadurch entstehen ungünstige Schräglagen, die aus Schutzgründen unbedingt zu vermeiden sind. Deshalb ist die Anwendung dieser Prozesslogik im Kontext von Unternehmen nur dann sinnvoll, wenn alle Beteiligten an einer grundlegenden Beziehungsklärung tatsächlich interessiert sind und eine Symbiose ausgeschlossen werden kann. Bei einer Symbiose beschränkt sich das »Verändern-Wollen« auf Lippenbekenntnisse ohne wirkliche Handlungsabsicht.

2.6 Beratungslogiken

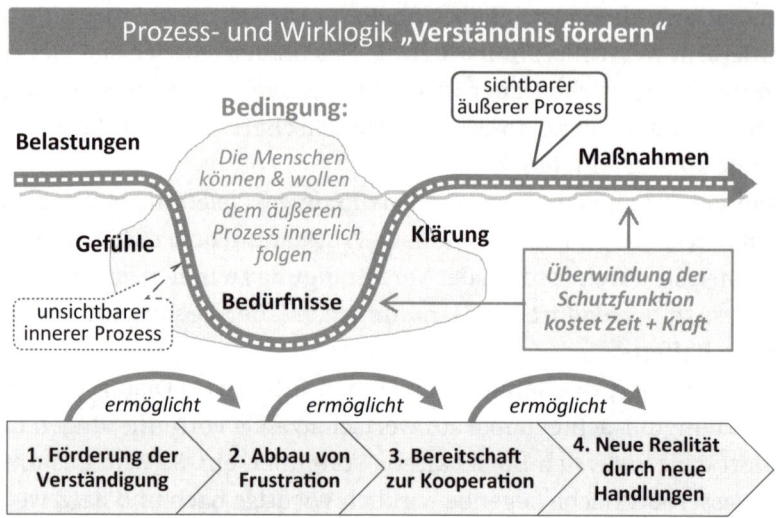

Abb. 12: Prozesslogik »Verständnis fördern«

Für diese Prozesslogik, ist die Hebammenkunst eine unverzichtbare Beraterinnenfähigkeit: All das, was den Klientinnen so wichtig ist und unter der Wasseroberfläche im Verborgenen liegt herauszuarbeiten und wechselseitige verständlich zu machen.

Prozesslogik »Akzeptanz fördern«

Die Ausgangsfrage lautet auch hier: *Was blockiert die Beteiligten darin, eine veränderte Realität herzustellen?* Und auch diese Logik hat eine klare Antwort darauf: Es sind die Handlungen, die für Frustration sorgen und der Gestaltung einer neuen Realität im Wege stehen. Folgerichtig geht die Interventionsrichtung dieser Logik nach außen und zielt direkt auf die Veränderung von Handlungen ab. Um das zu erreichen, werden die individuellen Frustrationen nur genutzt, um die frustrationsauslösenden Handlungen zu identifizieren. Zusätzlich wird die aktuelle Situation als ein Ergebnis einer gemeinsam erzeugten Realität betrachtet. Jede Handlung jeder Beteiligten formt diese Realität. Deshalb ist auch jede Beteiligte für diese Realität mit verantwortlich. Individuelle Frustrationen werden wahrgenommen und als natürlicher Bestandteil des Menschseins akzeptiert. Durch diese Entdramatisierung reduziert sich die blockierende Wirkung der Frustrationen. Diese respektierende Akzeptanz führt zur Erhöhung der Frustrationstoleranz. Sie ermöglicht die Koexistenz von Unverständlichem. Während das Fördern wechselseitigen Verständnisses darauf basiert, genau zu verstehen, was belastet, reicht es hier aus zu verstehen, dass etwas belastet, ohne es inhaltlich genau verstehen zu müssen. Dabei bleibt die Beraterin mit ihrer Prozesssteuerung an der Wasseroberfläche. Statt Frustrationen abzubauen, wird hier lediglich für Einbeziehung ihrer Anwesenheit gesorgt. Deshalb muss die Beraterin dafür sorgen, dass möglichst keine emotionale Belastung unentdeckt oder versteckt bleibt. Manche der Bojen tragen unter Wasser eine so schwere Last, dass sie bereits unter der Wasseroberfläche verschwunden sind. Auch diese Bojen müssen sichtbar werden, damit der darunter liegende Frust wahrnehmbar wird. Über diesen Weg entsteht verlässlich eine Erhöhung der Frustrationstoleranz. Aber nicht nur das. Zusätzlich wird eine Fähigkeit entwickelt, mit Widersprüchlichem entspannt umzugehen und Mehrdeutigkeiten auszuhalten. Das klingt zunächst unspektakulär. Jedoch bildet diese Fähigkeit der »Ambiguitätstoleranz« den entscheidenden Schlüssel für ein ergebnisorientiertes Miteinander. Diese Logik wird durch folgende Haltung gefördert:

> »Auch wenn ich Deine Frustration inhaltlich nicht kenne (und das auch nicht muss), so können wir trotzdem Wege finden, wie wir gut zusammenarbeiten. Und wenn es Dir wichtig ist, dass die Akten anders sortiert sind, dann mache ich das eben – selbst, wenn ich nicht verstehe, was genau Dich daran stört.«

Über diesen Weg wird ebenfalls eine neue Realität durch neue Handlungen erreicht.

Bei der Prozesslogik »Akzeptanz fördern« zielen die Handlungen der Beraterin darauf ab, die Koexistenz von Unverständlichem zu fördern. Das erreichen sie durch Würdigung von Frustrationen, ohne dass diese geklärt werden müssen. Die hier erforderliche Empathie muss nur erfassen, dass da etwas Belastendes ist. Je besser es gelingt, dass Frustrationen deutlich sichtbar werden, desto besser finden die Beteiligten zu Handlungen, mit der sie sich eine neue Realität schaffen. Dazu ist die Arbeit mit den Bojen unverzichtbar.

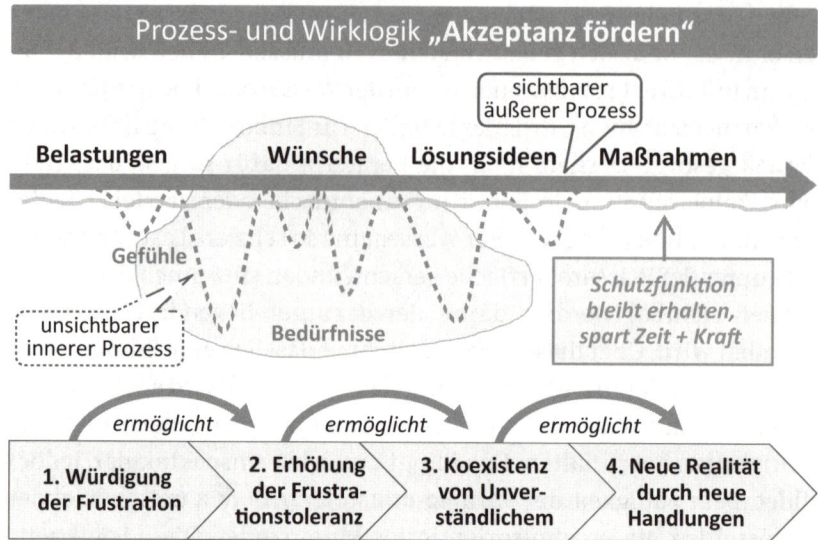

Für die Umsetzung ist es erforderlich, dass die Beraterin jede Diskussion über richtig und falsch unterbindet. Damit verdeutlicht sie die Normalität der Existenz von Mehrdeutigkeiten mit sich wechselseitig ausschließenden Wahrheiten. Diese Wahrheiten werden sichtbar gemacht, ohne darüber zu diskutieren. So muss niemand seine Wahrheit vor Angriffen schützen. Über diesen Weg wächst die Akzeptanz von Unverständlichem, erhöht die Toleranz im Umgang mit Unverständlichem und erhöht auch die Frustrationstoleranz. Diese Befreiung vom Zwang des Verstehen-Müssens erschließt neue Handlungsmöglichkeiten, ist höchst zielführend und spart auch sehr viel Zeit. Eine tiefgehende Verständigung, wie sie mit der der Prozesslogik »Verständnis fördern« angestrebt wird, ist hier nicht erforderlich. Dadurch bleibt die Schutzfunktion der Wasseroberfläche erhalten.

So wird bei dieser Prozesslogik der äußere, von der Beraterin angeleiteter Prozess, vom inneren Prozess der Beteiligten (mit möglicher emotionaler Achterbahnfahrt) entkoppelt. Der äußere Prozess wird Schritt für Schritt abgearbeitet und der Zeitbedarf ist steuerbar.

Es gibt eine naheliegende Vermutung, dass durch diese Entkoppelung die Tragfähigkeit der Vereinbarungen bei dieser Prozesslogik im Vergleich zur Prozesslogik »Verständnis fördern« auf der Strecke bleibt. Doch dafür gibt es – trotz intensiver Suche – noch keine belastbare Bestätigung. Das stärkt die Hypothese, dass das Fördern von Ambiguitätstoleranz zu vergleichbarer Wirkung führt, wie das Fördern von tiefergehendem Verständnis für Werte und Bedürfnisse anderer. In jedem Fall wird über die Koexistenz von Unverständlichem die Herstellung der Arbeitsfähigkeit emotional belasteter Menschen äußerst effizient erreicht. Deshalb ist die Prozesslogik »Akzeptanz fördern« für den Kontext von Unternehmen bestens geeignet. Nicht nur, weil sie schneller wirkt und Schutzbedürfnisse respektiert, sondern auch, weil mit ihr den Interessen des Kollektivs und somit dem Daseinszweck der Unternehmen Vorrang vor den Interessen des Individuums eingeräumt wird. Damit entspricht diese Logik dem Grundsatz der Mission des Unternehmens zu dienen um Handlungen zu fördern, über die Ergebnisse erzielt werden.

Um diese Prozesslogik als Beraterin umzusetzen, ist die sokratische Hebammenkunst eher hinderlich. Hier braucht es keine Geburtshilfe, sondern einen Schwangerschaftstest. Es geht eben nicht darum, die »Geburt« eines Bedürfnisses, als Erscheinen in der geteilten Realität, zu unterstützen. Vielmehr ist es hier, nach der Feststellung, dass da »was« ist, erforderlich, dem Gegenüber sehenden Auges das Aushalten seiner Frustration zuzumuten und gleichzeitig zu signalisieren

> »Ich spüre deinen Frust (ohne zu wissen, was es genau ist) und respektiere und würdige ihn bei der Suche nach Lösungen.«

Das könnte für Vollblutmediatorinnen, die ja eher Spezialistinnen für die Förderung von Verständnis sind, zum Hindernis bei der Anwendung dieser Prozesslogik werden.

Mediation	Ergebnisfokussierte Klärung
Damit es einem Kollektiv gut ergeht, muss es den Individuen gut ergehen.	Damit es einem Kollektiv gut ergeht, müssen Individuen Handlungen ausführen, die den Zielen des Kollektivs dienen.
Die Summe der Einzelbefindlichkeiten bestimmt die Wirksamkeit des Kollektivs.	Die Summe abgestimmter Einzelaktionen bestimmt die Wirksamkeit des Kollektivs.
Handlungskonsequenz für Beraterinnen:	
Sorge für die Reduktion individueller Frustrationen der Individuen	Sorge für Handlungen der Individuen, die den Zielen des Kollektivs dienen
über die Förderung der **Verständigung**.	über die Förderung der **Akzeptanz von Unverständlichem**.
Hauptfokus gilt der Förderung **individueller Kompetenzen**	Hauptfokus gilt der Förderung **kollektiver Kompetenzen**

Abb. 14: Grundannahmen und Handlungsmaximen im Vergleich

Die konkrete Umsetzung der Beratungslogiken sind in Phasenmodellen beschrieben, die der Beraterin als roter Faden ihres Handelns Orientierung geben. Beispielsweise kennen Mediatorinnen hier fünf Phasen der Mediation (oder sechs, sieben bis hin zu elf). Zu jeder Phase gehören bestimmte methodische Vorgehensweisen und Handwerkszeuge.

Phasenmodell der Ergebnisfokussierten Klärung

Wie gelingt es nun, die besonderen Vorteile der Ergebnisfokussierten Klärung zu sichern? Aus welchen Schritten setzt sich zusammen und wann ist worauf zu achten?

Dazu folgt nun die Beschreibung des Phasenmodells. Es dient in erster Linie den Beraterinnen (Führungskräfte haben es mit der Umsetzung wesentlich einfacher). Für einen ersten Überblick zeigt die Darstellung Ziele, Vorgehen, Aufmerksamkeit und Haltung. Die Details der Umsetzung folgen im Praxisteil.

1. Phase: Auftragsklärung

Ziel: Auftraggeberin und Beraterin haben Klarheit über die zu erreichenden Ziele, geeignete Intervention und die erforderlichen Rahmenbedingungen.

Vorgehen: Beraterin und Auftraggeberin stellen im gemeinsamen Dialog die erforderliche Klarheit her.

Fokus: Überprüfung, ob die Voraussetzungen für einen zeitoptimierten Klärungsprozess gegeben sind (keine groben Führungsfehler). Wenn ja, folgt Phase 2; wenn nein, werden Alternativen gesucht.

Haltung: Die Beraterin versteht sich als Partnerin der Auftraggeberin, die es zu stärken gilt. Dabei achtet die Beraterin darauf, dass sie jede Handlung unterlässt, die schwächende Wirkung auf die Auftraggeberin haben könnte.

2. Phase: Arbeitsgrundlage schaffen

Ziel: Die Beteiligten entscheiden über ihre Teilnahme am zeitoptimierten Klärungsprozess

Vorgehen: Den Beteiligten werden die Ziele der Auftraggeberin, das geplante Vorgehen der Beraterin sowie die erforderlichen Rahmenbedingungen vorgestellt. Anschließend erfolgt die Ermittlung ihrer Zustimmung.

Fokus: Überprüfung der Widerspruchsfreiheit der Aufträge von Auftraggeberin und Beteiligten. Falls nicht gegeben, erfolgt eine neue Auftragsklärung (Phase 1). Ist Widerspruchsfreiheit vorhanden, folgt Phase 3.

Haltung: Die Beraterin versteht sich nun auch als Partnerin der Beteiligten, die es zu stärken gilt. Dabei achtet die Beraterin darauf, dass sie jede Handlung unterlässt, die schwächende Wirkung auf die Beteiligten haben könnte. Auftretende Widerstände der Beteiligten nimmt sie ernst und ermittelt ihre guten Gründe. Sie akzeptiert, wenn die Beteiligten ihr Unterstützungsangebot ablehnen und dankt ihnen dabei für deren Klarheit.

3. Phase: Situation erfassen

Ziel: Die Beteiligten verfügen über ein gemeinsames Bild ihrer kollektiven Realität. Dieses Bild setzt sich aus den Mosaiksteinen aller individuellen Sichtweisen, erlebten Belastungen und Idealvorstellungen zusammen.

Vorgehen: Jede Beteiligte stellt ihre Belastungen, ihre Wünsche sowie Befürchtungen vor. Es erfolgt weder eine gemeinsame Bewertung noch Diskussion um einzelne Mosaiksteine. Die Beraterin sorgt dafür, dass jeder Mosaikstein verstanden wird, ohne dabei ein »Einverstanden« anzustreben. Die Mosaiksteine stehen gleichwertig nebeneinander und formen damit ein Gesamtbild, in dem auch widersprüchliche individuelle Wahrheiten gleichberechtigt miteinander existieren.

Fokus: Größtmögliche Klarheit der individuellen Realitätskonstrukte mit Frustrationen, Wünschen und Bewertungen herstellen. Schwammige oder unklare Aussagen (»Nebelbomben«) klären. Dabei Diskussionen strikt unterbinden, emotionale Belastungen sichtbar machen und würdigen. Falls erforderlich, eskalierende Frustrationen in geregelte Bahnen lenken. Die Prozessbegleiterin unterlässt jede eigene Bewertung der Mosaiksteine (weder positiv noch negativ) und unterbindet jede Bewertungen anderer, indem sie die Aufmerksamkeit auf die der Bewertung zugrundeliegenden Befindlichkeit lenkt. Sozial unverträgliche Verhaltensweisen der Beteiligten lässt sie so lange kommentarlos zu, wie sie in der Lage ist, mit der dadurch erzeugten Eskalation umzugehen.

Haltung: »Es ist, wie es ist«. Damit dient die Beraterin den Beteiligten als Vorbild für Ambiguitätstoleranz und bietet ihnen damit eine Form des Lernens am Modell.

4. Phase: Lösungen entwickeln

Ziel: Das Kollektiv hat konkrete Handlungen der Beteiligten für den Alltag vereinbart.

Vorgehen: Auf Basis des gemeinsam erzeugten Gesamtbildes werden gemeinsam Lösungsideen entwickelt. Nach einem ersten Blick auf die Frage, wer die Ideen umsetzen könnte, folgt die Sammlung konkreter Handlungsangebote der Beteiligten. Anschließend werden Handlungswünsche adressiert. Aus Angeboten, Wünschen und Ideen erstellen die Beteiligten ihren Handlungsplan. Erster Punkt des Handlungsplans ist der Zeitpunkt der gemeinsamen Erfolgskontrolle.

Fokus: Verdeutlichen, das die Realität der Belastungen nur durch konkrete Handlungen verändert werden kann. Aus Absichtserklärungen Maßnahmen entwickeln.

Haltung: Eigenverantwortung fördern und fordern: »Die Realität Ihrer Vergangenheit haben Sie gemeinsam erzeugt. Nun gilt es, eine neue Realität zu erzeugen. Dafür sind von jedem Individuum veränderte Handlungen erforderlich.« Konkrete Handlungen der Individuen fördern, um eine neue Realität des Kollektivs zu gestalten.

5. Phase: Umsetzung bewerten

Ziel: Nachdem das Kollektiv einige Monate Erfahrungen mit der Umsetzung seines Handlungsplans und der neu erzeugten Realität gesammelt hat, erfolgt eine gemeinsame Bewertung des Umsetzungserfolgs von Auftraggeberin und Beteiligten. Mit dieser Bewertung endet Ergebnisfokussierte Klärung.

Vorgehen: Die Beteiligten bewerten den Umsetzungserfolg der geplanten Maßnahmen aus ihrer Sicht. Die Auftraggeberin bewertet die Zielerreichung aus ihrer Sicht. Bei Unzufriedenheit wird abschließend die Veränderung der Belastungen betrachtet. Das ist dann der Endpunkt dieses Prozesses und kann als Startpunkt einen neuen Prozesses genutzt werden.

Fokus: Klarheit und Transparenz von Ergebnissen und ihrer Bewertungen herstellen. Führungskraft in ihrer Rolle bestärken und am Ende Moderationsaufgabe an sie abgeben.

Haltung: Eigenverantwortung fördern und fordern. Bewertungen, egal ob positiv oder negativ, unterlassen. Bestenfalls stellt die Beraterin fest: »Ich freue mich, dass Sie mit Ihren Ergebnissen zufrieden sind«. Auch setzt die Beraterin ihre Haltung fort: Es ist, wie es ist.

Idealtypisch verteilen sich die Phasen Ergebnisfokussierter Klärung für Berater auf drei Termine:

Phase 1   Auftragsklärung (ca. 1,5 Stunden)

Phase 2–4   Durchführung eines zeitoptimierten Klärungsprozesses (ca. 3 Stunden)

Phase 5   Erfolgsfeststellung (ca. 1,5 Stunden)

Für Führungskräfte entfallen Auftragsklärung und Überprüfung ihrer Führungserlaubnis für die Prozesssteuerung. Für sie steht am Anfang Zielklarheit. Dann kann sie die Phasen 3–5 umsetzen.

2.7 Zeitoptimierte Klärungsprozesse

Die Komplexität des Arbeitsalltags nimmt kontinuierlich zu. Immer mehr Menschen fühlen sich im Umgang mit dieser Komplexität überfordert. Ein beliebter Ausweg aus dieser Überforderung ist die Reduktion der Komplexität durch vereinfachte lineare Ursache-Wirkungs-Modelle. Das »funktioniert« in der großen Welt- und Europapolitik genauso, wie im kleinen überschaubaren Team. Aus der Komplexitätsreduktion folgt eine kurzfristige Entlastung, da ja nun die Welt etwas verständlicher wird. Doch diese Vereinfachung hat einen Preis. Sie blendet andere Sichtweisen aus oder lässt sie erst gar nicht zu. Dadurch fühlen sich Vertreter anderer Perspektiven ignoriert, was zu berechtigtem Protest führt. So wächst Widerstand, der dann – wenn auch zeitverzögert – doch wieder zur Erhöhung der Komplexität führt.

Jeder sieht die Welt aus seiner Sicht. Ein Verständnis für andere Sichtweisen zu entwickeln, braucht Zeit. In einer Welt mit zunehmender Zeitnot gibt es immer weniger Bereitschaft, die für eine Verständigung erforderliche Zeit zu investieren. Somit bleibt der Ausweg über die Prozesslogik »Verständnis fördern« oft versperrt.

Was bleibt, ist mit der Prozesslogik »Akzeptanz fördern« die Koexistenz von Unverständlichem anzustreben. Durch sie wird Zusammenarbeit möglich, die in wesentlich kürzerer Zeit erreichbar ist. Voraussetzung dafür ist, dass das Unverständliche nicht entwertet wird, sondern als eine parallele Realität verstanden wird, der die gleiche Existenzberechtigung zusteht, wie der eigenen Realität. Besonders deutlich zeigt sich die Notwendigkeit der Koexistenz von Unverständlichem beim Aufeinandertreffen von Flüchtlingen aus völlig fremden Kulturen mit unserer Kultur. Die Integrationsleistung, die von der deutschen Bevölkerung zu erbringen ist, wird ohne die Fähigkeit der Koexistenz von Unverständlichem nicht funktionieren.

Die Fähigkeit, Komplexität und Mehrdeutigkeit zulassen zu können und trotzdem zu stimmigen Handlungsmöglichkeiten zu finden, wird immer bedeutsamer. In Zeiten von Industrie 4.0 ist sie sogar unverzichtbar. Für die Auftraggeberin eines zeitoptimierten Klärungsprozesses erfordert das, eine Arbeitsform zu akzeptieren, bei der neben ihrer Sicht die der anderen gleichwirklich steht. Durch das Sichtbarmachen unterschiedlicher Realitäten in einem Kollektiv entsteht ein gemeinsames Bild aller Realitätskonstrukte, das nicht inhaltlich diskutiert, sondern nur in seinem Dasein akzeptiert wird. Von diesem akzeptierten Bild ausgehend lassen sich gemeinsam neue Wege gestalten. Durch den Verzicht der endlosen Diskussionen um »die eine wahre Realität« wird nicht nur viel Zeit gespart, sondern auch einer Eskalation vorgebeugt, da niemand mehr um seine Realität kämpfen muss. Das Vorgehen nach der Idee Ergebnisfokussierter Klärung ermöglicht zeitoptimierte Interventionen mit tragfähigen Ergebnissen.

2.7.1 Handlungsgrundlagen

Wie bereits erwähnt, basierten zeitoptimierte Klärungsprozesse auf der Prozesslogik »Akzeptanz fördern«. Für ihr Gelingen sind bestimmte Handlungsgrundlagen erforderlich. Fehlen sie, wird der Schaden größer als der Nutzen sein.

- **Starke und klare Führung**

Zu den normalen Aufgaben von Führungskräften zählt die Bearbeitung schwieriger Situationen. Dafür können sie sich der Unterstützung Dritter bedienen. Diese Unterstützung muss im Ergebnis zu einer Stärkung der Führungskraft führen. Im Umkehrschluss bedeutet das, dass Beraterinnen alles unterlassen müssen, was eine mögliche Schwächung der Führungskraft zur Folge haben könnte. Dafür ist ein klares Führungsverständnis für Beraterinnen genauso wichtig, wie für Führungskräfte. Das hat oberste Priorität!

Für die Praxis folgt aus diesem Grundsatz eine klare Bearbeitungsreihenfolge: Die erste Aufmerksamkeit liegt immer auf der Sicherstellung eines stimmigen Führungshandelns. Ist das gegeben, können weitere unterstützende Maßnahmen folgen. Andere Vorgehensweisen erfordern einen erhöhten Zeitbedarf und können Führungskräfte schwächen, wenn beispielsweise ihre Führungsfehler durch den Prozess für die Beteiligten offensichtlich werden. Damit steht am Anfang einer zeitoptimierten Bearbeitung schwieriger Situationen immer die Überprüfung der Stimmigkeit des Führungshandelns, bevor weitere Maßnahmen folgen. Unabhängig von der Frage, welche Intervention folgt, bleibt eine unumstößliche Tatsache: Ohne kraftvolle Führung gibt es keinen Beratungserfolg.

- **Vorrang des Kollektivs vor dem Individuum**

»Störungen nehmen sich den Vorrang« ist ein Leitungsgrundsatz für die Arbeit mit Gruppen, der auf Ruth Cohn, die Gründerin der »Themenzentrierten Interaktion«, zurückgeht. Dieser Grundsatz verdeutlicht, dass jede Störung die Arbeit von und in Gruppen beeinflusst. Daraus hat sich eine weit verbreitete Annahme entwickelt, dass erst alle Störungen in einer Gruppe beseitigt werden müssten, bevor die Gruppe arbeitsfähig ist. Die konsequente Umsetzung dieser Annahme bietet jedem Individuum durch Anzeigen einer Störung die Möglichkeit, eine ganze Gruppe zu lähmen. Verschärft wird dieses Phänomen durch eine wechselseitige Stimulation: Die Benennung der Störung von einer Person löst bei einer anderen Person eine Störung über die Störung aus. Wird sie ebenfalls benannt, entsteht eine Art Schneeballeffekt, der eine Gruppe in die Arbeitsunfähigkeit führen kann. Hier wird dem Individuum der Vorrang vor dem Kollektiv eingeräumt. Diese Vorfahrtsregel blockiert das Kollektiv und kostet viel Zeit, die nur selten verfügbar ist. Das verlangt nach zeitoptimierten Bearbeitungsformen, die zugleich das Individuum nicht ignorieren, sondern ihm eine andere Priorität im Prozess zuweisen. Deshalb erhalten die übergeordneten Interessen des Kollektivs den Vorrang vor der Bearbeitung individueller Befindlichkeiten. Das kann Frustrationen verstärken, die dann aufgefangen oder in andere Settings vertagt werden müssen.

- **Würdigung von Frustration**

Auch wenn kollektiven Interessen der Vorrang vor individuellen Befindlichkeiten eingeräumt wird, dürfen Frustrationen nicht unbeachtet bleiben, da sie sich sonst verselbständigen. Dafür wird eine visualisierte Ausdrucksform gewählt, mit deren Hilfe es möglich wird, emotionale Eskalation in geregelten Bahnen zu lenken. Sehr wirksames Mittel ist die »Wut-Wand«. Dort hängen die emotional belasteten Beteiligten Zettel, auf denen sie ihren Ärger notieren und Ausdruck geben. Eine

2.7 Zeitoptimierte Klärungsprozesse

Grundhaltung der Beraterin, die die Frustration würdigt, ist dazu unverzichtbar. Das Zugestehen von Frustrationen und eine kanalisierte Handhabung wirken deeskalierend und vermeiden Dramen. Unverzichtbar ist es, dass die Beraterin ihre Handlungen nicht auf die Reduzierung von Frustrationen ausrichtet. Sie muss den Beteiligten (und sich) zumuten können, die Frustrationen auszuhalten.

- **Klare Struktur und Prozessleitung**

Um emotional belastete Menschen in ihrer Arbeitsfähigkeit zu stärken, ist eine glasklare Struktur notwendig. Dafür wird von Beginn an jeder Schritt aufgezeigt und jedes Ergebnis visualisiert. Gleiches gilt für die Beraterin, die sehr viel Klarheit und Souveränität ausstrahlt. Sicherheit und Orientierung bietet auch ein vorgegebener Zeitplan, mit dem die Konzentration auf das Wesentliche erleichtert wird. Deshalb ist für zeitoptimierte Klärungsprozesse der Zeitdruck kein Hindernis, sondern vielmehr Ressource.

- **Einfordern von Eigenverantwortung**

Wie bereits mehrfach erwähnt, entsteht eine neue Realität erst durch konkrete Handlungen. Deshalb ist eine Struktur, die zwingend zu Handlungen führt, sehr hilfreich. Das lässt sich nur dann realisieren, wenn Menschen für ein gewisses Tun, das zu definierten Folgen führt, Verantwortung übernehmen. Maßnahmenpläne, die dann in Schubladen verstauben, ohne dass jemand ganz konkret Verantwortung für alles Tun und Nichtstun und die Folgen übernimmt, sind zu kurz gegriffen.

2.7.2 Bedingungen für zeitoptimierte Klärungsprozesse

Eine zeitoptimierte Bearbeitung schwieriger Situationen erfordert eine kontinuierliche Aufmerksamkeit für drei Bedingungen:
- **Rahmen:** Die Chefin nimm ihre Führungsverantwortung wahr
- **Bereitschaft:** Es gibt die Bereitschaft zur Veränderung bei allen Beteiligten
- **Verantwortung**: Die Beteiligten übernehmen Verantwortung dafür, dass neue Realitäten durch konkrete Handlungen entstehen

Diese Bedingungen gelten für Beraterinnen und Führungskräfte gleichermaßen – und auch für jede Bearbeitungsform.

2.8 Das erste Rendezvous von Beraterin und Auftraggeberin

Jede Beratungstätigkeit beginnt mit der Klärung des Auftrags. Auch wenn diese Feststellung banal erscheint, entscheidet sich hier bereits der Erfolg oder Misserfolg der Beratungshandlung. Wie bereits erwähnt, ist eine gute Auftragsklärung bereits eine Intervention. Das Anspruchsvolle in der Auftragsklärung besteht darin, zwei unterschiedliche Welten zu vereinen: Die Welt der Auftraggeberin bzw. der Führungskraft und die Welt der Beraterin. In hierarchischen Strukturen ist die Auftraggeberin eine »vorgesetzte« Führungskraft, in demokratischen Strukturen ist sie ein Kollektiv oder eine vom Kollektiv bevollmächtigte Vertreterin. Wichtig ist, dass die Funktion »Führung« repräsentiert wird, nachrangig ist, durch wen.

Bevor es zu einem Zusammentreffen von Beraterin und Auftraggeberin kommt, hat die Auftraggeberin bereits einen langen gedanklichen und manchmal auch an Gefühlen reichen Weg zurückgelegt. Vielleicht hat sie selbst schon das ein oder andere versucht, um das Problem zu lösen oder bereits andere Beraterinnen eingesetzt. Zumindest hat bisher nichts so richtig geholfen.

Ausgehend von seiner belastenden Situation verfügt sie entweder über eine Vorstellung, wie eine Zukunft aussehen soll, oder sie will einfach nur irgendeinen Ausweg aus der aktuellen belastenden Situation finden. Nun hat die Auftraggeberin ihr Bild von ihrer Gegenwart mit all ihren Erfahrungen und Erklärungen von Ursachen der aktuellen Schwierigkeiten. Bestandteil diese Bildes kann auch eine Idee sein, wie der Weg vom IST zum SOLL gestaltet werden kann.

So begibt sich die Auftraggeberin mit ihrem Bild von Gegenwart und möglicher Interventionsidee auf die Suche nach einer geeigneten Beraterin. Dafür muss die Beraterin von der Auftraggeberin gut gebrieft werden und möglichst viele Informationen erhalten, damit diese das Ziel der Auftraggeberin auch erreicht. Während des Briefings muss die Auftraggeberin auch noch überprüfen, ob die Beraterin für diesen Job wirklich die Richtige ist. Im Zweifelsfall kann sie sich nach einer anderen Beraterin umsehen. Mit dieser Sicht auf die Welt begibt sich die Auftraggeberin in das Auftragsklärungsgespräch.

Die Beraterin hat nun eine ganz andere Sicht. Ihr Ziel als Profi ist es, nach ihrem Einsatz eine zufriedene Kundin zu haben. Über welchen Weg dieses Ziel zu erreichen ist, wird das Auftragsklärungsgespräch zeigen. Es kann sein, dass die möglicherweise vorhandene Interventionsidee der Auftraggeberin passend ist. Aber es kann auch sein, dass ein ganz anderer Weg erforderlich ist. Dafür müsste sich die Auftraggeberin erst einmal von ihrer liebgewonnenen Idee verabschieden, und gleichzeitig ein tragfähiges Vertrauen aufgebaut werden.

Am Anfang dieses Weges gilt es genau zu ermitteln, **woran die Auftraggeberin den Erfolg des Beraterinneneinsatzes** feststellt. Während dieser Ermittlung gibt es eine zweite Aufmerksamkeit. Sie sammelt Indizien für die Ausprägung des Führungshandelns.

Befindet sich eine Auftraggeberin in einer schwierigen Situation, kann es immer auch sein, dass sie selbst Ursache des Problems ist.

Deshalb gilt die Aufmerksamkeit den genannten **acht Aspekten** des konfliktverschärfenden Führungshandelns:

* Fehlt der Handlungsgrundsatz der Konfliktvermeidung?
* Sind Konflikte eine zulässige Realität?
* Sind Grenze und Spielfeld klar?
* Ist Formales und Soziales in der Balance?
* Passen die gewählten Interventionen zum Zustand des Konflikts?
* Stärkt die Führungskraft die Verantwortung ihrer Mitarbeiter?
* Nutzt die Führungskraft Lernaspekte von Kritik?
* Wird Fachlichkeit und Führungsaufgabe unterschieden?

Sobald eine dieser Aspekte mit »nein« zu beantworten ist, sind Zweifel eines stimmigen Führungshandelns angebracht. Dann ist zuerst dafür zu sorgen, dass die Chefin ihre Rolle stimmig wahrnimmt. Resultiert eine schwierige Situation aus Führungsfehlern, würden diese bei jeder Intervention offenbar werden und könnten nachhaltig zur Schwächung der Führungskraft führen. Und eine geschwächte Führungskraft wird auch sehr schnell die Verantwortliche dafür finden: Das ist dann die Beraterin. Von daher ist die Überprüfung, ob die Führungskraft ihrer Verantwortung gerecht wird, schon aus Gründen der Qualitätssicherung und des Selbstschutzes der Beraterin unverzichtbar.

2.9 Anschlussfähigkeit von Beratungshandeln

Eine letzte und dennoch wichtige Perspektive auf Beratung und Unternehmen ist die Frage, wie sehr das, was die Beraterin tut, von den Beteiligten annehmbar ist. Die beste Idee wird ihre Wirkung verfehlen, wenn es den Beteiligten nicht möglich ist, dieser Idee die erforderliche Akzeptanz entgegenzubringen.

2.9.1 Spannungsfeld zwischen »fremd« und »bekannt«

Hier gilt es, eine stimmige Balance zu finden zwischen den Polen »fremd« und »bekannt«. Wenn Vorschläge oder Handlungen der Beraterin den Beteiligten zu bekannt sind, kann es sein, dass die Beraterin nicht ernst genommen wird: »Das hatten wir doch schon alles ausprobiert. Das hat uns keinen Schritt voran gebracht.«

Gleiches passiert, wenn Vorschläge oder Handlungen der Beraterin den Beteiligten zu fremd sind: »Na, die ist ja völlig abgedreht. Was die da vorschlägt, funktioniert bei uns niemals.«

Also muss auch hier eine Balance zwischen diesen beiden Polen hergestellt werden. Und auch diese Balance kann nicht und darf auch nicht statisch sein.

Zu Beginn, wenn es gilt, das Vertrauen zwischen Beraterin und Auftraggeberin aufzubauen, heißt die Balance »viel bekannt und etwas fremd«. Es muss also bei der Auftraggeberin der Eindruck entstehen: »Ja, Die Beraterin versteht mich. Und sie hat etwas Neues (»fremdes«) zu bieten, das helfen könnte«

Sobald ein belastbares Vertrauen aufgebaut ist, soll eine neue Realität durch neue Handlungen realisiert werden. Damit Menschen einen Veränderungswillen entwickeln, mit dem sie neue Handlungen realisieren, brauchen sie meist etwas Irritierendes. Dafür verändert die Beraterin ihre Position näher zu dem Pol »fremd« und entfernt sich damit von dem Pol »bekannt« – aber nur so weit, dass der Anschluss zu den Beteiligten bestehen bleibt.

> Während einer Teamklärung geriet das Team in einen Zustand der Hoffnungslosigkeit. Die Teammitglieder fühlten sich als Opfer der Umstände und sahen sich in ihrer Situation absolut hilflos und ohnmächtig. Alle Hoffnungen richteten sich nun auf die Beraterin: »Bitte sagen Sie uns, was wir nun tun sollen!«

Diese Erwartung kann und darf die Beraterin natürlich nicht erfüllen. Die Teammitglieder – völlig gefangen in ihrer Hoffnungslosigkeit und Ohnmacht – brauchen aber einen äußeren Impuls, der ziemlich kraftvoll sein muss, um diesen Opfer-Zustand zu verlassen. Das wird durch Irritation erreicht.

Da ein belastbares Vertrauensverhältnis vorhanden war, konnte die Beraterin nun ihren Irritationsimpuls setzen: »Ja, da befinden Sie sich wirklich in einer aussichtslosen Position. In Ihrer Haut möchten ich nicht stecken.« Damit hat das Team etwas Befremdliches erlebt und sich durch diese Irritation aus der Lähmung gelöst. Diese Bewegung führt zuerst zum Protest und Empörung. Sie wird dann lösungsorientiert kanalisiert: »Aber einmal angenommen, es gäbe doch irgendwo einen Ausweg, wer könnte den wohl finden?«

2.9.2 Spannungsfeld zwischen »sinnvoll« und »machbar«

Für eine Beraterin reicht es nicht aus, sinnvolle Interventionen zu identifizieren, da für ihre Umsetzung ein Auftrag erforderlich ist. Wo dieser Auftrag fehlt, kann sie auch nichts tun, wie das folgende Fallbeispiel zeigt:

In einem Unternehmen des öffentlichen Dienstes gab es Spannungen in einem Team. Die Abteilungsleiterin wollte, dass das Team zunächst ohne seine Teamleiterin im geschützten Rahmen die Gelegenheit erhält, Belastendes klar zu benennen und nach Lösungsmöglichkeiten zu suchen. Die Teamleiterin sah mit diesem Vergehen ihre Führungskompetenz infrage gestellt und suchte Rückhalt beim Personalrat. Das erhöhte den Druck auf die Abteilungsleiterin. Ihre Direktorin erwartete nachdrücklich, dass Ruhe in das Team einkehren muss. Die Direktorin hatte zuvor selbst mit dem Team gesprochen und dabei mit sehr deutlichen Worten Sanktionen angedroht. Damit hat die Direktorin sowohl mit dem Inhalt (Sanktionen) als auch mit der Form (Direktorin »entmachtet« Abteilungsleiterin und Teamleiterin) die Teammitglieder ziemlich irritiert und verunsichert. Sie fühlen sich unschuldig an den Pranger gestellt.

Hier gibt es völlig unterschiedliche Sichtweisen auf die Gesamtsituation. Damit ist vorhersehbar, dass es zunächst keinen widerspruchsfreien Auftrag geben wird. Also setzt die Beraterin die Auftragsklärung fort. Dazu führt sie zunächst Einzelgespräche mit den beteiligten Entscheiderinnen.

Das erste Gespräch fand mit der Abteilungsleiterin statt. Anschließend erfolgte ein Gespräch mit der Teamleiterin. Diese bestand darauf, dass bei dem Gespräch mit der Beraterin eine Personalrätin anwesend ist. Dabei gab es heftige Klagen über den Führungsstil der Direktorin. So führte die Beraterin auch ein Gespräch mit der Direktorin. Durch diese Einzelgespräche hatte die Beraterin die Klarheit gewonnen, dass es mit den gegensätzlichen Sichtweisen keine widerspruchsfreien Aufträge geben wird. Deshalb folgte ein weiteres gemeinsames Gespräch mit Direktorin, Abteilungsleiterin, Teamleiterin und Personalrätin. Hier erhielt die Beraterin schließlich einen von allen Führungskräften getragenen Auftrag, mit dem Team die kritischen Aspekte der Zusammenarbeit zu klären. Die Beraterin nahm den Auftrag unter dem Vorbehalt an, dass das Team diesen Auftrag ebenfalls erteilt.

Schließlich sorgte die Beraterin noch dafür, dass die durch die Direktorin »ausgehebelte« Abteilungsleiterin und Teamleiterin wieder zu ihren Positionen zurückfinden. Dafür forderte die Beraterin die Direktorin auf, dem Team mitzuteilen, welche Veränderung sie erwartet, und dass sie sich bei Abteilungsleiterin und Teamleiterin über den Fortgang der Entwicklung informieren wird. Diesem Vorgehen stimmte die Direktorin zu.

Nach insgesamt neun Stunden Auftragsklärungsgesprächen erfolgte dann eine dreistündige zeitoptimierte Klärung mit dem Team. Rückblickend lässt sich feststellen: Was von Auftraggeberinnen als Teamproblem dargestellt wurde, war vielmehr ein Führungsproblem. Da diese Sicht nicht von allen Auftraggeberinnen geteilt wurde, gab es auch keinen Auftrag für die Bearbeitung des Führungsthemas. Dennoch stellt die Auftragsklärung bereits eine sehr wirksame Intervention dar.

Dieses Beispiel verdeutlicht gleich mehrere Aspekte:

- Unterschied zwischen »sinnvoll« und »machbar«
- Notwendigkeit widerspruchsfreier Aufträge
- Bedeutung und Wirkung von Führungshandeln
- Auftragsklärung als Intervention und als grundlegender Erfolgsfaktor

3. Praxis der Ergebnisfokussierten Klärung

»Wo liegt das Problem?« Mit dieser Frage beginnt die Bearbeitung von Situationen in Unternehmen, für die eine Veränderung erreicht werden soll. Nachdem im zweiten Kapitel einige wichtige Perspektiven beschrieben wurden, folgen nun praktische Beispiele für eine zeitoptimierte Bearbeitung solcher Situationen in Unternehmen.

Der Einstieg erfolgt mit Anregungen, wie Führungskräfte ihre Wirksamkeit stärken können.

Anschließend folgen methodische Hinweise zu Auftragsklärung, Führungscoaching, Ergebnisfokussierte Klärung für Berater und zeitoptimierte Klärung für Führungskräfte. Einige hilfreiche Praxistipps schließen dieses Kapitel ab. Große Teile dieses Kapitels sind für die Beraterperspektive geschrieben. Führungskräften ermöglicht diese Perspektive eine gute Möglichkeit, ihr eigenes Führungshandeln zu reflektieren und sich selbst »von außen« zu betrachten.

Wie in der Einleitung angekündigt, wird in diesem Kapitel die männliche Form genutzt. Damit ist immer auch die weibliche Form gemeint.

3.1 Stärkung der Führungskraft

Dieser Abschnitt beschreibt die Möglichkeiten, die eine Führungskraft im Umgang mit schwierigen Situationen selbst nutzen kann, bevor sie Unterstützung Dritter anfragt. Aber auch Berater, wie beispielweise Personalentwickler, Mediatoren oder Coaches finden hier Anregungen, um Führungskräfte in Ihrer Rolle zu stärken.

3.1.1 Kurzcheck zur formal-sozialen Balance

Führungskräfte müssen zwei Funktionen wahrnehmen: Die Funktion Management mit all ihren formalen Aspekten und die Funktion Führung mit den sozialen Aspekten. Formal müssen sie dafür sorgen, dass

Aufgaben und Ziele beschrieben, bearbeitet und erreicht werden. Sozial müssen sie dafür sorgen, dass ihre Mitarbeiter dies in einer Form tun können, welche die Ergebnisse und das Miteinander trägt und stärkt. Je besser es Führungskräften gelingt, mit ihrem Führungshandeln beide Aspekte zu bedienen, desto besser wird sie ihrer Aufgabe gerecht. Im Umkehrschluss bedeutet es, dass eine dauerhafte einseitige Betonung von formalen oder sozialen Führungsaspekten sich ungünstig auswirkt. Entweder folgen unnötig Probleme, oder die Ergebnisse der Mitarbeiter bleiben hinter den Möglichkeiten zurück.

Die Ermittlung der formal-sozialen Balance erfolgt mit einem einfachen Fragebogen. Er betrachtet die formal-soziale Ausprägung von **vier** Aspekten:

1. Vorgaben

Die Zusammenarbeit einer Einheit hängt davon ab, wie die Handlungsvorgaben von außen von den Mitgliedern wahrgenommen werden. Handlungsvorgaben können durch Auftraggeber, übergeordnete Führungskräfte, Kunden etc. an die Einheit vermittelt werden. Ebenso können dies allgemeine Bedingungen des Marktes, der Rechtslage, der Politik usw. sein.

2. Kontakte

Die Mitglieder der betrachteten Einheit können auf unterschiedliche Art und Weise in Kontakt treten. Das können einmal persönliche direkte Kontakte sein (wie Besprechungen, Teamtreffen, Meetings ...). Andererseits gibt es mittelbare Kontakte (wie Telefon, Mail, Rundschreiben, Videokonferenz ...). In virtuellen Teams gibt es ausschließlich mittelbare Kontakte.

3. Ansprache von Konflikten

Konflikte zwischen Menschen sind normal und nicht gut oder schlecht. Hilfreich oder hilflos ist der Umgang mit Konflikten. Dabei kommt es darauf an, ob und wie Konflikte angesprochen werden. (eher offen angesprochen oder eher vermieden, tabuisiert, totgeschwiegen). Weiter ist wichtig, ob Konflikte eher konfrontativ oder eher kooperativ bearbeitet werden.

4. Identifikation

Der Zusammenhalt einer Einheit ist eine Funktion aus Identifikation und Wir-Gefühl einerseits und organisatorischen Vorgaben und Regeln andererseits. Beides ist erforderlich für das Funktionieren der Einheit.

Der Fragebogen auf der nächsten Seite bietet mehrere Einsatzmöglichkeiten:

a) Als Selbstcheck für Führungskräfte:
   Wo kann ich mein Führungshandeln optimieren?

b) Zur Unterstützung für Berater bei der Auftragsklärung:
   Wie ›tickt‹ mein gegenüber als Führungskraft?

c) Für Feedback von Mitarbeitern für Führungskräfte:
   Wie weit deckt meine Absicht mit der erzielten Wirkung?

Für die folgenden 16 Aussagen sind Einschätzungen vorzunehmen:

nein   diese Aussage trifft gar nicht bis selten zu

teilweise diese Aussage ist mal zutreffend und mal nicht

ja   diese Aussage ist häufig bis immer zutreffend

Zu jeder Antwortmöglichkeit gibt es einen Zahlenwert. Aus den 16 Werten wird abschließend eine Summe gebildet. Die Auswertung folgt in Anschluss an den Fragebogen. Er steht auch als Download im Internet unter www.teamfixx.com bereit.

Fragebogen zur sozial-formalen Balance

1. Vorgaben

		nein	teilweise	ja
1.1	Die äußeren Handlungsvorgaben werden von den Mitgliedern der Einheit als Druck oder Stress wahrgenommen	0	1	2
1.2	Die Wirkung der äußeren Handlungsvorgaben unterstützt die Erreichung der spezifischen Ziele der Einheit	2	1	0
1.3	Die Wirkung der äußeren Handlungsvorgaben belasten mich emotional	0	1	2
1.4	Die Belastung durch äußere Handlungsvorgaben sollte (oder kann für mich) so bleiben, wie sie ist	2	1	0

2. Kontakte

2.1	Die Anzahl der persönlichen direkten Kontakte ist angemessen	2	1	0
2.2	Die Anzahl der persönlichen direkten Kontakte unterstützt die Erreichung der spezifischen Ziele der Einheit	2	1	0
2.3	Die Anzahl der persönlichen direkten Kontakte belastet mich emotional	0	1	2
2.4	Die Anzahl der persönlichen direkten Kontakte sollte (oder kann für mich) so bleiben, wie sie ist	2	1	0

3. Konflikte

3.1	Konflikte werden in der Einheit offen angesprochen	2	1	0
3.2	Das offene Ansprechen von Konflikten unterstützt die Erreichung der spezifischen Ziele der Einheit	2	1	0
3.3	Das offene Ansprechen von Konflikten belastet mich emotional	0	1	2
3.4	Die offene Ansprache von Konflikten sollte (oder kann für mich) so bleiben, wie sie ist	2	1	0

4. Identifikation

4.1	Bei den Mitgliedern der Einheit besteht ein Wir-Gefühl	2	1	0
4.2	Das Wir-Gefühl unterstützt die Erreichung der spezifischen Ziele der Einheit	2	1	0
4.3	Die Qualität des Wir-Gefühls belastet mich emotional	0	1	2
4.4	Das Wir-Gefühl sollte (oder kann für mich) so bleiben, wie sie ist	2	1	0
	Summe			

Abb. 15: Fragebogen zur formal-sozialen Balance

0-5 Punkte   Es scheint alles ok zu sein

Hier scheint es alles im Lot zu sein. Es liegt eine ausgewogene Balance zwischen formalen und sozialen Führungsaspekten vor. Hier gilt es diesen Erfolg anzuerkennen, um ihn zu sichern und zu stabilisieren. Der Lernaspekt bei dieser Punktzahl besteht darin, das »Geheimnis des Erfolgs« zu ermitteln. Je bekannter es ist, desto bewusster kann es gepflegt und gesichert werden.

6-12 Punkte   Es scheint weitgehend ok zu sein

Auch hier scheint es überwiegend gut zu laufen. Hier lohnt sich die Prüfung, bei welchen der als belastenden erlebten Aspekten eine Verbesserung der Balance sinnvoll und machbar ist. Die Aufmerksamkeit sollte auf Veränderungstendenzen der Aspekte gerichtet sein, um ggf. eine sich abzeichnenden Verschlechterung so früh wie möglich entgegenwirken zu können.

13-19 Punkte   Es scheint nicht immer ok zu sein

Hier wird die Balance zwischen formalen und sozialen Aspekten als unausgewogen erlebt. Es empfiehlt sich, konkrete Maßnahmen zu ergreifen, um eine Verbesserung zu erreichen. Das Thema mit der höchsten Block-Summe bietet sich als vordringlichster Aspekt an. Auch kann es sich lohnen, über Unterstützung Dritter nachzudenken.

20-26 Punkte   Es scheint schlecht zu sein

Hier scheinen die belastenden Aspekte allgegenwärtig zu sein. Es ist davon auszugehen, dass die Arbeitsergebnisse in der betrachteten Einheit hinter den Möglichkeiten zurückbleiben. Hier empfiehlt sich der Einsatz professioneller Begleiter, um die offensichtlichen Veränderungserfordernisse so anzupacken, dass möglichst zügig eine Verbesserung erzielt wird.

27-32 Punkte   Es scheint ziemlich schlecht zu sein

Die Unausgewogenheit in der Balance zwischen formalen und sozialen Aspekten wird durchweg als starke Belastung erlebt. Es ist mit ziemlich hoher Wahrscheinlichkeit davon auszugehen, dass die Arbeitsergebnisse in der betrachteten Einheit sehr weit hinter den Möglichkeiten zurückbleiben. Da die Intensität der emotionalen Belastung auf Dauer unerträglich ist, empfehlen sich für die Mitglieder der betrachteten Einheit zunächst mentale Selbstschutzmaßnahmen, um an einer Veränderung der Belastung überhaupt arbeiten zu können. Auch liegt die Vermutung nahe, dass der dringende Handlungsbedarf ohne den Einsatz externer Unterstützung nicht realisierbar ist.

Allgemeiner Hinweis zu den Auswertungsergebnissen

Da das Auswertungsergebnis immer einen subjektiven Eindruck darstellt, ist es nicht geeignet, Führungshandeln objektiv zu bewerten. Vielmehr versteht es sich als eine Einladung zur Reflexion. Zusätzlich kann es auch als Grundlage dienen, um einen Dialog für Feedbackgespräche anzustoßen.

Wichtig ist die Überprüfung, wie das Auswertungsergebnis mit dem persönlichen Eindruck übereinstimmt. Zur Vertiefung lohnt es sich, mehrere Mitglieder der betrachteten Einheit den Fragebogen ausfüllen zu lassen. Über eine höher Anzahl individueller Einschätzungen wird möglicherweise ein aussagekräftigeres Auswertungsergebnis erreicht. Meist wird allein schon durch den Dialog über die Ergebnisse ein Zugewinn für die betrachtet Einheit erreicht.

3.1.2 Umgang mit Kritik

Führungskräfte treffen Entscheidungen. Dabei wird es höchst selten vorkommen, dass alle von der Entscheidung Betroffenen zufrieden sind. Deshalb ist es völlig normal, dass Führungskräfte immer irgendwelcher Kritik ausgesetzt sind. Allerdings ist diese Tatsache kein Freibrief für eine dauerhafte Imprägnierung, durch die Kritik einfach abperlt. Dadurch werden Lernchancen verpasst. Um berechtigte von unberechtigter Kritik zu unterscheiden, helfen **drei** Reflexionsfragen:

1. **Kritisiere ich das an mir auch?**
   Wenn ja: Was lerne ich daraus und wie kann ich dem Gelernten in Handlungen Ausdruck geben?
   Wenn nein:
2. **Fühle ich mich durch diese Kritik verletzt?**
   Wenn ja: Welches alte Thema wird da in mir aufgewühlt? Wie kann ich mich mit diesem Thema selbst versöhnen?
   Wenn nein:
3. **Habe ich diese Kritik schon mal gehört?**
   Wenn ja: Ich sollte für diese Kritik weiter wach und aufmerksam mir selbst gegenüber sein. Sie könnte mir Lernchancen bieten.
   Wenn nein: Es ist sehr wahrscheinlich, dass diese Kritik nichts mit mir zu tun hat und es sich um eine Projektion meines Gegenübers auf mich handelt. Sicherheitshalber frage ich zur Überprüfung einen vertrauten Menschen.
   Wichtig ist die Klarheit, dass die Verantwortung für die eigenen Emotionen niemals beim Gegenüber liegt, sondern immer bei sich selbst.

Das Gegenüber ist nicht Ursache, sondern nur Auslöser der eigenen Emotionen und Befindlichkeiten. Als Merksatz gilt:

Das, was etwas mit mir macht, hat Macht über mich.

Wer sich über eine Kritik ärgert, kann durch diese emotionale Belastung in seiner eigenen Wahrnehmungs- und Handlungsfähigkeit begrenzt werden. Damit geht Souveränität verloren. Diese gilt es zurückzugewinnen. Der erste Schritt auf dem Weg ist die Frage nach den eigenen Handlungen: »Was kann ich tun, um zu erreichen, dass es mir besser geht?«

Der Umgang mit Kritik zwischen den Polen »von sich weisen« und »ganz auf sich beziehen« erfordert eine ausbalancierte Bewusstheit über sich selbst. Merkmal dieser Bewusstheit ist ein regelmäßiger Abgleich von Selbst- und Fremdbild, insbesondere bei belastenden Themen. Diese wertvollen Wegweiser sind für Berater und Führungskräfte in gleicher Weise nützlich. Zusätzlich sind regelmäßige kollegiale Beratungen sowie auch Supervisionen sehr hilfreich. So wird die Bewusstheit über sich selbst weiterentwickelt. Eigene blinde Flecken werden über den Abgleich von Selbst- und Fremdbild reduziert.

Bei diesem Vorgehen entsteht eine weitere wertvolle Wirkung: Wer einen ressourcenorientierten Umgang mit Selbstkritik gelernt hat, dem fällt es leicht, andere ebenso ressourcenorientiert und wertschätzend zu kritisieren. Damit wird eine konstruktive Wirkung von Kritik deutlich gestärkt.

3.1.3 Wenn zwei sich streiten, was macht dann der Chef?

Was macht die Führungskraft, wenn Mitarbeiter sich streiten? Mit geduldigem Wegschauen abwarten, bis sich die Kollegen wieder beruhigt haben? Oder mit empathisch-verständnisvollem Einfühlen einen Vermittlungsversuch unternehmen? Oder knallhart durchgreifen und ein Ende der Auseinandersetzung anordnen?

Um eine Antwort zu finden, hilft die Klarheit, das es sich bei dieser Situation nicht um einen, sondern um drei Konflikte handelt.

Während die Mitarbeiter über einen bestimmten Inhalt streiten, stört die Art und Weise, wie sie das tun, ihr Umfeld. Andere Kollegen, die ihre Arbeit verrichten wollen, fühlen sich durch die heftige Emotionalität begrenzt. Ähnliche Wirkung haben umfangreiche Emailverteiler, mit denen andere Mitarbeiter zu unfreiwillige Zeugen des Streits werden. Hier liegt der Konflikt des Chefs. Ihm geht es nicht um die Frage, worüber die Mitarbeiter streiten, sondern darum, dass die Art und Weise, wie sie das tun, unnötig Kosten produziert. Da jeder die Verantwortung für seinen eigenen Konflikt und die damit verbunden Folgen trägt, besteht nun die Führungsaufgabe besteht darin, diese Kostenverursachung zu beenden.

Wie geht der Chef nun vor? Zunächst ist ein Führungsgespräch mit den streitenden Mitarbeitern durchzuführen, bei dem die Führungskraft in diesem ersten Schritt die Funktion Führung wahrnimmt und soziales Führungshandeln in den Vordergrund stellt. Der Wechsel in die mediative Perspektive mit aktivem Zuhören, empathischem Spiegeln von persönlicher Befindlichkeit und einer Widersprüchliches aushaltenden Ambiguitätstoleranz sind die wichtigen Begleiter. Primäres Ziel eines solchen Gespräches ist nicht etwa die Lösung des Konflikts, sondern vielmehr ein Ende der Belastung des Arbeitsumfeldes herzustellen. Deshalb sorgt die Führungskraft für eine emotionale Entspannung, damit die Mitarbeiter die Suche nach inhaltlicher Lösung fortsetzen können, ohne damit ihr Umfeld zu belasten.

Sollten die Mitarbeiter nach dem Gespräch ihren Streit in der gleichen das Umfeld belastender Form fortsetzen, ist davon auszugehen, dass ein fehlendes Veränderungsinteresse vorliegt. Damit ist die Form der Symbiose offensichtlich. Das erfordert einen Machteingriff der Führungskraft, indem sie die Grenzsicherung der Funktion Management wahrnimmt. Dafür zeigt sie ihren Mitarbeitern die Konsequenzen auf wie z. B. Abmahnung oder Versetzung.

Wichtig ist es, dass die Mitarbeiter verstehen, dass ihre Konfliktaustragung »auf Firmenkosten« nicht geduldet wird. Das führt dazu, dass sich die Mitarbeiter nun von der Konfliktform der Symbiose verabschieden – oder das Unternehmen von ihren Mitarbeitern, was eher selten geschehen wird. Die Verabschiedung von der Symbiose erfolgt entweder in Richtung Lösung (»Dann reißen wir uns jetzt zusammen«) oder in Richtung Problem (»Jetzt wollen wir etwas verändern, wissen aber nicht, wie.«). Zeigt sich der Konflikt der streitenden Mitarbeiter in Form des Problems, kann die Führungskraft auch wieder die Funktion Führung wahrnehmen, indem sie ihren Mitarbeitern anbietet, dass sie ihren Konflikt mithilfe einer Mediation bearbeiten können. Hier liegt es nun an den Mitarbeiten zu entscheiden, ob sie ein Ende der Belastung ihres Umfeldes mit oder ohne fremde Unterstützung herbeiführen. Über diesen Weg behalten Führungskraft und Mitarbeiter jeweils ihre Verantwortung für ihren eigenen Konflikt.

Abb. 16: Unterschiedliche Konflikte von Mitarbeiter und Chef

Hier wird auch deutlich, warum Mediation in Unternehmen eine Seltenheit darstellt: Es müssen sehr viele Bedingungen erfüllt sein, bevor Mediation als sinnvolle Intervention infrage kommt.

3.2 Auftragsklärung

Jeder Weg beginnt mit dem ersten Schritt. Für Berater ist das die Auftragsklärung. Mit ihr steht und fällt der Erfolg des Beraters. Ziel ist es, dass Berater und Auftraggeber am Ende des Gespräches über drei Klarheiten verfügen:

- Klarheit über die zu erreichende Ziele
- Klarheit über den Weg zum Ziel (Vorgehensweise)
- Klarheit über die Voraussetzungen, unter denen der Berater für eine erfolgreiche Umsetzung des Auftrages garantieren kann
  Das Auftragsklärungsgespräch unterteilt sich in vier Schritte.
1. **Der erste Schritt** dient dem Vertrauensaufbau. Dazu gehört die persönliche Vorstellung des Beraters genauso wie das Aktive Zuhören des Beraters bei der Situationsbeschreibung des Auftraggebers. Dabei beginnt das Sammeln von Indizien für Hypothesen über das Führungsverständnis des Auftraggebers.

2. **Der zweite Schritt** dient der Überprüfung der Erfolgsbedingungen. Wichtigster Voraussetzung ist Art und Weise, wie der Auftraggeber sein Führungsverantwortung umsetzt. Die drei Bedingungen von Rahmen, Bereitschaft und Verantwortung werden mithilfe gezielter Fragen überprüft.
3. **Im dritten Schritt** unterbreitet der Berater seinen Interventionsvorschlag und stimmt ihn mit dem Auftraggeber ab. Bis zu diesem Zeitpunkt sollte so viel Vertrauen vorhanden sein, dass es auch möglich wäre, dem Auftraggeber eine andere Intervention vorzuschlagen, die nicht seiner Ursprungsidee entspricht.
4. Nachdem die Interventionsentscheidung getroffen wurde, werden die nächsten Schritte auf dem Weg zur Umsetzung festgelegt.

Schritt	Ziel	Ergebnis
1	**Kontakt und Vertrauensaufbau**	Die Sicht der Auftraggeber zur Situation ist bekannt, bisherige Veränderungsversuche sind bekannt, die Kriterien für ein gutes Ergebnis sind bekannt
2	**Prüfung der ersten Erfolgsbedingung**	Es gibt Klarheit, dass grobe Führungsfehler auszuschließen sind
3	**Konsens über Intervention herstellen**	Auftraggeber und Berater haben eine gemeinsame Klarheit über die geeignete Intervention und die erforderlichen Rahmenbedingungen. Bei Entscheidung für ZOK:
4	**Transfer**	Es gibt einen Plan über die erforderlichen Folgeschritte bis zur Durchführung der Zeitoptimierten Klärung (ZOK).

Abb. 17: Die vier Schritte des Auftragsklärungsgesprächs

Ein in dieser Form durchgeführte Auftragsklärung ist bereits eine Intervention zum Kundennutzen. So könnte sie auch »*Initialberatung*« genannt werden. Das verdeutlicht den Dienstleistungscharakter der Auftragsklärung. Es erfordert jedoch ein Selbstverständnis des Beraters auf der Stufe »Profi«, bei dem die Suche nach dem Kundennutzen im Vordergrund steht. Befindet sich der Berater noch auf der Stufe »Anfänger« oder »Fortgeschrittener«, ist er so sehr mit sich selbst und seiner Identitätssicherung befasst, dass die nützliche Wirkung für den Kunden ausbleibt.

3.2.1 Kontakt und Vertrauensaufbau

Wie finden die beiden Menschen »*Auftraggeber und Auftragnehmer*« zusammen? Aus formaler Sicht handelt es sich um zwei verschiedene Rollenträger. Aus sozialer Sicht sind es zwei Menschen, die miteinander erfolgreich arbeiten sollen und deshalb einen »Draht« zueinander brauchen. Ihm gilt die erste und wichtigste Aufmerksamkeit.

Im ersten Schritt verhelfen drei Fragenkomplexe zu einem ersten Bild. Der Berater konzentriert sich auf Vertrauensaufbau und Indikatoren für das Führungsverständnis seines Gegenübers. Wichtig ist zunächst, die Antworten immer wieder mit eigenen Worten zusammenzufassen, damit der Auftraggeber merkt, dass sich der Berater voll und ganz auf ihn einlässt. Das wirkt sehr vertrauensfördernd. Dieses Vertrauen kann sehr schnell erforderlich werden, wenn der Berater vor der Interventionsidee des Auftraggebers ein Coaching des Auftraggebers vorschalten muss. Deshalb ist es so enorm wichtig, möglichst schnell ein Vertrauensverhältnis aufzubauen.

Zweitens dient dieser Teil des Sammelns von Indikatoren für das Führungsverständnis des Auftraggebers. Sind die Antworten eher von formalen oder eher von sozialen Aspekten getragen? Lässt sich ein Muster einer einseitigen Überbetonung erkennen? Der nachfolgende Text zeigt typische Beispiele für formale und soziale Antworten.

a) Die Schilderung der Situation durch den Auftraggeber
Typische Einstiegssätze:

> »Erzählen Sie mir von Ihrer Situation« oder »Warum bin ich hier?« oder »Worum geht es?«

eher formale Antworten	eher soziale Antworten
Ergebnisse stimmen nicht mehr Arbeitsabläufe sind gestört Team verbringt viel Zeit mit unnötigem Geplänkel oder emotionalen Geschichten Androhung von Sanktionen bleibt wirkungslos Regeln werden nicht mehr eingehalten Umfang an Regeln erhöht Ziele werden nicht erreicht Kommunikation funktioniert nicht mehr	Miese Stimmung im Team Mitarbeiter beschweren sich Mitarbeiter gehen getrennt in die Pause Soziale Kontakte sind stark reduziert Mitarbeiter reden nun noch das Nötigste miteinander/ mit mir Eisige Kälte in unseren Besprechungen Misstrauen untereinander hat stark zugenommen Ich leide darunter, dass es meinen Mitarbeitern schlecht geht Ich rede mir den Mund fusselig, aber es hilft nichts

b) Die Schilderung bisheriger Veränderungsversuche
Typische Fragen:

»Was haben Sie bislang unternommen« oder »Mit welchen Maßnahmen haben Sie versucht, eine Veränderung zu erreichen?« oder »Nennen Sie mir die Maßnahmen, die bisher keinen Erfolg brachten«

eher formale Antworten	eher soziale Antworten
Rahmenbedingungen verändert	Gespräche geführt
Neue Regeln abgesprochen	Befindlichkeiten erfragt
Mitarbeiter in andere Büros versetzt	Maßnahmen für Wohlfühlatmosphäre
Klare Ansagen gemacht	ergriffen
Zur Veränderung aufgefordert	gut zugeredet
Konsequenzen angedroht	Mitarbeiterwünsche erfüllt
Forderungen der Mitarbeiter erfüllt	Verständnis entgegengebracht

Da die bisherigen Versuche nicht zum gewünschten Ergebnis geführt haben, könnte es dafür sehr gute Gründe geben. Manchmal gibt es Beteiligte oder Außenstehende, für die eine Lösung des vorliegenden Problems ein neues Problem erzeugen würde. Diese haben dann eher ein Interesse am Fortbestand des vorliegenden Problems. Genauso gut können Hinweise auf Symbiosen sichtbar werden.

Die Frage nach möglichen Widerständen könnte Antworten liefern:

»Einmal angenommen, das, was wir tun werden, ist erfolgreich. Wer wird ein Problem damit haben?«

c) Die Kriterien für ein gutes Ergebnis
Hier wird nicht nach dem erstrebenswerten Ergebnis gefragt, sondern nach dem Nutzen, den ein wünschenswertes Ergebnis erbringt. Der Grund liegt in dem Phänomen, dass die Frage nach dem Ergebnis meist in einer Lösungsfalle endet. Deshalb konzentriert sich Ausrichtung der Fragen auf den qualitativen Unterschied, den es zu erreichen gilt. Dazu dienen Fragen wie:

»Einmal angenommen, das was wir hier tun werden, wird ein voller Erfolg. Was ist dann für Sie im Alltag anders als jetzt?« oder »Woran würden Sie merken, dass es sich gelohnt hat, uns zu beauftragen?« und auch ganz nützlich »Woran würden es andere merken?«

eher formale Antworten	eher soziale Antworten
Die Ergebnisse stimmen wieder Es tritt wieder Ruhe ein Es wird normal gearbeitet Die Ziele werden erreicht Absprachen werden eingehalten Es werden wieder Vorschriften und Regeln beachtet	Es gibt ein vertrauensvolles Miteinander Die Stimmung ist wieder gut Es wird wieder gelacht Die Kollegen grüßen sich morgens wieder Es wird auch mal ein privates Wort gewechselt Die Mitarbeiter berichten wieder, wie es ihnen geht Es gibt offenes und ehrliches Feedback

Dabei wird solange nachgefragt, bis ein brauchbarer Eindruck über die Ausprägung der formal-sozialen Balance gewonnen wurde.

Hinweise zur Ermittlung der Erfolgskriterien des Auftraggebers

Die Ergebniszufriedenheit des Kunden ist seine Messlatte des Erfolges. Deshalb wird an dieser Stelle geklärt, woran der Auftraggeber merkt, dass sich seine Investition an Zeit und Geld gelohnt hat. Das ist nicht nur für den Berater als Auftragnehmer wichtig, sondern auch für die Teilnehmenden. Schließlich brauchen auch sie eine Antwort auf die Frage, wann der Chef mit dem Ergebnis ihrer Arbeit zufrieden ist. Bleibt diese Frage unbeantwortet, gibt es keine Zielklarheit und damit auch kein Leistungsversprechen. Deshalb leitet der Berater gemeinsam mit dem Auftraggeber die Suche nach seinen quantitativen Kriterien an.

Zu jedem Kriterium interessiert die Ausprägung mit der Differenz zwischen Ist und Soll: Wie sieht der aktuelle Wert aus und wo soll es hingehen. Da es meistens mehrere Erfolgskriterien gibt, gilt es zusätzlich, die Priorisierung der Kriterien untereinander zu ermitteln. Manche sind unverzichtbar und andere zwar auch wichtig, haben aber eher nachrangige Bedeutung.

Über Aussagen zu Ausprägung und Wichtigkeit eignen sich am besten objektiv nachvollziehbare Kriterien wie Zahlen, Daten, Fakten. Damit lassen sich formale Aspekte wie Umsatzzahlen, Fehlerquoten, Krankenstände, Auslastung usw. leicht erfassen.

Auch bei den sozialen oder subjektiven Kriterien lässt sich mit Zahlen arbeiten. Dabei handelt es sich nicht um absolute, sondern relative Werte, mit denen eine Aussage über »schlechter-besser« möglich wird. Die Zahlen objektivieren also nichts, sie helfen lediglich, Subjektivität nachvollziehbar und damit besprechbar zu machen.

Hier sind Skalierungen nützlich. Mit ihrer Hilfe lässt sich ein Ergebnis fassen, das eine Differenz zum Ausgangszustand darstellt. Ein typisches Beispiel ist das Betriebsklima. Soll es verbessert werden, so wird zunächst ermittelt, welchen Wert das derzeitige Betriebsklima auf einer Skala von 1 (= alles schlecht) bis 10 (= alles bestens) aufweist.

Als Ausgangswert wird beispielsweise eine »5« genannt. Dann wird im nächsten Schritt der Zielzustand abgefragt. Bei einer Antwort von beispielsweise »8« gibt es eine Different von »3« Punkten. Die Zahl klingt messbar, aber das dahinter stehende Erleben ist hoch subjektiv. Um eine reproduzierbare Orientierung für diese Subjektivität zu erhalten, hilft die Frage, woran eine Verbesserung um drei Punkte erkennbar wird. Wer eine feinere Unterscheidbarkeit erreichen will, fragt nach dem Unterschied mit einem Punkt. Das Ziel dabei ist es, subjektive Zielkriterien anhand von beobachtbaren Zuständen beschreiben zu können. Mithilfe dieser Beschreibung wird entsteht von Beginn an Zielklarheit. Am Ende ermöglicht sie allen Beteiligten eine gemeinsame und nachvollziehbare Beurteilung eines Ergebniszustandes.

3.2.2 Prüfung der Stimmigkeit des Führungshandelns

Ein Berater wird gerufen, um bei der Lösung eines Problems zu helfen. Naturgemäß geht der Blick der Führungskraft auf ihr Umfeld, das irgendwie nicht richtig funktioniert. Deshalb soll der Berater das Umfeld reparieren. Doch nur das Umfeld zu betrachten wäre gefährlich. Es ist eine weitere Möglichkeit zu beachten: Ist vielleicht die Führungskraft das Problem? Wie bereits dargestellt, ist die erste Bedingung für zeitoptimierte Klärungsprozesse eine Führungskraft, die ihrer Verantwortung gerecht wird. Bislang wurden Indizien für die Ausprägung des Führungsverständnisses und insbesondere der formal-sozialen Balance gesammelt. Eine einseitige Überbetonung ist nicht zwingend mit Führungsmängel gleichzusetzen. Es kann sein, dass für den Chef die weniger betonten Aspekte so selbstverständlich sind, dass er sie gar nicht erwähnt. Deshalb wird nun für Klarheit gesorgt.

d) Alternative vorhanden
Für eine zeitoptimierte Bearbeitung schwieriger Situationen sind transparente Erwartungen der Führungskraft an das Ergebnis der Durchführung unverzichtbar. Das erfordert eine unmissverständliche Darstellung seiner Erwartungen an seine Mitarbeiter. Dazu gehört auch,

dass der Chef für den Fall, dass die Maßnahme scheitern sollte, über einen Plan B verfügt. Und auch das müssen seine Mitarbeiter wissen.

Dazu dienen Fragen wie »Was passiert, wenn nichts passiert?« oder »Was werden Sie tun, wenn unser Einsatz scheitert?« Stimmig sind Antworten wie: »Dann werde ich Mitarbeiter in andere Abteilungen versetzen«, »dann ergreife ich Maßnahmen, die den Mitarbeitern nicht gefallen werden« oder »dann folgt Plan B und der sieht folgendermaßen aus...«

Beraterhandlungen können niemals Ersatz für Führungshandlungen sein. Untrügliches Indiz für Coaching sind deshalb Antworten wie: »Dann bin ich mit meinem Ideen am Ende«, »keine Ahnung«, »Sie sind meine letzte Hoffnung«.

Wichtig ist es, dass der Auftraggeber über eine klare und kraftvolle Antwort verfügt. Fehlt dem Auftraggeber diese Klarheit, wird der zeitoptimierte Klärungsprozess mit großer Wahrscheinlichkeit nicht zum gewünschten Ergebnis führen.

e) Alternative transparent

Nicht nur die Existenz von Handlungsalternativen ist wichtig, sondern auch die Frage nach ihrer Transparenz für die Mitarbeiter. Wenn Plan B nicht transparent sein soll, dann werden die guten Gründe ermittelt. Sie könnten auf einer Konfliktvermeidung basieren

> »Ich will meine Mitarbeiter nicht frustrieren«

(Dies wäre eher ein Coaching-Indiz) oder sie könnten z. B. einer möglichen Symbiose vorbeugen:

> »Einem Mitarbeiter würde Plan B gefallen, allen anderen nicht. Deshalb sage ich noch nichts über Plan B«

(das könnte eher stimmig sein).

f) Reflexionsbereitschaft

Verfügt der Chef über die Klarheit, folgt im letzten Schritt der zweiten Phase die Überprüfung der Bereitschaft zur Selbstreflexion. Auch sie ist ein wichtiges Indiz für verantwortungsvolle Führung. Typische Fragen lauten hier: »Angenommen, jemand würden sich über Sie beklagen – wollten Sie das wissen?« oder »Angenommen, es würde sich zeigen, dass Sie Bestandteil des Problems wären, was würden Sie dann tun?«

oder »Wenn sich zeigen würde, dass Ihre Mitarbeit erforderlich wäre, wären Sie dazu bereit?« Auch sehr aufschlussreich könnte die Antwort auf eine zirkuläre Fragen werden: »Wenn ich Ihre Mitarbeiter fragen würde, was Sie schon längst hätten tun sollen, welche Antwort würde ich hören?« Ähnlich verhält es sich mit paradoxen Fragen: »Was müsste ich tun, damit hinterher alles noch schlimmer wird, als es jetzt bereits ist?«

Ein Chef, der reflexionsbereit ist, denkt über die Fragen einen Moment nach, bevor er antwortet. Kommen die Antworten sehr schnell, ist dies ein Indiz für zu geringe Selbstreflexion bzw. einen starken Schutzreflex. Auch dann ist das Scheitern einer zeitoptimierten Klärung wahrscheinlich und deshalb ein Coaching die passendere Intervention.

3.2.3 Entscheidung

Jetzt ist der Berater an einer entscheidenden Position angekommen. Das Vertrauen ist aufgebaut und das Führungshandeln überprüft. Damit kann er nun eine Entscheidung treffen: Zeitoptimierte Klärung mit dem Team oder doch erst ein Coaching der Führungskraft? Wenn sich eindeutig ein Mangel bei der Wahrnehmung von Führungsverantwortung zeigt, ist ein Coaching angesagt. Wie in einem solchen Fall eine Änderung des Auftrages erreicht werden kann, und wie das Coaching umgesetzt wird, zeigt das nächste Kapitel.

In den weiteren Ausführungen folgt die Schilderung eines zeitoptimierten Klärungsprozesses.

Wenn keine Hinweise auf konfliktverschärfendes Führungshandeln zu finden sind, ist die erste Bedingung für die Umsetzung einer zeitoptimierten Klärung erfüllt. Die Existenz der weiteren Bedingungen, die dann auch von den Mitarbeitern zu erfüllenden sind (Bereitschaft und Verantwortung), zeigt sich erst später bei der Durchführung. Deshalb ist es Bestandteil der Führungsverantwortung, dass für die Berater die Arbeitsgrundlage für die Durchführung geschaffen ist. Dafür ist es Chefsache, die Mitarbeiter auf den Prozess der Durchführung zeitoptimierte Klärung vorzubereiten. Die Arbeitsgrundlage des Beraters ist mit drei Punkten gegeben:

• Transparente Erwartungen des Chefs an das Ergebnis (Ziel)
• Widerspruchsfreie Aufträge von Chef und Team
• Bereitschaft des Teams, sich durch den Prozess führen zu lassen

Für den Berater kann die Zeitoptimierung der Klärung nur dann gelingen, wenn diese drei Punkte realisiert sind. Deshalb überprüft er bei den ersten Schritten der Arbeit mit dem Team, ob diese Arbeitsgrundlage vorhanden ist. Im Zweifelsfall folgt eine neue Auftragsklärung.

3.2.4 Transfer

Jetzt ist der Auftrag geklärt. Der Berater hat die Führungskraft durch das Gespräch geführt. Nun stellt sich die Frage: Wie geht es weiter? Das ist eine unsichere Situation für die Führungskraft, denn für sie gehören solche Beratungssituationen nicht immer unbedingt zur Routine. Da kann es leicht passieren, dass sie unsicher sind, was nun zu tun sei. Insbesondere bei der Kommunikation nach innen gibt es häufig Fragen wie:

- Was sage ich zu meinen Mitarbeitern?
- Wie sage ich es?
- Was muss mein Chef wissen?
- Was ist sonst noch zu beachten?

Damit die Mitarbeiter ihren Beitrag zum Erfolg leisten können, müssen sie wissen, worum es geht. Dazu werden sie von ihrem Chef erst in mündlicher und anschließend in schriftlicher Form informiert. Auch hier kann der Berater im Bedarfsfall bei der Formulierung unterstützen. In jedem Fall muss er auf die Notwendigkeit hinweisen, dass das Team im Vorfeld bereits über Ziel und Sinn der Intervention informiert ist. Gute Sicherheit bietet ein schriftliches Angebot, in dem alle besprochenen Aspekte aufgeführt sind.

Um die Balance zwischen Eigenverantwortung und Unterstützungsangebot zu erreichen, sorgt der Berater mit offenen Fragen am Ende des Gesprächs für Sicherheit beim Kunden:

»Auf welche Frage brauchen Sie jetzt noch eine Antwort?«

Sind keine Fragen mehr offen, ist die Auftragsklärung abgeschlossen.

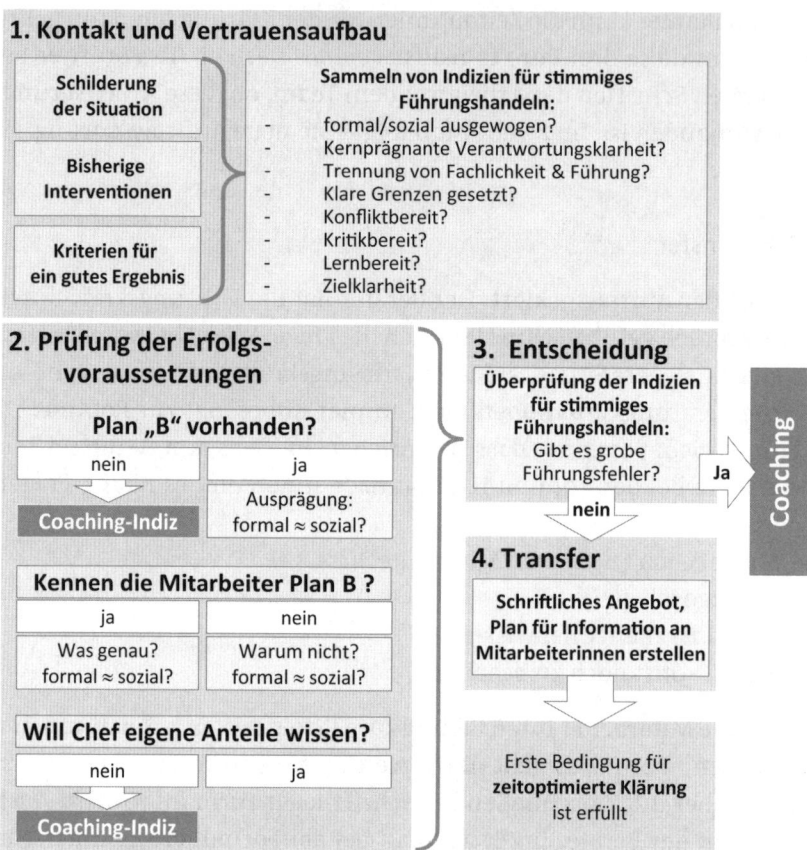

1. Kontakt und Vertrauensaufbau

Schilderung der Situation	Sammeln von Indizien für stimmiges Führungshandeln:
Bisherige Interventionen	- formal/sozial ausgewogen? - Kernprägnante Verantwortungsklarheit? - Trennung von Fachlichkeit & Führung? - Klare Grenzen gesetzt? - Konfliktbereit?
Kriterien für ein gutes Ergebnis	- Kritikbereit? - Lernbereit? - Zielklarheit?

2. Prüfung der Erfolgs- voraussetzungen

Plan „B" vorhanden?

nein	ja
Coaching-Indiz	Ausprägung: formal ≈ sozial?

Kennen die Mitarbeiter Plan B ?

ja	nein
Was genau? formal ≈ sozial?	Warum nicht? formal ≈ sozial?

Will Chef eigene Anteile wissen?

nein	ja
Coaching-Indiz	

3. Entscheidung

Überprüfung der Indizien für stimmiges Führungshandeln: Gibt es grobe Führungsfehler?

nein   Ja

4. Transfer

Schriftliches Angebot, Plan für Information an Mitarbeiterinnen erstellen

Erste Bedingung für **zeitoptimierte Klärung** ist erfüllt

Coaching

Abb. 18: Ablaufplan der Auftragsklärung mit dem Auftraggeber

3.3 Coaching der Führungskraft

Die Durchführung einer Zeitoptimierten Klärung mit dem Team kann nur gelingen, wenn die Führungskraft ihre Aufgaben stimmig wahrnimmt. Bei deutlichen Hinweisen auf konfliktverschärfendes Führungshandeln fehlt diese Voraussetzung. Dann ist zuerst dafür zu sorgen, dass diese unverzichtbare Voraussetzung gegeben ist. Dafür wird zuerst ein Coaching der Führungskraft durchgeführt. Diese Absicht wird nun in einer wertschätzenden und für die Führungskraft annehmbaren Form präsentiert.

3.3.1 Die Hinführung zum Coachingvorschlag

Die Umsetzung erfolgt in drei Schritten:
- Würdigung der (Führungs-)Grundhaltung
- Hinweis auf eine mögliche Unbalanciertheit
- Vorschlag zur Stärkung der Führungskraft durch Coaching

Im Folgenden steht [f] für die Intervention bei einen überbetonten formalen Führungsstil und [s] bei einen überbetonten sozialen Führungsstil.

Wenn ich Sie richtig verstanden habe, ist es Ihnen sehr wichtig, ...	
[f]: ...dass die Ergebnisse und Zahlen stimmen.	[s]: ... dass es Ihren Mitarbeitern möglichst gut ergeht, damit sie auch gute Leistungen erbringen können.
Dieser Grundsatz hat sich durch Ihre langjährige Führungserfahrung als Ihr Erfolgsgarant bewährt. Berichten Sie mir doch von Ihren schönsten Erfolgen, die sie erreicht haben, damit ich mein Bild abrunden kann.	

Ziel ist die Würdigung des vorhandenen Führungsverständnisses der Führungskraft, weil aus einer gestärkten Position der erforderliche Perspektivwechsel leichter fällt.

Führungskräfte, die schon seit vielen Jahren oder sogar Jahrzehnten ihren einseitig überbetonten Führungsstil gefestigt haben, fällt eine Veränderung ihres Handelns ganz besonders schwer. Meist wissen sie genau um ihre Schwächen, doch es fehlt ihnen der Mut zur Veränderung aus Angst vor Neuem, Versagen oder Gesichtsverlust. Deshalb lautet die Kernbotschaft sinngemäß: **Es geht nicht darum, Altes und Bewährtes über Bord zu werfen. Es geht darum, Neues und Nützliches hinzuzunehmen, um Ergebnisse schneller zu erreichen und deren Nachhaltigkeit zu sichern.**

So steigt die Chance, dass die Führungskraft eine Erweiterung ihres Führungshandelns zulassen kann.

Die Umsetzung der folgenden Intervention wird durch eine belastbare Vertrauensbasis erleichtert. Gleichzeitig ist die wertschätzen Grundhaltung unverzichtbar. Diese schwingt zwischen den Zeilen mit und kann hier nur angedeutet werden.

»Mein Eindruck ist, dass Ihre besondere Stärke darin liegt, ...	
[f]: ... für Ergebnisse zu sorgen,...	[s]: ... das Wohl Ihrer Mitarbeiter im Blick zu haben,...
... was ja auch Ihr Job ist. Bei ähnlichen Fällen höre ich in Moderationen regelmäßig Klagen der Mitarbeiter über die Auswirkung der Stärke ihrer Führungskraft. In Ihrem Fall halte ich es für sehr wahrscheinlich, dass ich von Ihren Mitarbeitern Klagen höre, dass sie ...	
[f]: ...sich zu Arbeitsmaschinen degradiert fühlen und ihr Menschsein keinen Platz hat.	[s]: ...zwar einen netten Chef haben, ihnen aber die Orientierung fehlt, wo es lang geht.
Um Ihren Mitarbeitern eine freie Meinungsäußerung zu erleichtern, werden Sie an der Moderation nicht teilnehmen. Ich bin allparteilich, was bedeutet, dass ich auch keine inhaltliche Position beziehe. So gäbe es niemand, der Ihre Position gegen Angriffe verteidigen könnte. Das könnte Ihrer Autorität schaden und das darf unter keinen Umständen passieren. Deshalb ist mein Vorschlag, dass wir vor der Moderation ein Coaching durchführen. Ziel dabei ist, bislang ungenutzte Führungsmöglichkeiten zuerst zu identifizieren und anschließend zu prüfen, welche davon Sie selber durchführen können. Über diesen Weg könnten Sie möglicherweise Kosten sparen und würden in jedem Fall Ihre Autorität stärken. Was halten Sie davon?«	

Sollte die Führungskraft noch nicht zustimmen können, folgt die Ermittlung der guten Gründe für die Ablehnung. Wenn die Sorge spürbar wird, es könnte Führungsschwäche offenbar werden, folgt eine weitere Würdigung des aktuellen Führungsstils mit dem Stärken-Schwächen-Paradox. Es besagt, dass jede Stärke durch Fehldosierung zur Schwäche wird (siehe hierzu auch S. 250). Diese ressourcenorientierte Betrachtung von Schwächen erleichtert das Hinzu-Lernen, weil es sich ja nur eine Frage der Dosierung handelt. Damit werden Lernhürden niedriger. Auch kann eine weitere Klärung von Rollen und Verantwortungen hilfreich sein. Zentrale Aufmerksamkeit gilt der Bereitschaft und Fähigkeit zur Übernahme der Führungsverantwortung. Diese kann und darf der Führungskraft nicht abgenommen werden.

3.3.2 Das Coaching

Es gibt zahlreiche Coachingansätze, die ja nach Situation, Coachee und Vorlieben des Coaches zum Einsatz kommen. Beim Coaching von Führungskräften kommt es oft vor, dass die Vorstellungen der Führungskraft darüber, wie eine Führungskraft zu sein hat, sinnvolles Führungshandeln blockieren.

Mithilfe des Wertequadrats lässt sich diese Blockaden auflösen. Damit werden Handlungsmöglichkeiten erweitert.

Da zu den Führungsaufgaben sowohl Grenzsicherung als auch Spielfeldgestaltung gehören, ist darauf zu achten, dass eine Führungskraft beides zu tun in der Lage sein muss – je nach situativem Erfordernis. Führungskräfte mit gering ausgeprägter Fähigkeit zur Selbstreflexion neigen zur einseitigen Überbetonung. Es fällt ihnen schwer zu erkennen, dass das, was gestern noch richtig war, heute falsch und morgen wieder richtig sein kann. Die Unterscheidung des kompetenten Handelns von Beliebigkeit wird erst durch die Abwägung und Betrachtung der gesamten Situation möglich. Der Umgang mit dieser Mehrdeutigkeit ist eine der anspruchsvollsten Herausforderung beim Führen. Häufig wird auf diese Betrachtungsweise aus Gründen der Komplexitätsreduktion und einem gefühlten Gewinn an Sicherheit verzichtet und damit Gestaltungsräume eingeengt. Die so gewonnene Sicherheit erweist sich häufig als Illusion, weil die Erklärungsmodelle bestenfalls den Verstand betäuben, nicht aber einer stimmigen Bewältigung der Situation dienen.

Als Interventionsnavigation ist das Wertequadrat ein sehr wirksames Hilfsmittel, mit dem die Übertreibungen verdeutlicht werden können. Es stammt ursprünglich aus der Wertesynthese von Nicolai Hartmann. Das Wertequadrat beschreibt zwei Wertepaare, die miteinander verbunden sind. Jedes Paar besteht aus einem positiven und negativen Wert.

Hierzu ein Beispiel: Wer Freundlichkeit als einen positiven Wert betrachtet, wird Unfreundlichkeit als negativen Wert ablehnen. Zu diesen Wertepaar gibt es Gegenwerte. So ist für eine andere Person Klarheit ein positiver Wert und Unklarheit wird abgelehnt. Treffen diese Personen aufeinander kann es zu einer wechselseitigen Abwertung kommen: Die freundliche Person kann die klare Person als unfreundlich oder gar aggressiv erleben, weil sie die Dinge so erbarmungslos anspricht. Im Gegenzug erlebt die klare Person die freundliche als unklar oder gar schwammig, weil sie die Dinge mit freundlich klingenden Worten umschreibt.

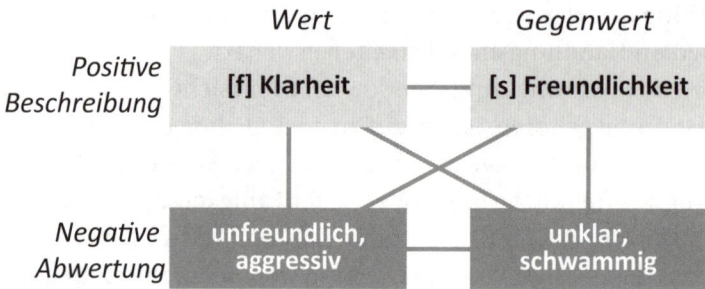

Abb. 19: Wertequadrat

Die wechselseitige Abwertung kann aufgehoben werden, indem der Blick auf den positiven Gegenwert gerichtet wird und damit »das Gute im Schlechten« sichtbar wird.

Nun folgt eine prototypische Darstellung eines Coachings der Führungskraft mit einseitig überbetonten Führungsstil [f]/[s].

Zunächst werden die als negativ empfundenen (Führungs-)Werte ermittelt, um dann die positiven Gegenwerte herauszuarbeiten. Daraus werden erweiterte Handlungsmöglichkeiten abgeleitet und ihre Umsetzung konkret geplant. In einem späteren Folgetermin werden die im Alltag gesammelten Erfahrungen reflektiert und die Erfahrungen verankert.

1) Benennung von negativen Führungseigenschaften

»Schreiben Sie zehn Führungseigenschaften auf, die Sie absolut ablehnen. Nutzen Sie dafür Ihre konkreten Erlebnisse mit Führungssituationen, entweder in der Rolle des Geführten oder als Führungskraft.«

Die zehn negativen Eigenschaften sind meist sehr schnell gefunden. Die Führungskraft erhält die Aufgabe, zu jeder Eigenschaft die über die erlebte Situation zu berichten. So entsteht eine Landkarte des Schattens.

2) Suche nach dem positiven Gegenwert

»Das sind nun zehn Eigenschaften, die man nur ablehnen kann. Sie werfen Schatten auf das, was Ihnen beim Führen wichtig ist. Da wir jetzt nach Erweiterungen Ihres Führungshandelns suchen, nutzen wir diese Schatten, um herauszufinden, woher das Licht kommt, dass den Schatten erzeugt. Es geht also nun darum herauszufinden, was der Funken Gutes an diesem Schlechten ist, denn es gibt kein Licht ohne Schatten und kein Schatten ohne Licht.«

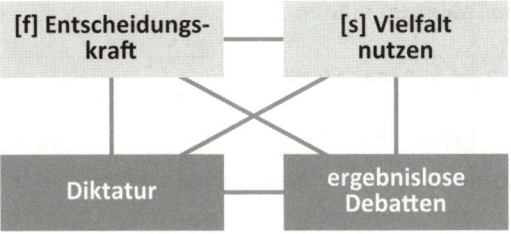

Abb. 20: Beispiel Wertequadrat bei Führungsfähigkeiten

Hier benötigt die Führungskraft meist Hilfestellung, denn der Gedanke, dass es etwas Gutes im Schlechten geben könnte, ist mindestens verblüffend, oft sogar irritierend. Auch könnte sich die Führungskraft dieser Aufforderung zum Perspektivwechsel ganz widersetzen, weil es einen bedrohlichen Haltverlust bedeuten könnte. Mit aktivem Zuhören, viel (semantischer) Empathie und Würdigung der Werte und Erinnerung an die zuvor geschilderten positiven Erfolge und Leistungen der Führungskraft lässt sich der Weg zum Perspektivwechsel meist dennoch gestalten. Die Arbeit mit den positiven Gegenwerten wird oft als Befreiung erlebt, weil nun mehr Handlungsoptionen als zuvor denkbar werden. Wenn eine Führungskraft bisher der Meinung war, Mitarbeiter dürften nicht frustriert werden, kann eine Erlaubnis Wunder wirken.

3) Ableitung von Handlungsalternativen

> »Wenn Sie nun die positiven Gegenwerte in ihren Führungsstil einfügen, was tun sie dann anders, als das, was sie bislang getan haben? Was wird Ihnen dann möglich, das zuvor unmöglich war?«

Ziel ist den Blick zu schärfen und die Erlaubnis zu erhalten für die Handlungen, welche durch die neuen (Gegen-)Werte jetzt erst möglich werden, weil sie zuvor durch die negative Bewertung verboten waren.

4) Bezug zur aktuellen Situation herstellen

> »Wenn Sie nun die neuen Möglichkeiten betrachten, wie könnten sie diese nutzen, um die Situation mit Ihren Mitarbeitern zu meistern?«

Hier werden die erweiterten Handlungsmöglichkeiten auf die aktuelle Alltagssituation angewandt.

3.3 Coaching der Führungskraft

5) Konkrete Maßnahmen planen

> »Was genau tun Sie nun und bis wann?«

Nun werden Nägel mit Köpfen gemacht und die Umsetzung geplant. Um der Möglichkeit des Scheiterns vorzubeugen, kann eine weitere Intervention eingefügt werden:

> »Wie werden Sie sich bei der Umsetzung boykottieren?«

Nach erfolgter Antwort:

> »Was tun Sie, um Ihren Erfolg trotzdem zu sichern?«

Zusätzlich wird ein Kontrolltermin festgelegt, der dann auch wahrgenommen wird, um einen Soll-Ist-Vergleich durchzuführen. Allein seine Existenz ist wirksame Unterstützung bei der Umsetzung. Wichtig ist es, immer wieder den Fokus auf konkrete Handlungen zu legen, weil erst durch Handlungen Realität gestaltbar wird. Außerdem wird der Umsetzungswille durch die Gewissheit gestärkt, dass es einen Zeitpunkt der Reflexion geben wird.

Es kommt öfters vor, dass das Coaching andere Interventionen ersetzt. Häufig entstehen Konflikte durch Führungsfehler oder durch nicht wahrgenommene Führungsverantwortung. Durch das Coaching erschließt sich die Führungskraft neue Handlungsmöglichkeiten und schafft dadurch neue Situationen, bei der eine Begleitung Dritter unnötig wird.

Und sollte nach einem erfolgreichen Führungs-Coaching immer noch eine weitere Intervention erforderlich sein, dann wird diese durch eine gestärkte Führungskraft einfacher und führt schneller zu besseren Ergebnissen.

3.4 Ergebnisfokussierte Klärung für Berater

Nun folgt die Darstellung der Umsetzung Ergebnisfokussierter Klärung. Sie basiert auf der Prozesslogik »Akzeptanz fördern«. Dieses Kapitel betrachtet die Ergebnisfokussierte Klärung aus der Beraterperspektive. Die Durchführung Zeitoptimierter Klärung für Führungskräfte wird ab Seite 164 dargestellt.

3.4.1 Ziel und Einsatzmöglichkeit

»*Wo liegt das Problem?*« Wenn diese Frage zu beantworten ist, und es keine eindeutige Antwort gibt, hilft Ergebnisfokussierte Klärung. Sie verhilft zur Klarheit über die nächsten machbaren sinnvollen Schritte in kürzester Zeit. Dabei kann es sich um eine akute Konfliktsituation oder ähnlich schwierige Situation handeln, bei der ein aktuell belastender Zustand verändert werden soll. Dieses Vorgehen kann aber auch präventiv eingesetzt werden, um zukünftigen potenziellen Problemen vorzubeugen. Ergebnisfokussiere Klärung eignet sich für eine Gruppengröße bis maximal 20 Teilnehmende. Dabei kann es sich um ein Team, um Projektmitglieder oder auch verschiedene Abteilungen handeln. Soll möglichst viel Offenheit erreicht werden, kann das durch die Abwesenheit des Chefs erleichtert werden. Sollen möglichst viele Sichtweisen erfasst werden, empfiehlt sich die Umsetzung mit allen Hierarchieebenen – sofern ein tragfähiges Vertrauensverhältnis vorhanden ist.

3.4.2 Struktur

Der dreiteilige Beratungsprozess der Ergebnisfokussierten Klärung beginnt mit der Auftragsklärung, bei der eine Entscheidung über den Einsatz der Zeitoptimierten Klärung mit anschließender Erfolgsfeststellung getroffen wird.

Zwischen diesen drei Teilen der Ergebnisfokussierten Klärung liegen zwei Zeiträume mit sehr wichtigen Funktionen.

Der **erste Zeitraum** nach der Auftragsklärung dient der Vorbereitung der Zeitoptimierten Klärung. Dazu zählen insbesondere die Festlegung des Zeitplans, das Bedrucken von Haftnotizen mit den Teilnehmernamen und Zeitplan und die Vorbereitung der Moderationsmaterialien.

Auch die Teilnehmenden bereiten sich vor, wenn auch nicht unbedingt von ihnen beabsichtigt. Das bewirkt die Einladung, die sie von ihrer Führungskraft vorab erhalten. Sie ist bereits wichtiger Bestandteil Zeitoptimierte Klärung und sorgt für die gedankliche Hinführung. Dabei spielt es keine Rolle, ob sich jemand aktiv damit auseinandersetzt oder den Gedanken aktiv verdrängt, denn auch das Unbewusste absolviert seine Vorarbeit. Dabei finden individuelle Kopfkinos statt, die eine Ausrichtung bewirken und für eine Selektion der individuell wichtigsten Mosaiksteine sorgen. Diese Vorauswahl erleichtert es, den Zeitrahmen der Zeitoptimierten Klärung auch einzuhalten.

Termin	1. Auftragsklärung mit Führungskraft	2. Zeitoptimierte Klärung mit Team	3. Gemeinsame Erfolgsfeststellung
Ziel	Zeitoptimierte Klärung für die Situation möglich?	Entwicklung von alltagstauglichen Maßnahmen	Überprüfung der Wirksamkeit der Maßnahmen
Dauer	**1,5 Stunden**	3 Stunden	1,5 Stunden
Zeitabstand zum vorherigen Termin		min. 1 Tag zur Vorbereitung	ca. 2-6 Monate für die Umsetzung im Alltag

Abb. 21: Dreiteiliger Beratungsprozess Ergebnisfokussierter Klärung

Die **zweite Pause** zwischen Zeitoptimierter Klärung und Erfolgsfeststellung ist nur eine Pause für die Berater, nicht aber für die Teilnehmenden. Für sie beginnt nun der richtige Teil der Arbeit. Während bei der Zeitoptimierten Klärung nur über den Alltag geredet wurde, sind nun Handlungen gefordert. Erst im Alltag zeigt sich, ob die Absichtserklärung, Veränderung zu wollen, zur Realität wurde.

Da eingefahrene Bahnen eine große Sogwirkung auf gute Vorsätze ausüben, ist die Gefahr des Rückfalls ziemlich real. Deshalb ist eine Gegenkraft erforderlich, die stärker sein muss, als der Sog der Gewohnheit. Ein Teil dieser Gegenkraft ist das Wissen um den Kontrolltermin der Erfolgsfeststellung. Dieses Wissen stärkt dem Umsetzungswillen, da jeder weiß, dass es einen Zeitpunkt geben wird, bei dem man Farbe bekennen muss. Ein weiterer unverzichtbarer Teil ist die Mitarbeit der Führungskraft, insbesondere ihre Zielsetzung und Grenzsicherung.

Die Zeitoptimierten Klärung besteht aus neun Schritten, die in drei Arbeitsblöcke unterteilt sind. Zu Beginn stellt die Führungskraft ihre Erwartungen an das Ergebnis vor und benennt nachvollziehbare Ziele. Für die Berater ist es nun wichtig, ihre Arbeitsgrundlage zu prüfen. Sie benötigen die ausdrückliche Erlaubnis, die Teilnehmenden durch einen Prozess führen zu dürfen.

Der zweite Block dient der Erfassung der Situation. Dafür werden die vorhandenen Belastungen benannt und die wünschenswerte Zukunft ermittelt. Mit der Erfassung möglicher Widerstände gegen die wünschenswerte Zukunft ist die Situationserfassung abgeschlossen.

Block	Schritt	Ziel	Ergebnis
A **Arbeits-** **grundlage** **schaffen**	**Plan**	Plan und Rahmen ist den Anwesenden bekannt	
	Standpunkte	Stellungnahmen der Anwesenden sind bekannt	
	Bewertung	Die Anwesenden haben über die Umsetzung von Plan und Rahmen entschieden	
		bei Einverständnis und den Beratern erteilter Leitungserlaubnis:	Die Grundlage der gemeinsamen Arbeit ist geschaffen.
B **Situation** **erfassen**	**Belastungen**	Belastungen sind bekannt	Die Anwesenden haben die Mosaiksteine ihrer individuellen Realitäten zu einem Gesamtbild zusammengefasst.
	Wünsche	Wünsche sind bekannt	
	Hürden	Befürchtungen sind bekannt	
C **Lösungen** **entwickeln**	**Gegen-** **maßnahmen**	Folgenreiche Schritte in die Zukunft sind identifiziert und adressiert	
	Handlungs - **- Angebote,** **- Wünsche,** **- Plan**	Entscheidungen über konkrete Handlungen sind getroffen	Die Teilnehmenden haben Maßnahmen für ihren Alltag geplant
	Würdigung	Der Arbeitsprozess wurde reflektiert	

Abb. 22: Die drei Arbeitsblöcke Zeitoptimierter Klärung

Der dritte Block dient der Lösungssuche. Zuerst werden alle möglichen Lösungsideen gesammelt. Anschließend wird unterschieden, ob die Teilnehmenden diese Ideen umsetzen können, oder ob Abwesende die richtigen Adressaten wären. In diesem Fall wird geplant, wie die Abwesenden von diesen Anliegen erfahren. Nachdem die Optionen und potenzielle Umsetzer benannt wurden, folgt die Ermittlung konkreter Handlungen. Dafür entscheiden die Teilnehmenden, welchen Schritt sie bereit sind zu übernehmen. Im Bedarfsfall können auch Handlungswünsche an Teilnehmende gerichtet werden. Aus diesen Handlungsangeboten und Handlungswünschen wird nun ein Handlungsplan erstellt. Erste Maßnahme des Handlungsplans ist die Festlegung des Zeitpunkts der Erfolgsfeststellung. Zu diesem Termin treffen sich alle Beteiligten, um Zielerreichung und Umsetzungserfolg der Maßnahmen zu bewerten. Anschließend werden alle weiteren Maßnahmen notiert. Mit einer Reflexion der Zufriedenheit mit Ergebnis und Verlauf endet die Durchführung.

Nach der Durchführung folgt die Umsetzung des Handlungsplans im Alltag. Hier zeigt sich, ob den Absichtserklärungen Handlungen folgten und mit welcher Wirkung.

Nach einem Zeitraum von einigen Monaten findet die Erfolgsfeststellung statt. Bewertet werden die Zielerreichung aus Sicht des Auftraggebers sowie die Umsetzung der Maßnahmen aus Sicht der Teilnehmenden. Je nach Bewertung des Erfolgs werden weitere Interventionen abgeleitet. Damit ist der Prozess Ergebnisfokussierter Klärung beendet. Bei weiterem Handlungsbedarf folgt ein neuer Prozess (vgl. »Iterative Prozessgestaltung« S. 65).

Zeitbedarf in Abhängigkeit der Teilnehmerzahl *(Anzahl TN)*

Tempo	bequem	zügig	optimiert
Dauer in Stunden	$\dfrac{Anzahl\ TN}{2} + 2$	$\dfrac{Anzahl\ TN}{4} + 1{,}5$	$\dfrac{Anzahl\ TN}{6} + 1$

Zeitbedarf für 12 Teilnehmer

Block	Zeitanteil	bequem	zügig	optimiert
A*	ca. 1/6*	60'	45'	30'
B	ca. 1/3	160'	90'	60'
C	ca. 1/2	260'	130'	90'
Dauer		8h (480')	4,5h (270')	3h (180')

* Sind die Teilnehmenden durch Die Führungskraft gut vorbereitet, ist für Block A ein Zeitrahmen von 30 Minuten völlig ausreichend.

Abb. 23: Zeitbedarfe für Zeitoptimierte Klärung

Der Zeitbedarf für Auftragsklärung und Erfolgsfeststellung beträgt je nach Situation ca. 60–90 Minuten. Bei zeitoptimierter Klärung erfolgt eine strikte Zeitvorgabe für jeden einzelnen Schritt. Das stärkt das Gefühl der Sicherheit und bietet den Teilnehmenden gute Orientierung. Dabei ist die Tatsache, dass es überhaupt einen klaren Zeitrahmen gibt, wichtiger, als die Dauer der einzelnen Schritte.

Die Realisierung der maximalen Geschwindigkeit erfordert sehr viel Erfahrung mit der Umsetzung zeitoptimierter Intervention. Für erste Erfahrungen mit diesem Vorgehen empfiehlt sich ein normales Tempo.

Prozessverlauf		Schritt	Ziel	Ergebnis
Phase 1 Arbeitsgrundlage mit Auftraggeber herstellen	**1. Termin** Auftragsklärung	**Auftragsklärung**	Kontakt und Vertrauensaufbau	Die Sicht der Auftraggeberin zur Situation ist klar. Bisherige Veränderungsversuche sind bekannt. Die Kriterien für ein gutes Ergebnis sind bekannt.
			Prüfung der ersten Erfolgsbedingung	Es gibt Klarheit, dass grobe Führungsfehler auszuschließen sind
			Konsens über Intervention herstellen	Auftraggeberin und Beraterin haben eine gemeinsame Klarheit über die geeignete Intervention und die erforderlichen Rahmenbedingungen
			Transfer	Es gibt einen Plan über die erforderlichen Folgeschritte bis zum 2. Termin
		Einladung	Die Beteiligten haben eine Einladung erhalten	
Phase 2 Arbeitsgrundlage mit Team herstellen	**2. Termin** Zeitoptimierter Klärung	**Arbeitsgrundlage schaffen**	Plan	Plan und Rahmen ist den Anwesenden bekannt
			Standpunkte	Stellungnahmen der Anwesenden sind bekannt
			Bewertung	Die Anwesenden haben über die Umsetzung von Plan und Rahmen entschieden
			bei Einverständnis und den Beraterinnen erteilter Leitungserlaubnis:	Die Grundlage der gemeinsamen Arbeit ist geschaffen.
Phase 3 Situation erfassen		**Situation erfassen**	Belastungen	Die Belastungen der Anwesenden sind bekannt
			Wünsche	Die Wünsche der Anwesenden sind bekannt
			Hürden	Die Befürchtungen der Anwesenden sind bekannt
				Die Anwesenden haben die Mosaiksteine ihrer individuellen Realitäten zu einem Gesamtbild zusammengefasst.
Phase 4 Neue Realität planen		**Lösungen entwickeln**	Gegenmaßnahmen	Folgenreiche Schritte in die Zukunft sind identifiziert und adressiert
			Handlungs- - Angebote, - Wünsche, - Plan	Entscheidungen über konkrete Handlungen sind getroffen
				Die Teilnehmenden haben Maßnahmen für den Alltag geplant
			Würdigung	Der Arbeitsprozess wurde reflektiert, Frustrationen konnten benannt werden
Phase 5 Neue Realität herstellen	**3. Termin** Erfolgsfeststellung	**Umsetzung**	Die Beteiligten setzen Ihre Maßnahmen im Alltag um	
		Erfolgsfeststellung	Bewertung	Die Qualität der Umsetzung von Maßnahmen sowie der Erreichung der Ziele ermittelt.
			Die Qualität der Zielerreichung ist ermittelt	Die Anwesenden haben eine gemeinsame Bewertung ihres Umsetzungserfolges erreicht.

Abb. 24: Ergebnisfokussierte Klärung – Gesamtüberblick

3.4 Ergebnisfokussierte Klärung für Berater

3.4.3 Auftragsklärung

Für die praktische Darstellung der Umsetzung dient ein Fallbeispiel, bei dem die auftraggebende Führungskraft nicht an der Durchführung teilnimmt. Besondere Erfahrungen aus anderen Begleitungen werden an geeigneter Stelle erwähnt:

> In der Abteilung eines Finanzdienstleisters nehmen seit einiger Zeit die Spannungen unter den Mitarbeitern eines Teams »PKA« zu. Die Absprachen untereinander funktionieren nicht mehr so reibungslos, wie es zuvor der Fall war. Das führte bereits zu massiven Fehlern, die mit so hohen Kosten verbunden waren, dass der Abteilungsleiter Herr Seeberger bereits zum Vorstand zitiert wurde. Herr Seeberger, der die Ergebnisse mehrerer Teams verantwortet, hat mit den Mitarbeitern des »Problemteams« mehrere Gespräche geführt. Dabei konnte er feststellen, dass es unterschwellig ziemlich brodelt. Da es ihm nicht gelungen ist, Klarheit über diese Spannungen zu erreichen und Auswege zu finden, soll nun ein Profi helfen. Und das möglichst schnell, da der Druck von oben ziemlich massiv ist. Erschwerend kommt hinzu, dass es in den Teams keine zusätzliche Teamleitung gibt, sodass Herr Seeberger vier Teams mit 38 Mitarbeitern direkt führt. Richten wir noch den Blick auf eine kurze Darstellung der Kollegen mit Namen, Alter, Betriebszugehörigkeit (BZ) und einer kurzen Beschreibung.

Name	Alter (BZ)	Beschreibung
Elke Anders	38 (5)	Emotional, eigenwillig, mag keine Grenzen, hat regelmäßig Streit mit Hans Mertens, kann sehr gut mit Gerhard Mayer
Helene Eberle	29 (2)	wirkt unterwürfig, will nirgends anecken und sich raushalten, sucht Nähe zu „Mama Pelzer"
Manfred Fröhle	48 (15)	überwiegend fröhlich, sieht das Positive, schaut immer wieder nach vorne, gilt als Fels in der Brandung
Susanne Gertz	40 (7)	GfK-Expertin, kritisiert konstruktiv, hält Aggression schlecht aus, ist sehr beliebt, auch bei anderen Abteilungen
Martin Lorger	38 (8)	Weiß viel, führt Buch über Fehler anderer (aus Selbstschutz), sucht Nähe zum Chef, gilt als „einschleimend"
Gerhard Mayer	43 (15)	regt sich schnell auf und ab, kann sehr massiv und laut werden, versteht sich sehr gut mir Elke Anders
Hans Mertens	55 (30)	oft sarkastisch, manchmal aufbrausend, kennt sich gut aus, sein Know-how ist geschätzt, hat regelmäßig Zoff mit Elke Anders
Johanna Pelzer	57 (25)	Ruhig und unaufgeregt, will Harmonie, mag es, wenn ihr Rat gefragt ist, stellt sich gerne schützend vor Schwache
Iris Schwarz	42 (10)	Wirkt sehr souverän und unbeteiligt, sagt wenig - und wenn, dann bringt sie es auf den Punkt

Abb. 25: Die Kollegen des Fallbeispiels

Das Aufklärungsgespräch mit Herrn Seeberger ergab keine Anzeichen für deutliche Führungsfehler. Er wirkt zwar etwas streng, hat aber die sozialen Aspekte genauso im Blick, wie die formalen. Für Herrn Seeberger stellt das Setzen von Grenzen kein Problem dar. Gleichzeitig ist er auch bemüht, von seinen Mitarbeitern ihre Befindlichkeiten zu erfahren und hat dafür immer ein offenes Ohr. Wenn es der Zielerreichung dienlich ist und erforderliche Ressourcen verfügbar sind, will er die Wünsche der Mitarbeiter erfüllen. Ebenso versucht er, die Aufgaben nach individuellen Fähigkeiten zu verteilen. Was er gar nicht leiden kann, sind Beschwerden eines Mitarbeiters über den Anderen. Schließlich werden sie für Lösungen bezahlt und nicht fürs Probleme machen. Am liebsten ist es ihm, wenn das Team eigenständig agiert. Er lässt gerne viel Freiheit, solange die Ergebnisse stimmen. Deshalb muss er nun die Zügel anziehen. Sein Auftrag ist klar und unmissverständlich: Er will, dass das neunköpfige Team möglichst schnell wieder so funktioniert, dass die Fehlerquote verlässlich reduziert ist. Deshalb soll ein Profi dabei unterstützen und für Klarheit sorgen. Auch ist er bereit, eigene Beiträge zu leisten, wenn Art und Umfang klar sind und es für ihn auch schlüssig und zieldienlich erscheint. Die Bedingungen konnte er gut akzeptieren und war sich auch sicher, dass es seine Mitarbeiter ebenso tun werden.

Nun richtet sich der Blick auf die Ermittlung der Erfolgskriterien des Auftraggebers. Begonnen wird mit offenen Fragen nach den Unterschieden:

> »Heute ist der 15. März und nächste Woche führen wir die Moderation durch. Nehmen wir einmal an, wir haben die Arbeit mit Ihren Mitarbeitern beendet und es ist Mitte Mai. Sie denken zurück an heute und stellen fest: Das was die Berater da gemacht haben, war ein voller Erfolg auf der ganzen Linie. Was genau ist Mitte Mai anders, als jetzt?«

Diese Fragen zielen auf konkret benennbare Unterschiede ab. Hier ist es normal, dass die gefragte Person ein paar Sekunden Zeit braucht, um eine Antwort zu finden.

> Nach einer Weile antwortet Herr Seeberger und beginnt mit einer Zusammenfassung seiner Situation:
> »Der Vorstand sitzt mir im Nacken wegen schlechter Zahlen und von den Mitarbeitern aus den benachbarten Teams PKZ und PKO höre ich regelmäßig Beschwerden über das PKA-Team. Und auch bei PKA gibt es zwischen einzelnen Teammitgliedern heftige Uneinigkeit mit Auswirkungen ins gesamte

3.4 Ergebnisfokussierte Klärung für Berater

Team. Eigentlich will ich das Thema nur vom Tisch haben, weil es mich richtig nervt. Doch wie ich weiß, geben Sie sich mit dieser Antwort nicht zufrieden. Was muss also gegeben sein, um es vom Tisch zu bekommen?

Dafür sind Mitte Mai drei Punkte anders als jetzt:

Zunächst liegt die Fehlerquote bei 0 bis maximal 5 Prozent. Derzeit ist sie auf 19 % geklettert und daraus folgen immense Mehrkosten. Da diese Zahl einen Zustand von vor drei Wochen beschreibt, befürchte ich, dass die aktuelle Quote noch höher liegt. Ich werde also zu diesem Thema noch einige unangenehme Gespräche beim Vorstand erleben, auch wenn es bereits bei PKA besser geworden ist. Von daher werden wir auch die Fehlerquote von Mitte Mai erst Anfang Juni kennen.

Als nächstes hören die Beschwerden aus PKZ und PKO auf. PKZ liefert PKA die Zahlen. PKA bereitet sie auf und liefert sei an PKO weiter. PKA war immer schon schwierig, aber die Ergebnisse passten. Doch jetzt reißen sie auch die anderen beiden Teams runter, die bisher bestens funktioniert hatten.

Als drittes wäre es natürlich ein wahres Sahnehäubchen, wenn es auch bei PKA ruhiger werden würde – aber ich glaube nicht, dass sich das erreichen lässt. Das erwarte ich auch nicht. Mir reicht es schon völlig aus, wenn sich einzelne Mitarbeiter statt mehrmals wöchentlich nur noch alle paar Monate bei mir ausweinen müssten.«

Das waren schon sehr hilfreiche Angaben für die Messbarkeit.

»Um auch für Ihre Mitarbeiter Klarheit über Ihre Absicht herzustellen, hätten wir gerne, dass Sie Ihre Ziele vor Beginn ihren Mitarbeitern vorstellen. Sind Sie damit einverstanden?«

Antwort:

»Ja, na klar. Nur werde ich keine absoluten Werte zur Beschwerdehäufigkeit nennen, weil sonst das Nachzählen von Bürobesuchen bei mir viel zu viel Aufmerksamkeit bei den Kollegen erhält. Ansonsten bin ich aber völlig einverstanden.«

Zum Abschluss der Kriterienermittlung wird das Leistungsversprechen nochmals deutlich dargestellt:

»Wir garantieren Ihnen eine erfolgreiche Moderation. Erfolg heißt für uns, dass wir einen Rahmen gestalten, der dafür sorgt, dass ihre Mitarbeiter nach drei Stunden wieder arbeitsfähig sind.

> Bedingung dafür ist, dass dies Ihre Mitarbeiter auch wollen. Wir werden das
> zu Beginn überprüfen. Wenn wir dabei feststellen, dass ihre Bereitschaft
> fehlt, beenden wir die Moderation. Bei vorhandener Bereitschaft werden
> ihre Mitarbeiter in den drei Stunden Maßnahmen erarbeiten, die sie im All-
> tag umsetzen müssen. Dafür wird es am Ende einen detaillierten Plan geben,
> auf den sich ihre Mitarbeiter geeinigt haben. Es sind Absichtserklärungen,
> die erst durch zukünftige Handlungen Realität werden.
> Da die Herstellung dieser Realität außerhalb unserer Einflussnahme steht,
> können wir keine Garantie für die Zielerreichung Ihrer Kriterien geben.
> Wenn Sie sich aber am Ende nochmal den Handlungsplan von Ihren Mitar-
> beitern zeigen lassen, wird dadurch der Umsetzungswille gestärkt. Die glei-
> che Wirkung hat der Folgetermin, an dem Sie ja auch teilnehmen werden,
> um das Ergebnis bzw. den Erfolg festzustellen.«

Es ist wichtig, für das Leistungsversprechen deutlich zu machen, unter
welchen Bedingungen etwas vom Berater getan wird und was nicht. So
wie den meisten Auftraggebern waren auch Herrn Seeberger diese Ausführungen klar. Der Berater weist immer wieder darauf hin, wo seine
Leistungs- und Verantwortungsgrenzen liegen, um Missverständnissen über die Erfolgsgarantie vorzubeugen. Diesem Ziel dient auch das
schriftliche Angebot, in dem alles nachlesbar ist.

Etwas komplexer, jedoch im Prinzip wie eben beschrieben, läuft eine
Auftragsklärung mit mehreren Führungskräften ab:

> Ein Bereichsleiter hat die bewährte Zusammenarbeit zwischen zwei Abtei-
> lungen neu geregelt. Dadurch kam es immer wieder zu Streitigkeiten und
> Verzögerungen. Die Abteilungsleiter beschlossen deshalb, einige Sachbear-
> beiter zu wöchentlichen Jour-Fixe-Treffen anzuhalten, um die Probleme im
> Tagesgeschäft zeitnah und pragmatisch zu lösen. Ein Konflikt in einem die-
> ser Treffen eskalierte. Auftrag der Begleitung war, dieses Gremium wieder
> arbeitsfähig zu machen. Hier war wichtig, den beiden Abteilungsleitern zu
> vermitteln, dass dies nur gelingen kann, wenn beide – als gemeinsame Rah-
> mengeber– in diesem Anliegen einheitlich gegenüber dem Team auftreten
> und ihre Anteile der Lösung, z. B. durch widerspruchsfreie Regelungen der
> Zusammenarbeit, übernehmen.

Das schriftliche Angebot mit dem Leistungsversprechen
Nach dem Auftragsklärungsgespräch erhält der Auftraggeber ein
schriftliches Angebot. Es beschreibt die Punkte Situation, Ziele, Leistungsversprechen, Vorgehen, Vertraulichkeit, Organisation, Investiti-

on und Beraterprofil. Es dient neben dem Vertrauensaufbau auch der Vorbeugung von Missverständnissen als Schutz aller Beteiligten vor unangenehmen Überraschungen.

Situation

Der Bereichsleiter Herr Seeberger leitet mehrere Abteilungen, unter anderem PKA, PKO und PKZ. PKZ liefert ihre Arbeitsergebnisse an PKA. Dort werden die Ergebnisse aufbereitet und zusammengeführt. Anschließend wird das Arbeitsergebnis von PKA zur Weiterverarbeitung an PKO geleitet.

In der Abteilung PKA, die in der Mitte dieser Prozesskette liegt, gibt es seit längerem Spannungen zwischen den Mitarbeitern. Bis vor kurzem hatten diese Spannungen keinen Einfluss auf das Arbeitsergebnis. Nun gibt es seit einem Monat steigende Fehlerquoten bei PKA, die bereits zu hohen Mehrkosten führten. Zusätzlich nimmt die Verärgerung über PKA in den benachbarten Abteilungen PKO und PKZ zu.

Ziele

Wichtigstes Ziel ist die Reduzierung der Fehlerquote bis Mitte Juni auf 0 % bis maximal 5 %. Zusätzlich sollen die Anzahl der Mitarbeiterbeschwerden, von denen Herr Seeberger derzeit täglich mehrere bearbeitet, auf wenige im Monat reduziert werden.

Leistungsversprechen

Die Teilnehmenden haben am Ende einer Moderation einen konkreten Handlungsplan zur Realisierung der oben genannten Ziele erarbeitet. Damit ist am Ende der Moderation die für die Zielerreichung erforderliche Voraussetzung der Arbeitsfähigkeit der Teilnehmenden geschaffen.

Voraussetzungen für dieses Leistungsversprechen:

Die Teilnehmenden kennen die Ziele von Herrn Seeberger und sind damit auch einverstanden

Die Teilnehmenden wollen eine Veränderung ihrer aktuellen Situation

Die Teilnehmenden lassen sich von den Moderatoren durch den Prozess führen

Da die Zielerreichung außerhalb unserer Einflussmöglichkeiten liegt, ist sie nicht Bestandteil unseres Leistungsversprechens.

Vorgehen

Unsere Moderation beginnt gemeinsam mit Herrn Seeberger, der seine Erwartungen und Ziele den Teilnehmenden vorstellt. Die Durchführung der Moderation findet ohne Herrn Seeberger statt. Am Ende der Moderation informieren die Teilnehmenden Herrn Seeberger über Ihre erarbeiteten Ergebnisse.

Vertraulichkeit

Die Weitergabe von Detailinformationen über Verlauf und Inhalte der Moderation erfolgt nur über die Teilnehmenden. Sie werden durch die Moderatoren darin unterstützt, die erforderlichen Informationsflüsse wie die Berichterstattung an die Führungskraft oder auch Feedback an Dritte selbst zu gestalten.

Organisation

Für die Durchführung der Moderation mit neun Personen stellt der Auftraggeber folgende Ressourcen bereit:

Einen Raum mit einer Fläche von mindestens 100 m²

Für die Visualisierung der Arbeitsschritte und Arbeitsergebnisse wird eine sichtbare Länge von 10 m benötigt. Dafür dienen vier Pinnwände und drei Flipcharts.

Der Auftraggeber sorgt für die Einladung der Teilnehmenden in mündlicher und schriftlicher Form sowie für deren pünktliches Erscheinen zur Durchführung der Moderation

Mit der Einladung werden die Teilnehmenden bereits darüber informiert, dass die Moderation minutengenau getaktet ist

Investition

Ihre Investition beträgt neben Räumen und Ausstattung sowie Reisekosten für Ihre Mitarbeiter und Opportunitätskosten in Ihrer Organisation:

Honorar pro Tag und Berater, € X.XXX, einschließlich Vorbereitung und Foto-Protokoll. Kleinste Abrechnungseinheit: ½ Tag

Nebenkosten

– Fahrtkosten (X,XX €/km oder Bahnfahrt)

– Übernachtung und Verpflegung nach Aufwand

Die Preise verstehen sich zuzüglich der gesetzlichen MwSt.

Das Angebot ist gültig bis 31. Dezember 2016. Die beiliegenden Geschäftsbedingungen sind Bestandteil dieses Angebots.

Mit der Zustimmung zu diesem Angebot ist der formale Auftrag erteilt. Vor der Umsetzung werden im nächsten Schritt zunächst die Teilnehmenden eingeladen. Damit beginnt bereits deren Vorbereitung auf den Prozess.

Einladung zur zeitoptimierten Klärung

Eine der Besonderheiten einer Zeitoptimierten Klärung ist der straffe Zeitplan, den es auch einzuhalten gilt. Der durch diesen Plan erzeugte Zeitdruck sorgt für die Fokussierung auf das Wesentliche und Wirksame. In Unternehmen, in denen Zeitpläne in Besprechungen ein vertrauter Faktor sind, ist das unproblematisch. Schwieriger wird es in Unternehmen mit einer eher lässigen Besprechungskultur. Dort kann es normal sein, dass zu Beginn einer Besprechung noch nicht alle Eingeladenen anwesend sind. Meist ist es dann auch unüblich, vorab eine schriftliche Einladung mit Zielen der Besprechung und einer Agenda zu erhalten. Dann ist es umso wichtiger, dass die Teilnehmenden bereits mit der Einladung erleben, dass es bei diesem Verfahren etwas anders abläuft. Das beginnt mit dem Startzeitpunkt, der 15 Minuten vor einem üblichen Besprechungsbeginn angesetzt wird. Wenn 10 Uhr eine übliche Startzeit für Besprechungen ist, dann wird der Beginn auf 9:45 festgesetzt (oder noch deutlicher: 9:44) und das Ende bei 9 Personen auf 12:30 Uhr. Die ersten 15 Minuten dienen dem Ankommen und geben dem Chef den Rahmen, um die Moderatoren kurz vorzustellen und seinen Mitarbeitern seine Erwartungen zu benennen.

Dafür ist auch eine schriftliche Einladung erforderlich, die bereits einen Hinweis auf den straffen Zeitplan enthält. Wichtige Bestandteile der schriftlichen Einladung sind:

- Thema
- Kurze Begründung für die Veranstaltung
- Ort, Datum, Uhrzeit und Teilnehmerkreis
- Kurzinfo über die Moderatoren
- Erwartungen des Chefs an das Ergebnis

Die Einladung sollte kurz und knapp formuliert und frei von Schuldzuweisungen sein. So werden die Teilnehmen durch die Form der Einladung bereits an die Form der Durchführung gewöhnt. Empfehlenswert ist es, dass die Mitarbeiter zuerst persönlich vom Chef über seine Absicht informiert werden, z. B. in einer Routinebesprechung, bei der er die schriftliche Einladung ankündigt.

Einladung zur Klärung kritischer Aspekte der Zusammenarbeit

In den letzten Wochen gab es zahlreiche Situationen, die für Unzufriedenheit sorgten. Zusätzlich entstanden durch eine Verkettung mehrerer Umstände erhöhte Kosten. Um eine wirksame Veränderung zu erreichen, findet am 23.03. von 09:45 bis 12:30 Uhr im Raum 415 mit PKA eine moderierte Besprechung statt. Die Anlage zeigt Kurzinformationen über die beiden Moderatoren Karl Kreuser und Thomas Robrecht. Sie werden Sie bei der Suche nach Lösungsmöglichkeiten unterstützen. Wichtig ist es mir, dass Sie Maßnahmen entwickeln, um wieder gute Arbeitsergebnisse zu erreichen. Da das Verfahren zeitlich durchgetaktet ist und straff moderiert wird, ist ihr pünktliches Erscheinen unverzichtbar.

Kurt Seeberger

Damit beginnt die Durchführung bereits vor ihrem offiziellen Startzeitpunkt, da sich die Teilnehmenden spätestens mit der schriftlichen Einladung bereits mit dem Thema auseinandersetzen. Das beugt Überraschungen bei den Teilnehmenden vor. Zusätzlich verhilft es dazu, dass unterschwellige Widerstände frühzeitig benannt und bearbeitbar werden.

Stehen Teilnehmer und Termin mit Zeitrahmen fest, kann die Vorbereitung beginnen. Einer der Erfolgsaspekte liegt in dem Phänomen, dass etwas Gedrucktes mehr Sicherheit vermittelt, als Handgeschriebenes. Deshalb sind alle Flipcharts mit Arbeitsanweisungen, Zeitangaben und Namenschilder gedruckt. Zeitoptimierte Moderation braucht eine klare Visualisierung. Jeder Schritt mit jedem Ergebnis ist während der Durchführung sichtbar.

3.4.4 Arbeitsgrundlage schaffen (Block A)

Wie erhält der Berater von einer Gruppe die Erlaubnis, sie durch einen knackigen und nicht immer angenehmen Prozess führen zu dürfen? Diese Erlaubnis muss zu Beginn erarbeitet werden. Deshalb wird im ersten Block die Basis geschaffen, um überhaupt miteinander arbeiten zu können. Nachdem im Vorgespräch mit dem Auftraggeber bereits die Entscheidung für den Einsatz dieses Verfahrens getroffen wurde, folgt nun die Auftragsklärung mit den Teilnehmenden. Sie beginnt mit der Begrüßung durch ihren Chef Herrn Seeberger und der Schilderung seiner Erwartungen.

> Herr Seeberger: »Guten Morgen, liebe Kolleginnen und Kollegen.
> Ich freue mich, dass Sie nun alle hier sind. Wie ich Ihnen bereits mitteilte, ist es mir wichtig, dass Sie Wege finden, wie Sie die Probleme im Alltag lösen können, damit die Ergebnisse wieder stimmen. Da die Zeit drängt, und die Kosten bereits aus dem Ruder gelaufen sind, steht uns für die Lösungssuche weniger Zeit zur Verfügung, als es wünschenswert wäre. Deshalb habe ich zwei Profis für solche speziellen Aufgaben gewinnen können, die Sie bei der Entwicklung von Lösungsmöglichkeiten unterstützen. Ich werde nicht dabei sein, stehe aber jederzeit zur Verfügung, falls es erforderlich sein sollte.
> Nun übergebe ich an Herrn Kreuser und Herrn Robrecht und wünsche uns allen, dass Sie zu guten Ergebnissen finden.«
> Kurze Einleitung: »Vielen Dank, Herr Seeberger und einen schönen guten Morgen auch von unserer Seite. Da die Zeit knapp ist, wollen wir gleich zügig einsteigen.

Herr Seeberger, bevor Sie gehen, bitten wir Sie, Ihre Ziele kurz vorzustellen.«
Herr Seeberger: »Das wichtigste ist mir die Fehlerreduzierung auf null. Davon
sind wir im Moment weit entfernt. Erreicht werden muss wieder Null Fehler.
Aber Sie alle wissen, dass ich niemanden den Kopf abreiße, wenn ein Fehler
passiert ist und ich eine ernsthafte Veränderungsabsicht erkenne.«

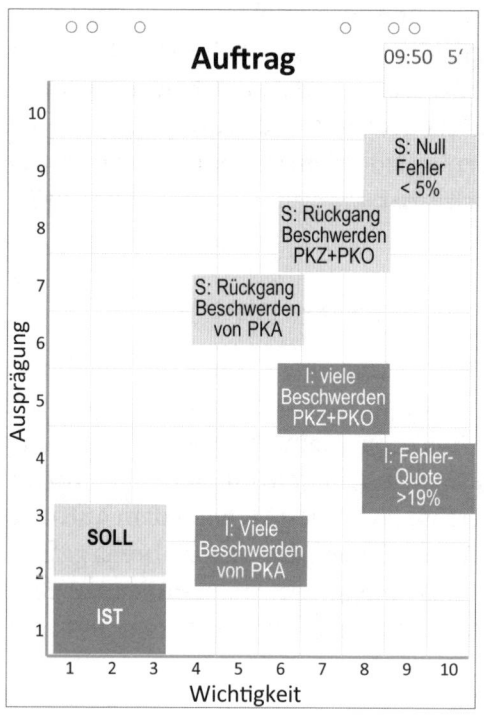

Abb. 26: Flipchart »Auftrag«

»Dann höre ich mehrmals täglich Beschwerden aus ihrem Team und auch
außerhalb ihres Teams, insbesondere von PKZ und PKO. Ich will, dass Sie vernünftig miteinander reden und kritische Situationen nicht per Email bearbeiten, sondern direkt und im persönlichen Dialog. Wenn Sie untereinander
streiten, dann können Sie das gerne machen, solange die Ergebnisse nicht
darunter leiden. Aber ich kann es nicht akzeptieren, dass andere Abteilungen
mit hineingezogen werden. Deshalb ist mir der Beschwerdrückgang sehr
wichtig. Ich kann nur an Sie appellieren: Tun Sie sich doch selber den Gefallen, und einigen Sie sich.«

> »Vielen Dank, Herr Seeberger für Ihre klaren Worte. Wenn es noch Fragen
> geben sollte, stehen Sie uns ja zur Verfügung. Von daher können Sie uns jetzt
> ruhig verlassen. Um 12:30 Uhr rufen wir Sie dann wieder zu uns.«
> Herr Seeberger verlässt den Raum. Damit ist die Führungsrolle nun bei uns.
> »Es ist nun 9:55 Uhr. Damit liegen wir 5 Minuten vor dem geplanten Zeitrah-
> men. Bevor wir inhaltlich einsteigen, werden wir Ihnen zunächst den
> geplanten Verlauf und die erforderlichen Rahmenbedingungen vorstellen.
> Anschließend werden Sie entscheiden, ob Sie sich darauf einlassen wollen.
> Beginnen wir mit dem Plan.«

Hier wird auf die üblichen Vorstellungsrunden und Anwärmphasen
verzichtet. Dabei wird in Kauf genommen, dass es beziehungsorientier-
ten Menschen durch die fehlende Kontaktarbeit schwer fällt, sich einzulassen. Für eher aufgabenorientierten Menschen stellt das kein Problem dar.

Jedoch gibt es auch dafür Ausnahmen, wie ein weiteres Beispiel aus
unserer Praxis zeigt:

> Einem Team in einer äußerst belastenden betrieblichen Situation mit hohem
> Druck von außen (Kostenreduzierungen, Personaleinsparungen, Überlastung
> durch Kunden und scheinbar kein Verständnis durch die Unternehmenslei-
> tung) soll zu einem arbeitsfähigen Zustand geführt werden. Gleich zu Beginn
> bat eine sehr beliebte Kollegin um das Wort und eröffnete, sie werde das
> Unternehmen verlassen. Das war sichtlich ein Schock für viele der Anwesen-
> den. Der Begleiter beschloss deshalb intuitiv, vor der »eigentlichen« Arbeit,
> etwas Zeit zu investieren, um die erste Betroffenheit durch diese Nachricht
> soweit abzufangen, dass die weitere Arbeit dadurch nicht zu stark belastet
> würde.

Die Zeitoptimierte Klärung wird in schwierigen und belastenden Situationen eingesetzt. Dabei wird bewusst auf übermäßige Beziehungsar-
beit verzichtet. Doch hier kamen zwei Belastungen zusammen – eine
davon sehr plötzlich – die zusammen vermutlich eine weitere Arbeit
am »eigentlichen« Thema schwer oder sogar unmöglich gemacht hätten. Dadurch wird es erforderlich, beide Belastungen zu trennen: Die
eine kurz, jedoch ausreichend zu würdigen und die andere dann nach
den weiteren Verfahren zu bearbeiten.

1. Schritt: Plan und Rahmen

Zum Einstieg erhalten die Teilnehmenden einen Überblick über die neun geplanten Schritte. Anschließend werden die für den Prozess erforderlichen Rahmenbedingungen vorgestellt. Eine Diskussion findet hier nicht statt. Es erfolgt der Hinweis auf die Zeit, die bei jedem Schritt vorgegeben ist und eine hohe Konzentration und Aufmerksamkeit von allen Beteiligten erfordert.

Der Plan zeigt den Überblick mit der Zeitstruktur. Das kann bereits erste Emotionalität erzeugen von Begeisterung bis Entsetzen. Meist wirkt die beim Rahmen erteilte Erlaubnis zur Emotionalität verblüffend beruhigend, weil hier mit dem Grundsatz »Nun wollen wir mal sachlich bleiben«, verändert wird. In Kulturen mit dem Gebot zum Ausreden lassen erfolgt zusätzlich der Hinweis auf die straffe Moderation und dass der Moderator schon mal jemanden ins Wort fällt, um den Zeitrahmen einzuhalten.

Diese beiden Flipcharts sind in drei bis vier Minuten vorgestellt. Anschließend können die Teilnehmenden zu Plan und Rahmen Position beziehen.

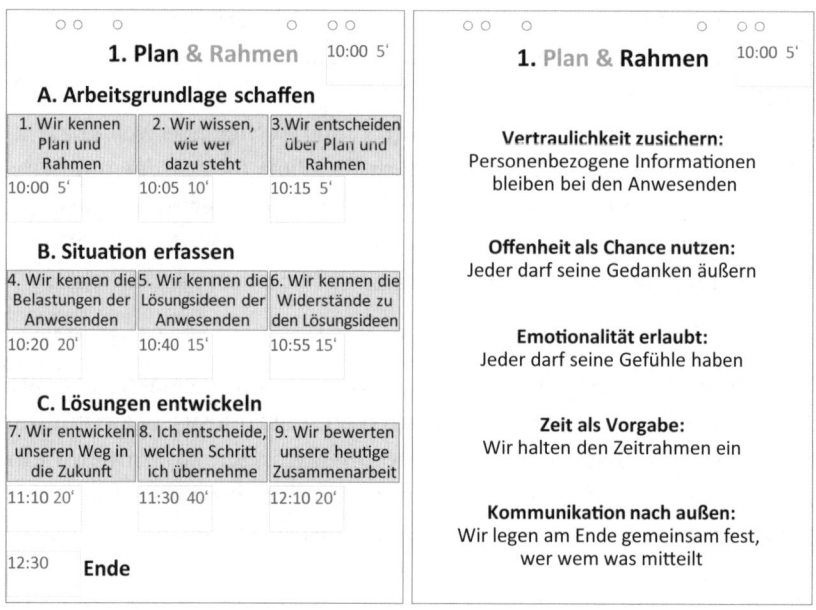

Abb. 27: Flipcharts »1. Plan und Rahmen«

2. Schritt: Standpunkte

Um möglichst zügig zu ermitteln, ob das geplante Vorgehen Aussicht auf Erfolg bietet, dienen drei Aussagen, zu denen sich die Teilnehmenden Positionieren. Dadurch wird sehr schnell sichtbar, wie wahrscheinlich die Aussicht auf eine erfolgreiche Durchführung sein wird. So kommt es schließlich zur Entscheidung über die Durchführung.

Skalierungsfragen helfen, um möglichst schnell zu einem Bild der Antworten zu gelangen. Dazu wird eine Achse zwischen den Polen »Ja« und »Nein« im Raum erstellt. Die Teilnehmenden werden gebeten, sich als Antwort zu vorgegeben Aussagen auf der Ja-Nein-Achse zu positionieren.

Die Aussagen sind auf DIN A4 Blätter ausgedruckt. Unterhalb des Textes ist Raum, um die Ja-Nein-Positionierungen in Form von Punkten zu notieren.

Für den Berater ist ein »JA« erforderlich. Stehen Teilnehmer auf »Nein«, werden diese um eine kurze Stellungnahme zu ihrer Positionierung gebeten. Anschließend werden die Standpunkte der Teilnehmenden auf das Blatt mit der Frage übertragen. Das Blatt wird für alle Teilnehmenden sichtbar am Flipchart fixiert.

Da widerspruchsfreie Aufträge von Auftraggeber und Teilnehmenden Voraussetzung sind, dient die erste Frage dieser Überprüfung. In diesem Beispiel hat der Auftraggeber festgestellt, dass die Zusammenarbeit nicht so richtig funktioniert und will eine Verbesserung erreichen. Dies wird nur dann möglich, wenn die Teilnehmenden diese Sicht der Dinge teilen und eine Veränderung wollen. Die erste Frage wird vorgelesen:

»Es gibt Belastungen in unserer Arbeit.«

Nun werden die Teilnehmenden gebeten, sich dazu auf der Ja-Nein-Achse zu positionieren. Das Ergebnis wird, wie oben geschildert, notiert.

Gelegentlich ist es erforderlich, die Fragen je nach Situation zu verändern oder durch weitere zu ergänzen, wie folgendes Beispiel zeigt:

In einem Unternehmen kam es zum Vorstandswechsel und der neue Vorsitzende war ein »rigoroser Sanierer«. Den Betriebsrat sah er dabei als Verhinderer seines konsequenten Sparkurses, der mit zahlreichen Entlassungen einherging. Deshalb wurde die Arbeit der Personalvertretung konsequent blockiert und ihre Mitglieder durch unbegründete Abmahnungen und Kündigungen nahezu verfolgt. Das Betriebsratsteam war in Schockstarre und handlungsunfähig, es sah für seine Arbeit keine Perspektive. Ziel der Begleitung war, dieses Team wieder arbeits- und handlungsfähig zu machen. Einzelne Mitglieder spielten offen oder für sich mit dem Gedanken, das Unternehmen zu verlassen. Das stellte einen Unsicherheitsfaktor für alle dar. Deshalb entschloss sich der Begleiter, eine zusätzliche Frage einzubringen: »Ich werde in einem Jahr voraussichtlich noch im Unternehmen sein«. Die Aufstellung und die kurzen Statements dazu waren, so wurde danach zurückgemeldet, sehr wichtig für die Beteiligten, sich auf den weiteren Prozess einzulassen.

Die zweite Frage dient der Ermittlung, ob die Teilnehmenden überhaupt eine Klärung für erforderlich halten:

»Die Klärung der belastenden Aspekte ist mir wichtig.«

Auch hier endet der Prozess, wenn eine Mehrheit auf »Nein« steht.

3. Schritt: Entscheidung

Aus der letzten Aussage wird die Bereitschaft der Teilnehmenden, sich auf den Prozess einzulassen, deutlich:

»Ich bin einverstanden mit Plan und Rahmen.«

Sind alle Aussagen am Flipchart sichtbar, stellt der Berater seine Interpretation der Aussagen zur Verfügung. Dabei überprüft er, ob die Teilnehmenden seine Sicht teilen:

»Mein Eindruck ist, dass wir nun mit dem 4. Schritt fortfahren können. Sehen Sie das auch so?«

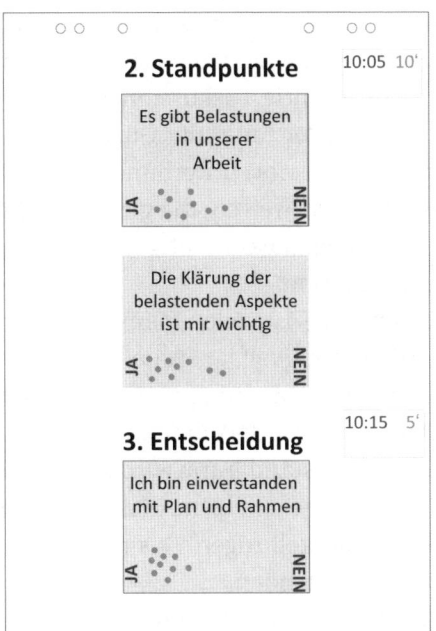

Abb. 28: Flipchart mit »2. Standpunkte« und »3. Entscheidung«

Wenn alle Teilnehmenden dieser Aussage zustimmen können, kann der Prozess fortgesetzt werden. Damit ist die Arbeitsgrundlage geschaffen. Ohne eine klare Zustimmung der Teilnehmenden wird die Umsetzung der nachfolgenden Schritte sehr erschwert und vielleicht sogar völlig scheitern. Auch wäre es kaum möglich, die Zeitvorgaben umzusetzen. Deshalb endet in diesem Fall die Zeitoptimierte Klärung hier. Da diese Möglichkeit bereits bei der Auftragsklärung mit der Führungskraft abgestimmt wurde, kann der Berater mit so einer Situation ganz entspannt umgehen. Doch da diese Klarheit vorab hergestellt wurde, gibt es bis hierher kaum noch Überraschungen. Sollten sie dennoch eintreten, zeigt das Kapitel »Umgang mit ›Nicht wollen‹« S. 181 mögliche Vorgehensweisen.

3.4.5 Situation erfassen (Block B)

Erst jetzt fängt die inhaltliche Arbeit an. Alle vorherigen Schritte dienten »nur« der Vorbereitung. Nun beginnt die Erfassung der Situation. Die Schritte 4–6 in diesem Block dienen der Transparenz unterschiedlicher Sichtweisen. Ziel ist nicht etwa die Herstellung einer gemeinsamen Sicht der Dinge oder gar einer konsensbildenden gemeinsamen

3.4 Ergebnisfokussierte Klärung für Berater

Bewertung. Ziel ist »nur« Klarheit über die individuellen Realitätskonstrukte und der gemeinsame Blick darauf zu erreichen. Deshalb sind Verständnisfragen sehr wichtig. Diskussionen über Richtig und Falsch, Wahr und Unwahr, über oder unter der Gürtellinie, Gut und Böse finden nicht statt und werden sofort unterbunden. Es geht also um die Koexistenz verschiedener Sichtweisen, die gleichberechtigt nebeneinander stehen bleiben. Und genauso wichtig ist ein entspannter Umgang des Beraters mit der Situation.

Diese Art des Austausches ist vielen Menschen eher fremd. Der eskalationsfördernde Alleingültigkeitsanspruch individueller Sichtweisen ist hingegen sehr vertraut. Das führt zum Reflex von Argument und Gegenargument. Dabei nimmt die emotionale Belastung zu, das Zuhören nimmt ab und eine Verständigung wird nicht mehr möglich. Stellt Person A ihre Sicht der Dinge dar, führt dies bei Person B zwangsläufig zu abwertenden Gegendarstellungen. Das mündet in einer emotionalen Belastung der Teilnehmenden.

Diese Belastung hat zwei Aspekte. Einerseits kann ihre eskalationsfördernde Wirkung die Einhaltung des Zeitrahmens bedrohen. Andererseits ist ein gewisses Maß an emotionaler Belastung Voraussetzung für wirksame Lernprozesse mit Erkenntniszugewinne. Diese wiederum fördern die Bereitschaft zum Perspektivwechsel, als ein hilfreicher Aspekt für die Bereitschaft zur Veränderung.

Deshalb ist es für die Durchführung erforderlich, jede belastende Emotionalität solange zuzulassen, wie sie die Einhaltung des Zeitplans nicht grundlegend gefährdet. Sobald der Zeitplan gefährdet ist, wird die Emotionalität mithilfe der Wut-Wand in geregelte Bahnen gelenkt (siehe »Einsatz der Wut-Wand« S. 177). In jedem Fall braucht er Berater eine ausgeprägte Ambiguitätstoleranz. Und er muss das »Spiel mit dem Feuer« beherrschen, d. h. für Klarheit der vorhandenen Belastungen sorgen und die daraus resultierende Eskalation auffangen können. Fehlen diese Aspekte, ist Zeitoptimierte Klärung nicht anwendbar.

4. Schritt: Belastungen

Die Bestandsaufnahme der Belastungen beginnt mit dem Blick auf die Zeit:

> »Nun ist es 10:15 Uhr und wir sind immer noch fünf Minuten vor dem Plan. Im folgenden Schritt geht es darum, die aktuellen Belastungen zu erfassen. Bitte notieren Sie das, was Sie als belastend erleben, auf Notizzettel. Konzentrieren Sie sich dabei auf Ihre drei wichtigsten Punkte.«

Neben dem mündlich erteilten Auftrag zeigt ein Flipchart das gleiche in schriftlicher Form.

Für die Ermittlung von Belastungen ist es wichtig zu erfahren, wie stark die Belastung erlebt wird. Eine starke Belastung hat mehr Bedeutung, als eine schwache. Hier stellt sich die Frage, woran die Belastungsintensität erkennbar wird. Es wäre ein Trugschluss anzunehmen, dass die Intensität der Emotionalität Messlatte der Ausprägung sei. Das hätte zur Folge, dass jeder ruhig vorgetragener Aspekt bedeutungslos wäre. Doch manchen Menschen ist die Ausprägung ihrer emotionalen Belastung nicht anzumerken. Innerlich kochen sie und wirken äußerlich entspannt. Andere Menschen können hoch emotional und explosiv sein und sind nach ihrer Explosion wieder völlig entspannt. Damit ist jede Darstellung von Belastungen immer auch begleitet von der Ungewissheit über das Maß der individuellen Ausprägung und Bedeutsamkeit. Von daher steht der Moderator vor der Herausforderung, die Wichtigkeit der genannten Belastungen zu verdeutlichen.

Doch damit nicht genug. Hinzu kommt die Tatsache, dass Unternehmen ihre Mitarbeiter dafür bezahlen, einen Mehrwert zur Erfüllung des Daseinszwecks des Unternehmens zu leisten. Diese berechtigte Leitungserwartung gerät in emotional geladenen Situationen meist völlig in Vergessenheit. Deshalb stellen sich für die Bewertung einer individuellen Belastung zwei Fragen gleichzeitig:

- Wie stark ist die emotionale Belastung?
- Wie bedeutsam ist dieser Belastung für den Daseinszweck?

In diesen beiden Aspekten spiegeln sich auch die Parallelstrukturen jedes Unternehmens wider (vgl. »Parallelstrukturen in Unternehmen« S. 37).

3.4 Ergebnisfokussierte Klärung für Berater

Um für eine genannte Belastung die Ausprägung zweier Aspekte zu ermitteln, bietet sich eine Matrix an, die aus zwei Achsen besteht.

Die senkrechte Achse dient der Darstellung der emotionalen Belastung. Oben steht für eine starke und unten für eine geringe Ausprägung der emotionalen Belastung. Die waagerechte Achse dient der Darstellung des Einflusses auf das Arbeitsergebnis. Links steht für einen geringen und rechts für einen starken Einfluss auf das Arbeitsergebnis. Damit entsteht eine Belastungsmatrix. Dort positionieren die Teilnehmen ihre belastenden Aspekte. Durch diese beiden Aspekte erhalten die einzelnen Mosaiksteine der Belastungen sehr viel Klarheit.

Drei Minuten nach der Aufgabenstellung wird die Belastungsmatrix gezeigt und erklärt. Die Teilnehmenden werden aufgefordert, nacheinander ihre Punkte in der Matrix zu positionieren. Wichtig ist, dass allen anderen klar ist, um was es sich dabei handelt. Die Berater fragen immer wieder nach, ob es Verständnisfragen gibt. Diese werden sofort geklärt, alles andere wird sofort unterbunden. Da jeder immer nur zu einem Punkt spricht, reduziert sich die Gefahr, dass sich bei den jeweils Zuhörenden Ärger aufstaut. Mit der Positionierung innerhalb der Matrix werden zwei Bewertungen sichtbar: je weiter oben, desto stärker der Ärger und je weiter rechts, desto höher der Einfluss auf das Arbeitsergebnis. Positionen unten oder links sind weniger bedeutsam. Oben rechts befinden sich die wichtigsten Themen.

Die nicht stattfinden Diskussionen und Abwertungen der einzelnen Aspekte fördern die Akzeptanz der Koexistenz unterschiedlicher Perspektiven. Das fördert die Entspannung im Miteinander. Diese Entspannung erleichtert die Akzeptanz fremder Sichtweisen.

Hier noch einmal ein wichtiger Hinweis zur Umsetzung der Prozesslogik »Akzeptanz fördern«: Was auf den Zetteln steht, ist für den Berater völlig uninteressant und bedeutungslos. Er muss weder Inhalt noch Botschaft verstehen. Er sorgt lediglich für Klarheit bei den Beteiligten, was mit dem Zettel gemeint ist. Zusätzlich achtet er auf ein dienliches Maß an Emotionalität.

Es ist normal, dass die Zettel verseckte Zuschreibungen und Vorwürfe an Andere enthalten. Die Beteiligten ahnen zwar, was sich dahinter verbirgt, aber eine eindeutige Klarheit für alle Anwesenden gibt es selten. Die gilt es herzustellen, um Missverständnissen und Fehlinterpretationen vorzubeugen. Gleichzeitig ist ein gelassener Umgang mit den Zuschreibungen erforderlich, um die Aussagen zu entdramatisieren. Deshalb erfolgen auch bei Angriffen unter der Gürtellinie weder Sanktionen noch Ermahnung.

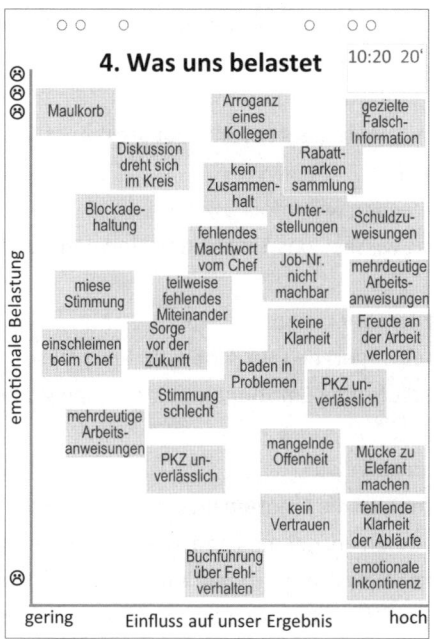

Abb. 29: Flipchart »4. Belastungen«

Um das Vorgehen zu verdeutlichen, folgt die Darstellung des Umgangs mit der Belastungsmatrix anhand zweier Praxisbeispiele:

Elke Anders positioniert ihren wichtigsten Zettel. Sie wählt dafür einen Punkt ganz oben in der Mitte. Auf dem Zettel ist zu lesen »Arroganz eines Kollegen«. Hier stellen wir die Frage:

»Um Missverständnissen vorzubeugen, lassen Sie uns wissen, was Sie als Arroganz erleben und wen Sie mit ›einen Kollegen‹ meinen.«

Nach kurzem Zögern platzt es aus Elke Anders heraus:

»Na, der Kollege Mertens natürlich. Er weiß immer alles besser und macht sich auch noch lustig darüber, wenn anderen ein Missgeschick passiert. Er tut immer so erhaben, als wenn der Elisabeth II. wäre und ist dabei immer so...«

Hier unterbrechen wir:

»Ok, ok, ok. Für den Moment reicht die Klarheit völlig aus, dass Sie sich über bestimmte Verhaltensweisen von Herrn Mertens ärgern. Bitte nehmen Sie wieder Platz. Und wenn noch unbedingt etwas raus muss, nutzen Sie die Wut-Wand.«

»Wer stellt als nächster seinen wichtigsten Punkt dar?«

Sofort steht der von Elke Anders angesprochene Kollege Hans Mertens auf. Auf seinem Zettel ist zu lesen »Emotionale Inkontinenz«. Er positioniert ihn ganz unten rechts. Auch hier folgt wieder unsere Frage:

»Bitte lassen Sie uns wissen, was Sie mit ›emotionaler Inkontinenz‹ meinen und bei wem Sie das erleben.«

Die Antwort erfolgt mit ruhiger Stimme:

»Es gibt Kollegen mit permanentem emotionalem Ausfluss. Das ist ziemlich ...«

Und wieder unterbrechen wir sofort:

»Bitte lassen Sie uns wissen, was Sie als ›emotionalen Ausfluss‹ erleben und bei wem«.

Hans Mertens, wieder sehr ruhig:

»Das konnten Sie selbst gerade sehr schön am Beispiel von Frau Anders beobachten. Ihre ausufernde Emotionalität stellt eine große Belastung für die gesamte...«

Und wieder unterbrechen wir:

»Ok. Ihr Zettel meint also die Emotionalität von Frau Anders. Er hängt ganz unten rechts, woraus ich entnehmen kann, dass dieser Punkt für Sie persönlich keine emotionale Belastung darstellt und Sie darin gleichzeitig eine starke Auswirkung auf die Arbeitsergebnisse sehen. Stimmt das so?«

Und wieder erfolgt eine ruhig vorgetragene Aussage von Hans Mertens:

»Ja, genau. Es ist nämlich so, dass...«

Und wieder unterbrechen wir:

»Danke, Herr Mertens. Ich sehe, dass Sie dazu noch einige Beiträge leisten könnten. Jedoch müssen wir auf die Zeit achten. Bitte nehmen sie wieder Platz damit wir in den verbleibenden 13 Minuten alle anderen Belastungen auch noch erfassen können. Wer ist der nächste bitte?«

Dieses Beispiel verdeutlicht den Grundsatz: Man schüttet Öl ins Feuer und sogt gleichzeitig dafür, dass sich niemand verbrennt. Mit dem Nachfragen wird der Nebel der »Nebelbomben« gelichtet und Klarheit über die Kernbotschaft der Zettels hergestellt. Das dadurch auflodernde Feuer erhellt sie Situation. Die zu befürchtende Eskalation durch die Aufforderung, Ross und Reiter zu benennen, geschieht in der Praxis selten. Falls doch, wird sie mit der Wut-Wand so aufgefangen, dass sich niemand verbrennt. Zwar löst die offene Benennung dessen, was ohnehin allen klar ist, zuerst Erschrecken aus, aber es stellt sich auch sehr schnell eine Erleichterung ein, da mit der straffen Moderation eine unkontrollierte Eskalation kaum eine Chance hat, sich zu entwickeln.

Das führt zu einem weiteren beabsichtigten Effekt. Viele Menschen halten ihre Meinung zurück aus Angst vor einer möglichen Eskalation.

Durch das Erleben, dass freie Meinungsäußerung zu keiner Eskalation führt, fühlen sie sich ermutigt, ihre Sichtweise doch einzubringen.

Diese straffe Moderation ist getragen von mediativer Haltung und einer Empathie, die nicht unter den Eisberg abtaucht, sondern nur schnorchelt, also die Frustrationen wahrnimmt ohne sie in der Tiefe zu ergründen. Diese »syntaktische Empathie« versteht, dass da etwas Belastendes gibt, ohne verstehen zu müssen, was genau es ist. Die Beraterhaltung ist frei von Abwertungen und Verurteilungen. Damit wirkt er als Vorbild und setzt er unausgesprochenen Regeln, die durchaus kulturformende Wirkung haben können.

Weitere Hintergrundinformationen zu diesem zentralen Aspekt Zeitoptimierter Klärung sind unter »Umgang mit ›Nebelbomben‹« S. 179 zu finden.

5. Schritt: Wünsche

Wem ist was wichtig? Wer hat welche Vorstellung von der Zukunft? Dazu wird jetzt das Bild einer wünschenswerten Zukunft dargestellt. Auch dieser Schritt wird wieder mit dem Blick auf die Zeit eingeleitet:

> »Nun ist es 10:39 und damit liegen wir ziemlich gut im Zeitplan. Jetzt geht es darum zu ermitteln, was Ihnen am liebsten wäre. Dazu stellen sie sich folgende Situation vor: Angenommen, Sie würden heute einen guten Weg finden. Wie sieht Ihre Situation in einem Jahr aus? Dazu noch ein wichtiger Hinweis: Wenn Sie an Ihren Lieblingszustand in einem Jahr denken, ist dabei jede Realitätsprüfung strengstens verboten! Schreiben Sie einfach auf, was Ihnen in den Sinn kommt und wie Sie ihre Zukunft gerne hätten.«

Auch hier ist gleichzeitig der schriftliche Auftrag sichtbar. Nach zwei bis drei Minuten Einzelarbeit wird die Wunschmatrix gezeigt. Die emotionale Achse ist nun mit Smileys versehen, um die emotionale Bedeutung zu erfassen. Ansonsten ist die Handhabung wie bei der Belastungsmatrix im vorherigen Schritt. Auch hier gilt: Nur Verständnisfragen ohne Diskussion, ohne Realitätsprüfung und ohne Bewertungen.

3.4 Ergebnisfokussierte Klärung für Berater

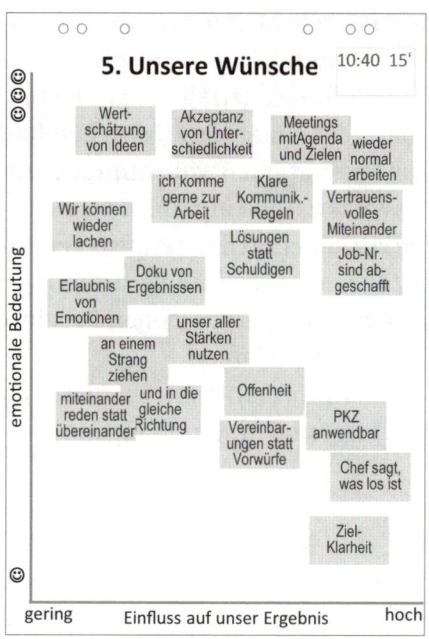

Abb. 30: Flipchart »5. Unsere Wünsche«

Durch die offene Benennung der Wünsche zeigt sich den Beteiligten regelmäßig, dass es bei den Wünschen viel mehr Gemeinsamkeiten gibt, als vermutet. Deshalb sehen die Teilnehmenden am Ende dieses Schrittes oft so etwas wie einen Hoffnungsschimmer, wodurch sich auch wieder etwas Entspannung einstellt. In Gruppen mit starkem Harmoniebestreben kann es an dieser Stelle sogar zu einer kleinen Euphorie kommen, die jedoch im sechsten Schritt sofort wieder auf dem Boden der aktuellen Tatsachen landet.

6. Schritt: Hürden
Nachdem nun die wünschenswerte Zukunft bekannt ist, folgt nun der Blick auf die befürchteten verhindernden Aspekte, wieder mit Blick auf die Zeit.

»Nun ist es 10:52 Uhr und wir sind im Plan. Sie haben jetzt dargestellt, wie Ihre Zukunft sein könnte. Da stellt sich die Frage: Wenn Sie alle ähnliches wollen, warum ist dann Ihre Gegenwart nicht jetzt schon so? Dafür gibt es bestimmte Gründe, die das verhindern. Notieren Sie nun diese Hürden, indem Sie die Aussage fortführen, die beginnt mit »Es klappt nicht, weil....«.

Auch hier gibt es den Auftrag wieder in schriftlicher Form.

Dieser Schritt erinnert an den Vierten mit der Ermittlung der Belastungen. Der Unterschied besteht darin, dass nun mehr Mut entstanden ist, das wirklich Kritische konkreter zu benennen. Die Teilnehmenden haben bei den vorherigen Schritten erlebt, dass bei freier Meinungsäußerung die oft gefürchtete Eskalation nicht erfolgt. Über den so gewonnenen Mut werden mit dieser Frage meist weitere wichtige Aspekte transparent.

Manchmal stellen Teilnehmende fest:

»Das hatten wir doch bereits bei Nr. 4 beantwortet.«

Diese Aussage ist meist Ausdruck einer geringen emotionalen Belastung. Menschen mit starker emotionaler Belastung schätzen diesen Schritt sehr, weil sie die Möglichkeit, die bislang noch nicht benannten Aspekte loszuwerden, als sehr befreiend erleben. Damit sich diese Teilnehmenden nicht durch die Aussage abhalten lassen, lautet die Reaktion des Beraters:

»Notieren Sie alles das, was Ihnen zu dieser Aussage einfällt. Vielleicht gibt es ja noch weitere Aspekte. Und wenn nicht, dann ist es auch ok.«

Bei der Vorstellung der Zettel gilt es auch hier sicherzustellen, dass die Teilnehmenden die Botschaft verstanden haben. Dabei ist die Verführung groß, in Diskussionen oder gar Schlagabtausch wechselseitiger Schuldzuweisungen einzusteigen. Das wird von den Moderatoren sofort unterbunden.

Am Ende des sechsten Schrittes sind allen Teilnehmenden die vielen unterschiedlichen Sichtweisen und Bewertungen der gemeinsamen Situation bekannt, ohne dass ein Schlagabtausch stattgefunden hat und ohne dass jemand seine Wahrheit gegen Angriffe oder Abwertungen verteidigen musste. Das ist für die Teilnehmenden meist neu. Dadurch ist nun aus den vielen Mosaiksteinen ein neues gemeinsames Bild der Wirklichkeit unter den Teilnehmenden entstanden.

Abb. 31: Flipchart »6. Befürchtungen«

3.4.6 Lösungen entwickeln (Block C)

Im dritten und letzten Block der Zeitoptimierten Klärung werden konkrete Handlungen für den Alltag geplant. Das ist eine Veränderung des bisherigen Zustands. Da Veränderungen nie reibungslos verlaufen, bedarf es in diesem Block einer großen Sorgfalt bei der Umsetzungsplanung. Gleichzeitig gilt es, den Zeitrahmen einzuhalten. Wichtig ist auch, dass es hier nicht um eine endgültige Lösung aller Probleme geht, sondern »nur« um die Herstellung der Arbeitsfähigkeit. Dafür dienen realistisch umsetzbare Schritte auf dem Weg zur Lösung.

7. Schritt: Gegenmaßnahmen

Die Teilnehmenden haben in den letzten drei Schritten ein Wechselbad der Gefühle erlebt. Nach der Benennung der Befürchtungen befinden sie sich in einem eher entmutigten Zustand. Nun richten sich alle Hoffnungen auf die Berater als Heilsbringer eines allumfassenden Auswegs aus dieser verfahrenen Situation. Schließlich sind sie ja die Profis. Diese Zuschreibung läuft meist unbewusst ab, lenkt aber trotzdem die Erwartungen der Teilnehmenden. Hier ist es wichtig, sich dieser Erwartung bewusst zu sein, weil im Bedarfsfall eine drastische Intervention erforderlich sein könnte, wie weiter unten aufgezeigt wird.

Zu Beginn erfolgt wieder der Hinweis auf die Zeit:

> »Nun ist es 11:05 Uhr und wir liegen immer noch gut in der Zeit. Jetzt geht es darum, Lösungen zu entwickeln, und das ist bestimmt keine einfache Aufgabe. Doch da Sie nun Belastungen, Wünsche und Hürden kennen, sollte es nun möglich sein. Wie genau, gilt es jetzt zu ermitteln. Notieren Sie dazu Möglichkeiten, wie Sie es trotz dieser vielen Belastungen und Hürden schaffen könnten, Ihre Zukunft zu sichern.«

Die Gedanken der Teilnehmenden sind noch stark in den Problemen vom letzten Schritt gefangen. Zwar gab es bereits einen kleinen Hoffnungsschimmer im 5. Schritt, aber der wurde ja gleich wieder zunichte gemacht. Und jetzt sollen die Teilnehmenden über Lösungen in dieser ausweglosen Situation nachdenken? Diese Aufforderung löst meist Verwunderung, Irritation und manchmal auch Empörung aus. In jedem Fall ist diese Aufgabe so ganz anders, als die vorherigen. Diese Irritation ist sehr hilfreich und auch wichtig, um die problemfokussierte Ausrichtung der Gedanken in eine lösungsorientierte Form umzulenken. Dafür sind meist mehrere ermutigende Impulse erforderlich wie:

> »Sie befinden sich in dieser Situation. Und nur Sie können daran etwas verändern« oder
> »Sie haben es geschafft, ihren bisherigen Weg zu gestalten. Da Sie mit dem Ergebnis unzufrieden sind, ist es nun Ihre Aufgabe, ihn neu zu gestalten.«

An dieser Stelle werden die Berater von den Teilnehmenden besonders stark beobachtet. Sie suchen nach Zeichen in der Gestik oder Mimik, die verraten, ob diese Aufgabe wirklich ernst gemeint ist, oder nicht.

Deshalb bleiben die Berater völlig entspannt und warten geduldig ab, bis die ersten Ideen notiert werden. Hilfreich ist Schweigen, das durch ermutigende Blickkontakte ergänzt werden kann.

Sollten nach drei Minuten noch keine Ideen vorhanden sein, hilft ein weiterer Hinweis:

> »Sollten Ihnen Ideen fehlen, dann schreiben sie doch auf, was andere vielleicht tun könnten.«

Dieser Hinweis wird nur notfalls gegeben. Er könnte als Einladung missverstanden werden, die eigene Verantwortung abzuschieben. Das wäre zwar nicht wirklich schädlich, weil die gesetzte Struktur wieder zur Verantwortung zurückführt, aber es muss auch nicht gefördert werden.

Eine andere Möglichkeit ist die bereits erwähnte drastische Intervention. Nachdem nun eine Weile Stillstand herrschte, wird wieder die Aufmerksamkeit zuerst auf die Zeit gerichtet und damit der Lösungsdruck erhöht:

> »Nun ist es 11:09 Uhr und wie ich sehe, fehlen Ihnen die Ideen. Und wenn ich mir Ihre Situation so anschaue, Ihre Belastungen, Ihre Wünsche und die Hürden, dann kann ich nur sagen: Kein Wunder, dass Ihnen die Ideen fehlen. Es ist ziemlich aussichtslos. In Ihrer Haut möchte ich nicht stecken.«

Diese Intervention hat drei Wirkungen gleichzeitig. Zum einen macht sie jede Hoffnung, die Berater könnten die Lösung liefern, mit aller Deutlichkeit zunichte. Gleichzeitig wird sie aber auch als Bestätigung dafür angesehen, dass dieses Team in einer besonders schlimmen und schwierigen Situation steckt, da sogar die Experten ratlos sind. Das wird oftmals auch als Würdigung erlebt. Und die Dritte Wirkung ist die wichtigste. Sie ist der Wegbereiter, um selber die Verantwortung für die Lösungssuche zu übernehmen. Diese drastische Intervention erzeugt bei den Teilnehmenden eine breite Palette an Emotionen die sich als ungläubige, frustrierte, hoffnungslose und auch wütende Blicke zeigen. Diese Irritation gilt es zu mit eine paar Sekunden Schweigen zu verstärken oder aufrechterhalten. Wortlos und mit nachdenklichem Gesichtsausdruck schauen sich die Berater die Belastungsmatrix an, dann die Wunschmatrix und anschließend die Hürden. Meist herrscht dabei gespanntes Schweigen im Raum.

Dann fahren die Berater fort:

> »Also es ist wirklich heftig und wirkt ziemlich aussichtslos (weitere fünf Sekunden Pause). Aber mal angenommen, es gäbe doch irgendwo irgendeinen Ausweg, wer wäre wohl in der Lage, den zu finden?«

Und dann blicken die Berater fragend und schweigend in die Runde. Es kann eine Weile dauern, bis jemand das Schweigen bricht und eine erste Idee äußert. Dabei gibt es drei idealtypische Möglichkeiten. Die beste Antwort lautet:

> »Das können nur wir selbst schaffen«.

Das trifft immerhin auf zwei Drittel der Fälle zu. Die zweitbeste Antwort lautet, dass es nur ein Abwesender schaffen kann, wie beispielsweise der Chef oder eine andere Abteilung oder der Vorstand.

Bei der dritten Möglichkeit, die ein noch stärkeres Indiz für eine Symbiose darstellt, werden sehr abstrakte Ideen geäußert, etwa dass sich »die Umstände« verändern müssten wie Rahmenbedingungen, Organisationsstruktur, Markteinflüsse, Wechselkurs des Euros oder das Weltklima. Glücklicherweise ist das eine seltene Ausnahme. Doch selbst in diesem Fall wäre der Erfolg der weiteren Schritte kaum gefährdet.

Ist die erste Idee geäußert, erfolgt die Ermunterung, weitere Ideen zu benennen, bis drei oder vier Ideen benannt wurden. Dann lenken die Berater die Aufmerksamkeit wieder auf die Aufgabe, wieder mit dem obligatorischen Hinweis auf die Zeit:

> Naja, darin könnte eine Chance liegen und es passt ja auch zu unserer Arbeitslogik. Es ist nun bereits 11:14. Notieren Sie jetzt die Möglichkeiten, wie Ihre Zukunft trotz dieser ganzen Probleme gesichert werden kann.«

Erst wenn die Ideen notiert wurden, wird die nächste Matrix, die Handlungsmatrix, gezeigt und erklärt. Aus ihr wird ersichtlich, ob die Teilnehmenden bereit sind, ihre Verantwortung für die Lösung übernehmen.

Die senkrechte Achse dient der Darstellung des Zeitpunkts. Ideen, die sofort umgesetzt werden können, werden oben positioniert. Wenn für die Umsetzung einer Idee zuvor etwas anderes geschehen muss, dann kann sie erst später umgesetzt werden und wird am unteren Ende der Achse positioniert. Die waagerechte Achse zeigt rechts, dass »ich/wir« etwas tun können (Aktiv-Seite), und links, dass diese Idee nur »andere« umsetzen können (Passiv-Seite). Wenn die Führungskraft diesen Schritt leitet, steht zusätzlich in der Mitte der unteren »WER«-Achse das Wort »Chef«.

Nun folgt die Aufforderung, Ideen zu positionieren. Auch hier ist es wichtig sicherzustellen, dass jede Idee auch verstanden wurde. Diskussionen über die Realisierbarkeit einer Idee werden mit dem Hinweis, dass diese Prüfung später erfolgt, sofort unterbunden.

Wenn alle Ideen in der Handlungsmatrix positioniert wurden, ist sofort sichtbar, ob ein Veränderungswille vorhanden ist. Wenn sich zeigt, dass alle Zettel links bei »andere« und sich keine Zettel auf der rechten

Seite bei »ich/wir« befinden, merken die Teilnehmenden sehr schnell, das da irgendetwas nicht funktionieren kann und erkennen ihre eigene Verantwortung. Deshalb reicht im Zweifelsfall auch die Frage: »Wie denken sie darüber, wenn sie Ihre Gegenmaßnahmen betrachten?«

Manchmal verläuft dieser Schritt schneller, als geplant, sodass noch ein paar Minuten Zeit bis zum nächsten Schritt verbleiben. Dann kann an dieser Stelle schon die Vorbereitung zur Konkretisierung von Handlungen beginnen. Am Beispiel des Zettels »Chef nennt klare Ziele« ist es sehr einleuchtend, dass diese Idee nicht von selbst Realität wird und bestenfalls ein Zufallsergebnis sein kann. Irgendwie muss der Chef von dieser Idee erfahren. Dazu dient die Frage:

> »Wie sorgen Sie dafür, dass andere Ihre Ideen auf der linken Seite auch umsetzen?«

Bei ganz hartnäckigem Unwillen, Verantwortung zu übernehmen, sind – wenn auch äußerst selten – schon mal Aussagen zu hören, wie:

> »Das müssen Sie machen!«

Es ist sehr hilfreich, wenn diese Erwartung, die meist unterschwellig mitschwingt, so konkret benannt wird. Das eröffnet die Möglichkeit, diesen zugespielten Ball deutlich wieder zurückzuspielen:

> »Ja, das könnten wir tun. Nur wird es uns niemals gelingen, Ihrem Chef die Bedeutsamkeit zu transportieren, die es für Sie hat. Wir können nur die Botschaft transportieren, nicht aber die von Ihnen erlebte Belastung. Und die Botschaft ohne Ihre Belastung lässt sich mit wenigen Argumenten sehr schnell entkräften. Damit sind wir miserable Botschafter Ihrer Anliegen. Was brauchen Sie noch, um Ihre Anliegen Ihrem Chef zu benennen? Welchen Ideen könnten Sie für die rechte Seite schreiben?«

Wichtig ist, den Teilnehmenden quasi gebetsmühlenartig immer wieder die Klarheit zu vermitteln, dass sie selbst aktiv werden müssen, um etwas zu verändern. Jeder Aspekt der Passiv-Seite bei »andere« bleibt solange wirkungslos, und damit auch bedeutungslos, bis eine Gegenmaßnahme auf der Aktiv-Seite beschrieben wurde.

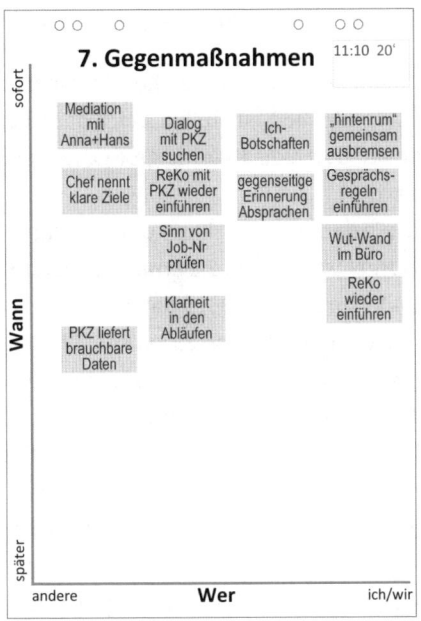

Abb. 32: Flipchart »7. Gegenmaßnahmen«

Manchmal wird die Passiv-Seite genutzt, um Veränderungswünsche an andere Teilnehmenden zu platzieren. Das sind meist Themen, die bislang tabuisiert wurden. Dieser Schritt bietet den Teilnehmenden eine günstige Gelegenheit, mit dem Tabu zu brechen.

In diesem Fallbeispiel zeigt sich diese Phänomen mit dem oben links positionierten Zettel von Johanna Pelzer. Damit hat sie etwas angesprochen, das zwar jeder wusste, aber so klar noch nie benannt wurde: »Ich denke, wir hätten es alle viel einfacher und kämen besser miteinander klar, wenn Elke und Hans endlich mal ihren uralten Streit klären würden.«

Da Elke und Hans die Benennung dieses Wunsches miterleben, kann hier auf eine weitere Konkretisierung verzichtet werden. Hier reichte es völlig aus, dass der Punkt offen angesprochen wurde.

Eine andere Situation stellt der von Gerhard Meyer eingebrachte Aspekt dar. Er hat sich kräftig über eine andere Abteilung aufgeregt und es mit dem Zettel »PKZ liefert brauchbare Daten« dokumentiert. Sofern die Zeit ausreicht, kann hier sofort die Frage erfolgen, wie er dafür sorgt, dass die PKZ von diesem Anliegen erfährt. Wenn die Zeit zu knapp ist, wird dieser Punkt im nächsten Schritt thematisiert.

In einem ganz anderen Fall entstand folgende Situation:

Nachdem in einem Team die teaminternen Konflikte geklärt waren, sollte sich nun eigentlich Zufriedenheit einstellen. Doch das Gegenteil war der Fall: Die Unzufriedenheit war durch die Klärung größer, als zuvor. Wie kann das sein? Was war passiert?

Das Team war sich einig darüber, dass ihre Konflikte durch das Führungshandeln des Chefs ausgelöst werden. Sie erhalten unklare und mehrdeutige Anweisungen und widersprüchliche Botschaften.

Nun ging es darum, Gegenmaßnahmen zu suchen. Alles deutete daraufhin, dass ein Feedbackgespräch mit dem Chef erforderlich sei.

Doch der Zettel mit [Gespräch mit Chef führen] hing bei »Andere«. Auf die obligatorische Frage »Wie sorgen Sie dafür, dass dieses Gespräch geführt wird?« folgte betretenes Schweigen. Schließlich gelang es, den guten Grund zu ermitteln, über den es unter den Teammitgliedern eine hohe Übereinstimmung gab.

Sie haben Angst davor, ihrem Chef Feedback zu geben. Grund ist die Erfahrung, dass ihr kritisches Feedback beim Mitarbeitergespräch vom Chef als Illoyalität ausgelegt wird. Das hat bereits in mehreren Fällen zu negativer Auswirkung auf ihre Leistungsbeurteilung geführt.

Aus einer kurzen Diskussion über Pro und Kontra »Chef-Feedback« wurde den Teammitgliedern klar, dass jede Entscheidung, die sie treffen, ihren Preis hat. So kam das Team zu der bewussten Entscheidung, kein Gespräch mit dem Chef zu führen. Auch wenn ein Außenstehender die Auffassung vertreten kann, dass diese Entscheidung »falsch« sei, so bietet sie dennoch einen großen Zugewinn.

Allein die Tatsache, eine bewusste Entscheidung getroffen zu haben, hat stärkende Wirkung für den Umgang mit den Folgen. Der Chef mag sein, wie er ist. Aber dass die Teammitglieder entschieden haben, nicht mit ihm zu sprechen, erhöht ihre Frustrationstoleranz im Umgang mit den Eigenheiten des Chefs. Sie hätten sich ja auch anders entscheiden können – haben sie aber nicht. So gelang es schließlich, die Zufriedenheit und Handlungsfähigkeit des Teams trotz unbefriedigender Rahmenbedingungen zu stärken.

Nun geht es wieder zurück zum Fallbeispiel von PKA-Team.

8. Schritt: Handlungen

Die Ideen des vorherigen Schrittes gilt es nun in konkrete Maßnahmen zu überführen. Das erfordert von den Teilnehmenden konkrete Handlungen, damit die neue gewünschte Realität entsteht. Das dafür erforderliche »Farbe-bekennen-müssen« ist eine zwangsläufige Folge in diesem achten Schritt. Die Vorbereitung dazu erfolgte bereits mit dem vorherigen Schritt. Nun werden Nägel mit Köpfen gemacht. Diesen Schritt untergliedert sich in drei Teile.

Im ersten Teil werden die Teilnehmenden aufgefordert, ihren persönlichen Beitrag zu benennen, den sie bereit sind zu leisten, um die erforderliche Veränderung zu erreichen, die hin zur wünschenswerten Zukunft führt. In zweiten Teil können Wünsche an andere adressiert werden, und im dritten Teil wird ein Handlungsplan erstellt. Dort ist aufgeführt, wer was bis wann macht. Mit seiner Fertigstellung ist dann auch die Arbeitsfähigkeit wieder hergestellt. Bei Uneinigkeit werden strittige Punkte nicht ausdiskutiert, sondern nur festgelegt, wann und wo darüber gesprochen wird.

Abb. 33: Die drei Teile des achten Schritts

8a: Handlungsangebote machen
Wieder beginnt die Einführung mit dem Blick auf die Zeit:

> Nun ist es 11:33 Uhr und wir sind mit der Zeit drei Minuten weiter, als geplant. Jetzt geht es darum, aus den guten Absichten Realität werden zu lassen. Schreiben sie dazu auf, was Sie konkret tun werden.

Nach zwei bis drei Minuten wird das nächste Flipchart gezeigt, auf dem die Namen der Teilnehmenden sichtbar sind. Sie werden gebeten, ihre Angebote kurz zu erläutern und neben ihren Namen zu positionieren. Diese Darstellung ergibt einen ersten Überblick der vorhandenen Handlungsangebote. Zusätzlich wird die Anzahl der Zettel die Quantität sichtbar, die jeder einzelne Teilnehmende bereit ist, zu leisten. Unausgewogenheiten werden hier sichtbar und im nächsten Schritt aufgefangen.

Abb. 34: Flipchart »8. Handlungsoptionen: Angebote«

8b: Handlungswünsche benennen

Dieser Schritt sieht so aus:

> Es ist 11:42 Uhr. Nachdem sie nun Ihre Angebote dargestellt haben, kann es
> sein, dass es noch Wünsche an andere gibt. Um hier zügig für Klarheit zu sor-
> gen, schreiben Sie bitte auf, was Sie sich von wem wünschen. Das Aufschrei-
> ben ist zwar noch keine Garantie, dass der Wunsch auch erfüllt wird, aber
> eine hilfreiche Voraussetzung. Schreiben Sie dieses Mal auch Ihre Initialen
> auf den Zettel, damit nachvollziehbar bleibt, von wem der Wunsch kommt.
> Und wenn Sie einen Wunsch haben, der sich an alle richtet, so schreiben Sie
> es bitte auch auf.

Nach zwei bis drei Minuten wird das nächste Flipchart gezeigt, auf dem
die Namen der Teilnehmenden sichtbar sind. Sie werden gebeten, ihre
Wünsche kurz zu erläutern und neben dem Namen des Adressaten zu
positionieren. Hier ist es nur erforderlich, dass der Wunsch vom Adres-
sat verstanden wurde. Ob der Wunsch erfüllbar ist oder nicht, wird
nicht thematisiert.

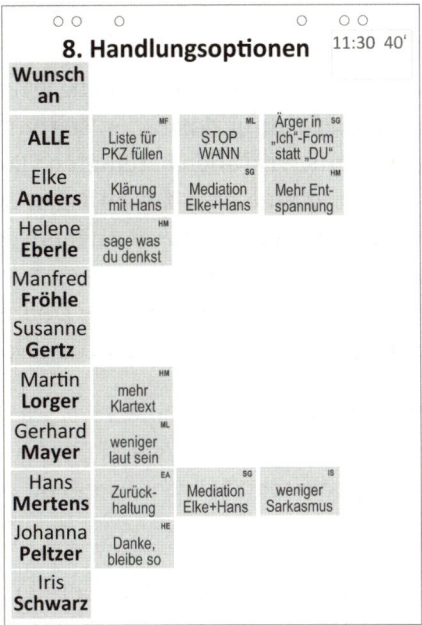

Wunsch an			
ALLE	Liste für PKZ füllen [MF]	STOP WANN [ML]	Ärger in „Ich"-Form statt „DU" [SG]
Elke **Anders**	Klärung mit Hans	Mediation Elke+Hans [SG]	Mehr Entspannung [HM]
Helene **Eberle**	sage was du denkst [HM]		
Manfred **Fröhle**			
Susanne **Gertz**			
Martin **Lorger**	mehr Klartext [HM]		
Gerhard **Mayer**	weniger laut sein [ML]		
Hans **Mertens**	Zurückhaltung [EA]	Mediation Elke+Hans [SG]	weniger Sarkasmus [IS]
Johanna **Peltzer**	Danke, bleibe so [HE]		
Iris **Schwarz**			

Abb. 35: Flipchart »8. Handlungsoptionen: Wünsche«

8c: Handlungsplan erstellen

Nun folgt der vorletzte Teil der Zeitoptimierten Klärung: Die Erstellung des Handlungsplans. Dabei erweitert sich der Blick der Teilnehmenden in ihr Umfeld durch die Planung von konkreten Handlungen im Alltag. Wenn die Führungskraft nicht teilnimmt, kommt sie hier gedanklich auch wieder ins Spiel, der sie ja am Ende wieder einbezogen wird. Dafür muss sie auch den Handlungsplan kennen. Es ist unverzichtbar, dass der Chef von allen Maßnahmen erfährt, die mit Arbeitsthemen zu tun haben. Bei Beziehungsthemen ist das nicht zwingend nötig.

Die Teilnehmenden werden stets dazu ermutigt, mit allen Themen möglichst offen umzugehen. Gleichzeitig gelten aber auch die zu Beginn gesetzten Rahmenbedingungen vom Schutz personenbezogener Informationen sowie der Kommunikation nach außen, bei der am Ende gemeinsam festgelegt wird, wer wem was mitteilt. Die Zusagen sind natürlich auch einzuhalten.

Wenn es erforderlich sein sollte, und es sich nicht vermeiden lässt, werden zwei Handlungspläne erstellt: einem offiziellen und einem teaminternen. Das hat aber auch zur Folge, dass bei einem teaminterne Plan zusätzlich auch der Umgang mit diesem schützenswerten Ergebnis geregelt werden muss. Das braucht zusätzliche Zeit und kann sich darüber hinaus auch zu einer weiteren Hürde entwickeln bei der Umsetzung der Maßnahmen im Alltag.

Um den Umsetzungswillen zu stärken und die Ernsthaftigkeit zu fördern, besteht die erste Maßnahme darin, den Zeitpunkt der Erfolgsfeststellung festzulegen. Damit wird allen Beteiligten klar: Jede nun folgende Absichtserklärung wird an einem zukünftigen Zeitpunkt auf ihre Wirksamkeit hin überprüft werden. Dieser Anker in die Zukunft erhöht die Umsetzungswahrscheinlichkeit.

Eine zweite Maßnahme befasst sich mit der Übernahme von Handlungsangeboten und Handlungswünschen in den Handlungsplan.

> »Betrachten Sie bitte Ihre Handlungsangebote. Bevor wir sie in den Handlungsplan übernehmen, müssen wir erst ermitteln, welche Ihrer Angebote unvereinbar, gegenläufig oder sonst in irgendeiner Form problematisch sind?«

Mit dieser Frage werden die strittigen Angebote ermittelt. Die Zettel werden nur gekennzeichnet aber das Thema nicht ausdiskutiert. Es wird lediglich der nächste Schritt festgelegt. Da kann der Zeitpunkt der Klärung sein, die Klärung der Frage, wer das Thema klären kann oder beides. Hier braucht es eine klare Moderation, denn in keinem Fall wird in die Klärung eingestiegen. Das würde den Zeitrahmen sprengen.

Nun folgt der Blick auf die Handlungswünsche.

»Bitte sehen Sie sich die an Sie gerichteten Wünsche an. Welche dieser Wünsche sind nicht erfüllbar?«

Auch hier werden die Zettel mit den genannten Wünschen markiert. Dann erfolgt ein Eintrag in den Handlungsplan, mit dem die nicht markierten Punkte pauschal übernommen werden.

> »Sind Sie damit einverstanden, dass aller nicht markierten Wünsche und Angebote in den Maßnahmenplan übernommen werden?«

Diese Frage wird meist zugestimmt. Sollte an dieser Stelle ein »Nein« erfolgen, wird ermittelt, welchen Punkten das »Nein« gilt und diese ebenfalls markiert. Dann folgt wieder die Frage nach der pauschalen Übernahme in den Handlungsplan. Sobald ein klares »Ja« vorhanden ist, wird eine zweite Maßnahme notiert.

> »Mit ihrem Einverständnis halte ich nun folgende Maßnahme für alle und ab
> sofort fest: [Umsetzung der nicht markierten Angebote und Wünsche]. Passt
> das so für Sie?
> Im Alltag kann es passieren, dass jemand vergisst, dass er heute damit ein-
> verstanden war, einen Wunsch zu erfüllen oder ein Angebot umzusetzen.
> Um möglichem Ärger vorzubeugen, sollten Sie sich deshalb unbedingt eine
> Erinnerungserlaubnis erteilen, damit kein neuer Konflikt entsteht.
> Sind Sie damit einverstanden?«

Die Erinnerungserlaubnis gilt sowohl für »erinnert werden« als auch
für »erinnern dürfen«. Stimmen die Teilnehmenden zu, ist damit eine
soziale Kontrolle legitimiert. Sie ist von enormer Wichtigkeit für das
Gelingen von Veränderungsabsichten im Alltag. Über das Einbeziehen
von Angeboten und Wünschen sind mit diesem einen Eintrag bereits
viele Themen fixiert. Bei den weiteren Themen geht es oft um sehr konkrete Fachthemen, von denen die externen Moderatoren meist wenig
Ahnung haben. Diese Tatsache leuchtet auch den Teilnehmenden ein.
Deshalb nutzten die Berater ihre eigene Unwissenheit, um hier die
Selbstorganisation zu fördern und die Eigenverantwortung zu unter-
streichen. Dafür wird die Moderation an die Gruppe abgegeben:

> Jetzt ist es 11:52 und es bleiben noch 18 Minuten, um den Handlungsplan zu
> erstellen. Da wir von Ihren Fachthemen keine Ahnung haben, übernimmt
> jetzt jemand von Ihnen das Aufschreiben. Bei Bedarf unterstützen wir. Als
> ersten Punkt legen Sie fest, wann Sie gemeinsam den Erfolg ihrer Maßnah-
> men ermitteln. Um 12:05 übernehmen wir wieder die Moderation.

Demonstrativ wird der Moderationsstift als Symbol der Leitung an einen Teilnehmenden übergeben, der dafür als geeignet erscheint wie
z. B. Teamsprecher. Alternativ dazu kann auch der Stift einfach nur in
den freien Raum gerichtet und gewartet werden, bis jemand aufsteht
und diesen Stift übernimmt. Sollte das niemand übernehmen, was bislang noch nie passiert ist, kann mit der Frage nach dem guten Grund
für dieses Phänomen eine Selbstreflexion angeleitet werden – oder die
Berater führen die Moderation doch weiter durch.

> Die Teilnehmenden in unserem Fall waren sich schnell einig, dass Susanne
> Gerz für diese Aufgabe bestens geeignet sei. Sie erlebte diese Anfrage ihrer
> Kollegen als Wertschätzung ihrer Fähigkeiten und nahm diese Aufgabe auch
> gerne an.

Die Berater halten sich im Hintergrund überprüfen, ob die Ideen aus Gegenmaßnahmen und Handlungsangebote auch in Maßnahmen münden. Bei aufkommenden Diskussionen erfolgt sofort immer wieder der Hinweis auf die Zeit.

> In unserem Fall wollten einige Teilnehmende, dass Elke Anders und Hans Mertens an einer Mediation teilnehmen, doch die beiden wollten das nicht. Daraus entwickelten die Teilnehmenden eine neue Maßnahme. Sie lautete, dass Hans und Elke bei Zoff von den anderen an eine Mediation erinnert werden und dass niemand mehr in diesen Zoff einsteigt. Bei dieser Maßnahme, bei der es sich um ein eindeutiges Beziehungsthema handelt, hätten sich Hans oder Elke gegen eine Veröffentlichung im offiziellen Plan entscheiden können. Dann hätte es zusätzlich einen teaminternen Handlungsplan gegeben. Doch weder Elke Anders noch Hans Mertens wollte sich die Blöße geben, vor dem Chef etwas geheim halten zu wollen oder zu müssen. Damit blieb es bei einem Handlungsplan.

Die Übergabe der Moderation an ein Gruppenmitglied dient mehreren Zielen. Zum einen wissen die Teilnehmenden tatsächlich am besten, um was es geht und wie sie die Maßnahmen am besten formulieren. Die Berater müssten oft nachfragen, um eine passende Formulierung zu finden, und das kostet Zeit. Zum anderen geht es um zwei weitere Aspekte, die noch viel wichtiger sind, nämlich die Stärkung der Autonomie und die Förderung des Gefühls der Selbstwirksamkeit. Während die Teilnehmenden den Plan erstellen, können die Berater in ihrer Beobachterposition leicht feststellen, ob das Team bereits wieder arbeitsfähig ist, oder nicht. Bei Zweifel gäbe es hier noch die Möglichkeit zu intervenieren. Dafür bringen die Berater einen eigenen Vorschlag für eine wirksame Maßnahme ein. Zusätzlich achten sie darauf, dass missverständliche Formulierungen vermieden werden und intervenieren dann.

> Beispielsweise wollten sich die Teammitglieder »positives Feedback« geben und als Maßnahme aufschreiben. Auf die Nachfrage, ob damit »kritisches Feedback« verboten sei, einigten sie sich auf »zeitnahes Feedback«.

Ein weiterer wichtiger Punkt ist uns, die Teilnehmenden von der Leitung der Berater zu »entwöhnen«. Dafür dient dieser Rahmen, in dem sie erleben, dass sie es alleine können, ohne allein gelassen zu sein.

Wie angekündigt, übernehmen die Berater fünf Minuten vor Ablauf der Zeit wieder die Moderation. Sieben Minuten vor Ablauf erfolgt ein kurzer Hinweis

> »...es ist 12:03Uhr ... Sie haben noch 2 Minuten...«

Meist beeilen sich die Teilnehmenden, um noch schnell die letzten Maßnahmen aufzuschreiben. Sollten zu diesem Zeitpunkt noch viele Punkte offen sein, werden sie in einer letzten Maßnahme zusammengefasst und ein Termin ermittelt: Wann klären Sie die noch offenen Punkte?

Als letzter Punkt wird festgelegt, wer dem Chef die Ergebnisse vorstellt. Dieser Punkt ist meist unspektakulär und schnell geklärt.

> In unserem Fall kam es sehr schnell zur Einigung, dass Susanne Gerz, den Plan, den sie geschrieben hat, auch Herrn Seeberger vorstellen wird.

	8. Handlungsplan	11:30 40'
Wer	**Was**	**Wann**
Alle	**Überprüfung unserer Maßnahmen**	25.05.
alle	Umsetzung der nicht markierten Angebote und Wünsche mit Erinnerungserlaubnis	ab sofort
Fröhle	Erstellung einer Liste zur Erfassung von Ungereimtheiten zur Gesprächsplanung mit PKZ -> Laufwerk Q	sofort
Alle	Erfassung von Ungereimtheiten zur Gesprächsplanung mit PKZ (Lw Q)	ab sofort
Gertz	Besprechungstermin mit PKZ für Anfang Mai vereinbaren	24.03.
Alle	Stopp-Wann-Regel bei Eskalation	ab sofort
Alle	Ärger in Ich-Botschaften	ab sofort
Lorger	Termin für Dialog mit Chef über unsere Sorgen vereinbaren (Zukunft / Ziele / Job-Nr. / ReKo)	sofort
Mayer	Wut-Wand in Besprechungsraum einrichten	sofort
Anders	darf alle an Erfordernis von Dokumentation erinnern	ab sofort
alle	Anders + Mertens werden bei Zoff an Mediation erinnert niemand steigt mehr in den Zoff ein	ab sofort

Abb. 36: Flipchart »8. Handlungsplan«

Der Handlungsplan ermöglicht nun eine klare Trennung, der drei typische Interventionsebenen: Das Individuum, die Beziehungen und die Organisation. Zuvor waren diese Ebenen so vermischt, dass eine Differenzierung unmöglich war. Durch den Prozess hat die Gruppe selbst herausgefunden, welche Maßnahmen auf welcher Ebene in welcher Reihenfolge sinnvoll sind.

Es zeigt sich immer wieder das verblüffende Phänomen eines zügig erstellten Handlungsplans, wenn zuvor die individuellen Realitätskonstrukte in einer würdigenden Form sichtbar wurden und die Notwendigkeit, eigene Beiträge zu leisten, erkannt wurde. Das so erreichte »Abgestimmtes Wirklichkeitskonstrukt« (vgl. S. 212) scheint hier deutlich seine Wirkung zu entfalten.

Diese Aspekte werden durch die Struktur Zeitoptimierter Klärung mit seiner Prozesslogik »Akzeptanz fördern« wirksam gefördert.

9. Schritt: Abschluss

Bei der Durchführung ist es normal, dass der gesetzte Zeitrahmen im Vergleich zum gewünschten Zeitbedarf – insbesondere beim achten Schritt – als zu knapp erlebt wird. Deshalb ist die Verführung groß, den neunten Schritt dem Zeitmangel zu opfern und doch noch die eine oder andere Maßnahme zu notieren oder zu entwickeln. Doch das kann sehr teure Folgen haben. Der letzte Schritt ist wichtig, um dem durch das Vorgehen erzeugten Unmut die Chance zu geben, geäußert werden zu können. Wer hier seinen Frust nicht loswerden kann, wird später die Umsetzung boykottieren. Ein weiterer Aspekt ist, dass durch den Zeitdruck die Ergebnisfokussierung einen überhöhten Stellenwert hatte. Hier ist ein sozialer Ausgleich wichtig, um wieder etwas in Richtung Ausgewogenheit zu gelangen. Und ein dritter Aspekt ist die Würdigung des Geleisteten mit sozialer Bestärkung.

So lautet die letzte Aufgabe:

> »Es ist jetzt 12:13 Uhr und wir sind beim letzten Schritt angekommen. Sie haben in den vergangenen 2½ Stunden heftig gearbeitet und vieles geschafft. Und viel liegt auch noch vor Ihnen, wenn Sie Ihren Handlungsplan im Alltag umsetzen. Jetzt ist aber erst einmal Zeit für ein Zwischenfazit. Betrachten Sie Ihre Zufriedenheit mit Ergebnis und Verlauf sowie Ihre Wünsche für die Zukunft und schreiben sie es auf die Zettel – zum letzten Mal für heute.«

Dazu werden zu den drei Aspekten Stichpunkte auf Notizzettel notiert. Anschließend werden sie kurz erläutert und der Zufriedenheit durch die Positionierung auf der senkrechten Achse (oben = hoch, unten = gering) Ausdruck gegeben.

Die Teilnehmenden haben nun das letzte Wort, das unkommentiert bleibt. Eine einzige Ausnahme gibt es: Sollte ein Teilnehmer feststellen, dass er einen bestimmten Punkt übersehen hat, erhält der Schreiber des Handlungsplans die Aufgabe, dafür zu sorgen, dass dieser Punkt nicht vergessen wird. Dafür erfolgt ein weiterer Eintrag im Handlungsplan.

Menschen mit einer ausgeprägten Ergebnisorientierung sind meist sehr zufrieden. Anders ergeht es Menschen mit einem stärkeren Beziehungsbedürfnis. Sie sind meist unzufrieden, weil ihr Bedürfnis nach Kontakt, Austausch und Beziehungsklärung viel zu wenig Nahrung erhielt. Manche von ihnen sind in der Lage zu erkennen, dass diese Situation nicht für die Befriedigung ihrer Bedürfnisse geeignet war. Diese Menschen äußern einfach nur ihr Mangelerleben und Enttäuschung.

Anderen wiederum fehlt dieser Blick, sodass sie einfach nur ihre tiefe Frustration über den erlebten Mangel spüren. In ihrem Feedback sind dann Vorwürfe gegenüber den Moderatoren keine Seltenheit. Hier sind die Moderatoren in ihrer Rollenklarheit gefragt. Rechtfertigungen, Beschwichtigungen oder Erklärungen sind hier nicht angebracht. Was allein wichtig ist, ist eine Würdigung der Frustration mit all ihrem Schmerz und der sich darin ausdrückenden Trauer:

> »Unser Vorgehen hat Sie ziemlich frustriert. Sie konnten das, was Ihnen wichtig ist, nicht platzieren und fühlen sich von uns wie in einer getriebenen Herde durch die Prärie gejagt. Was wir mit unserem Vorgehen bei Ihnen bewirkt haben, war nicht unsere Absicht. Das tut uns sehr leid, dass das passiert ist. Vielen Dank, Frau Anders, für Ihre deutliche Rückmeldung.«

Wo diese Würdigung unterbleibt, steigt die Gefahr, dass der Frust im Alltag fortwirkt und die Umsetzung der Maßnahmen behindert. Deshalb ist es im letzten Schritt so wichtig, auch Raum für Frustrationen zu geben, damit sie sich am Ende entladen können und nicht in den Alltag mitgenommen werden, wo sie eine hinderliche Wirkung auf die Umsetzung der Maßnahmen haben können. Nach der individuellen erfolgt dann in eine allgemeine Würdigung:

> »Es kann gut sein, dass es anderen ähnlich ergangen ist, wie Frau Anders, auch wenn sie es nicht aufgeschrieben haben. Wir wissen, dass es als sehr grenzwertig erlebt werden kann, was wir Ihnen hier zugemutet haben. Deshalb danken wir Ihnen, dass Sie sich von uns haben leiten lassen.
> Nun werden wir Herrn Seeberger wieder zu uns bitten, damit Sie ihm Ihre Ergebnisse vorstellen können.«

Zusätzlich erfolgt an dieser Stelle die Klärung der Frage, welche der Flipcharts bzw. Pinnwände in einem offiziellen Fotoprotokoll, das auch der Chef erhält, dokumentiert werden dürfen, und welche nicht. Gibt es einen teaminternen Handlungsplan, wird dieser aus der offiziellen Dokumentation ausgenommen. Meist sind sich die Teilnehmenden einig, dass auch die Wut-Wand nicht im Fotoprotokoll erscheinen soll. Für die eigene Dokumentation fotografieren die Berater jedes Arbeitsergebnis. Die Verantwortung für den Umgang mit den Flipcharts und Pinnwänden wird ausdrücklich an die Teilnehmenden übergeben.

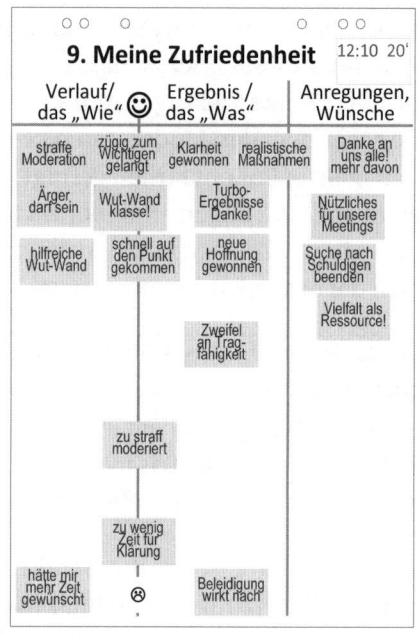

Abb. 37: Flipchart »9. Meine Zufriedenheit«

3.4.7 Ergebnisdarstellung für die Führungskraft

Am Anfang hatte Herr Seeberger uns als Moderatoren vorgestellt, seine Erwartungen geäußert und spätestens durch sein Verlassen des Raumes deutlich signalisiert, dass die Führung nun bei uns liegt.
Diese Führung haben wir auch für alle erlebbar kraftvoll wahrgenommen.
Jetzt ist der Zeitpunkt, an dem wir sehr deutlich diese Führung auch wieder an Herrn Seeberger abgeben:

»Schön, dass Sie wieder da sind, Herr Seeberger. Ihre Mitarbeiter sind jetzt zu Ergebnissen gekommen, die sie Ihnen gleich vorstellen werden. Damit ist unser heutiger Auftrag an dieser Stelle erfüllt und beendet. Uns bleibt nur noch, Ihnen allen ganz viel Erfolg und kraftvolles Durchhalten bei der Umsetzung zu wünschen. Wir sind jetzt schon gespannt auf Ihre Ergebnisse am 25. Mai. Nachher werden wir Ihre Ergebnisse fotografieren und Ihnen als Fotoprotokoll zusenden. Doch nun geben wir unsere Leitung wieder an Sie ab und sagen: Vielen Dank.«

Nach einem kurzen ermutigenden Blick in die Runde verlassen wir die Mitte und nehmen an einem Platz am Rand der Runde ein. Meist ist diese Platzänderung von einem kleinen Applaus begleitet, der unseren Abschluss mit der Führungsrückgabe unterstreicht.

Nun folgt die Ergebnisdarstellung. Damit sind Führungskraft und Mitarbeiter wieder in ihren Alltagsrollen angekommen. Die Führungskraft beendet diese Runde mit ein paar abschließenden Worten, mit denen sie die Wichtigkeit einer erfolgreichen Umsetzung nochmals betont.

3.4.8 Erfolgsfeststellung

Beim dritten Termin geht es um die spannende Frage, was im Alltag aus den geplanten Maßnahmen geworden ist und welche Wirkung sie hatten und wer die Ergebnisse wie bewertet. Doch manchmal findet dieser Termin auch ohne Berater statt:

Bei dem Fallbeispiel mit neun Stunden Auftragsklärung und drei Stunden Teamklärung (S. 84 f.) stellte die Abteilungsleiterin fest, dass in den vier Monaten der Maßnahmenumsetzung die Teamleiterin deutlich besser ihre Rolle wahrgenommen hatte. Zuvor war sie sehr viel außer Haus unterwegs und zeigte nun mehr Präsenz im Team. Um diese Entwicklung zu stärken, entschied die Abteilungsleiterin in Absprache mit der Teamleiterin, das letztere die Erfolgsfeststellung alleine moderiert.

Diese Stärkung der Führungsrolle ist ein typischer Nebeneffekt Ergebnisfokussierter Klärung. Dieser Erfolg im Sinn der Philosophie »wir machen uns als Berater entbehrlich« ist nur kurzfristig ein betriebswirtschaftlicher Nachteil für den Berater durch entgangenes Honorar. Langfristig stärkt das die Kundenbindung und erhöht die Empfehlungsrate.

Die Struktur

Der Erfolg lässt sich nicht allein durch die Prüfung feststellen, wie sehr der Handlungsplan mit der aktuellen Realität übereinstimmt. Ein einfacher Soll-Ist-Vergleich greift hier zu kurz. Der Alltag bringt immer auch neue Erkenntnisse mit sich, die es zum Zeitpunkt des Handlungsplans noch nicht gab. Deshalb kann beim Soll-Ist-Vergleich immer auch eine Veränderung der Relevanz seiner Beurteilungsparameter einhergehen (siehe »Notwendigkeit der Situationsanalyse« S. 62). Das ist bei der Erfolgsfeststellung zu berücksichtigen.

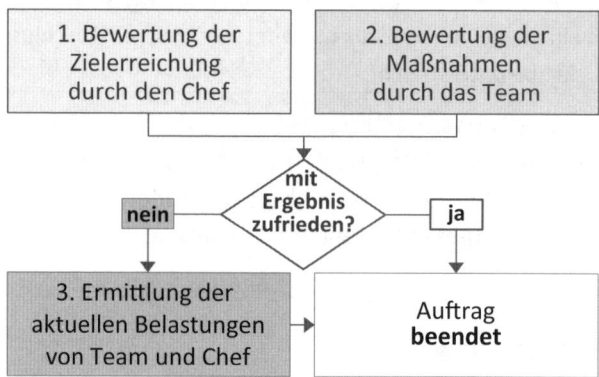

Abb. 38: Die Struktur der Erfolgsfeststellung

Die Perspektiven von Chef und Team werden nacheinander erfasst. Der Chef beginnt. Er stellt die Zielerreichung aus seiner Sicht dar. Anschließend bewertet das Team den Umsetzungserfolg der geplanten Maßnahmen. Sind beide Seiten mit dem Ergebnis zufrieden, ist damit der Auftrag beendet.

Bei Unzufriedenheit hat entweder irgendetwas nicht so funktioniert, wie geplant, oder es sind seit der Erstellung des Handlungsplans neue Aspekte hinzugekommen. Um langwierige Diskussionen zu vermeiden, wird auf die Analyse der möglichen Ursachen verzichtet. Stattdessen werden die aktuell erlebten Belastungen betrachtet. Das kennt das Team bereits aus Schritt 4 der Zeitoptimierten Klärung. In diesem Fall ist jedoch der Chef mit im Boot. Mit der Ermittlung der neuen aktuellen Belastungen enden die Erfolgsfeststellung und damit auch der Auftrag. Was anschließend folgt, ist eine neue Geschichte mit einem neuen Auftrag, den es zuvor zu klären gilt. Dafür sind die ermittelten neuen Belastungen ein guter Auftakt.

Die Umsetzung

Zwei bis drei Wochen vor dem Termin wird die Führungskraft um zwei vorbereitende Aufgaben gebeten. Das sind die Einladung der Teilnehmenden und die Bewertung der Zielerreichung. Beides bedeutet für die Führungskraft Vorbereitungsaufwand. Zusätzlich wird die Führungskraft darauf vorbereitet, wie sie am Ende die Aufgabe der Berater nun selbst übernimmt. Das ist ein wichtiges Signal an alle Beteiligten, dass nun die Aufgabe der Prozessbegleitung die Führungskraft selbst in die Hand nimmt.

Natürlich bereiten sich die Berater auch vor, indem sie das Fotoprotokoll sorgfältig studieren. Nicht wegen der Inhalte, sondern vielmehr wegen der Stimmung. Ansonsten bringen sie die üblichen Arbeitsmittel mit wie Haftnotizblöcke, Filzstifte und die gedruckten Flipcharts mit den Arbeitsaufträgen.

Dem Kunden werden für die Planung seines Zeitbedarfs 90 Minuten genannt. Die tatsächliche Planung der Berater sieht 60 Minuten vor. So bleibt bei Bedarf noch Zeit für Unvorhergesehenes, wie beispielsweise das Skizzieren eines weiteren Schrittes, falls die Ergebnisse unbefriedigend sein sollten. Zu Beginn ist ein Ablaufplan in der gewohnten gedruckten Form sichtbar. Zur Begrüßung wird der Ablauf vorgestellt und dafür die Einwilligung der Teilnehmenden abgeholt.

Dann beginnt es so zügig, wie es die Teilnehmenden bereits gewohnt sind. Die Führungskraft beginnt mit der Bewertung der Zielerreichung. Anschließend folgt dass Team mit seiner Sicht auf den Erfolg der umgesetzten offiziellen Maßnahmen. Wenn es bei der Durchführung auch einen teaminternen Handlungsplan gegeben hätte, würde dessen Betrachtung direkt im Anschluss daran erfolgen ohne die Anwesenheit der Führungskraft.

Abb. 39: Flipchart »Ablauf Erfolgsfeststellung«

Der Ablauf ist für beide Handlungspläne der gleiche. Ermittelt wird, welche der geplanten Maßnahmen (nicht) umgesetzt wurden oder sich erübrigt haben. Wieder sind die Inhalte für die Berater weitgehend bedeutungslos.

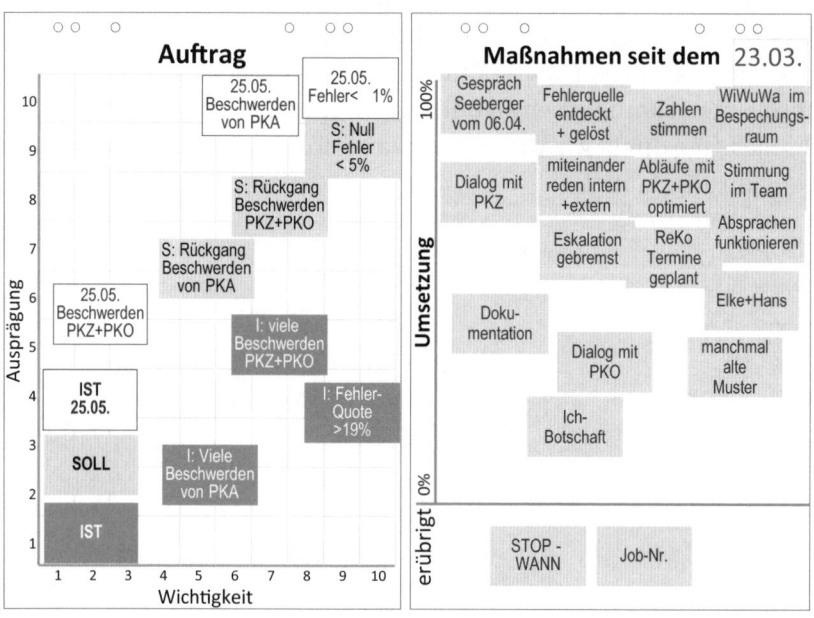

Abb. 40: Flipchart »Erfolgsfeststellung von Maßnahmen und Zielen«

Herr Seeberger stellte seine Sicht der Zielerreichung vor und war zufrieden mit der aktuellen Beschwerdehäufigkeit und Fehlerquote.

Die Teilnehmenden hatten den Handlungsplan mitgebracht. Sie waren mit dem Erfolg der eigenen Umsetzung sehr zufrieden. Es gab zwar immer noch Baustellen, die aber als weitaus weniger belastend erlebt wurden, als es zwei Monate zuvor noch der Fall war. Sichtbar wurde auch, dass manche Themen sich erledigt hatten oder durch neue Aspekte im Tagesgeschehen eine andere Bedeutung erhielten. Auch wurde die Erinnerungserlaubnis als sehr hilfreich erlebt, weil sie im Alltag den Teammitgliedern das Ansprechen von kritischen Aspekten deutlich erleichterte.

Für eine nette Anekdote sorgte der Umgang mit der Wut-Wand, die nicht nur zum festen Bestandteil des Besprechungsraumes wurde, sondern zusätzlich eine Ergänzung ihres Namens um das Wort »wilde« erhielt. So hat das Team mit seiner »WiWuWa« seine Handlungsmöglichkeiten für emotional geladene Situationen erweitert und Verhaltensweisen, die zuvor als sozial unverträglich geahndet wurden, als einen legitimen Bestandteil ihres Miteinanders anerkannt. Dadurch wurde insbesondere der Umgang mit dem aufbrausenden Gerhard Mayer für das gesamte Team deutlich leichter.

Der letzte mögliche Schritt im Rahmen einer Ergebnisfokussierten Klärung ist die Ermittlung der veränderten Belastungen. Dieser Schritt erfolgt nur für den Fall, dass die Zielerreichung und Umsetzung der Maßnahmen nicht zur Zufriedenheit geführt haben.

Dafür notieren die Teilnehmenden ihr Erleben der aktuellen Belastungen. Die Notizzettel werden auf einem Flipchart mit zwei Spalten erfasst: links bekannte und rechts neue Belastungen. Die senkrechte Achse dient der Darstellung der Intensität. Oben signalisiert eine Verstärkung und unten die Auflösung.

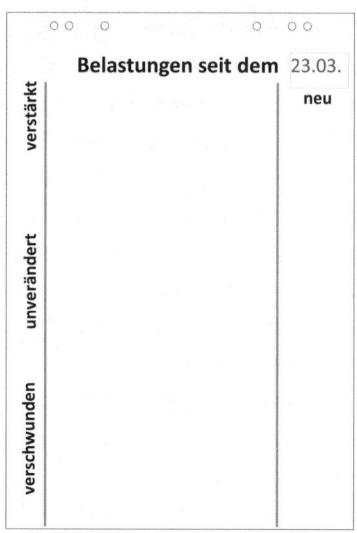

Abb. 41: Flipchart »Abschluss bei Unzufriedenheit mit dem Ergebnis«

Mit der Aufgabenstellung wird gleichzeitig auch das Flipchart gezeigt. Das verdeutlicht den Teilnehmenden, wie sie die Ausprägung der Belastung auf dem Zettel dokumentieren. Da es sich hier um eine reine Situationserfassung zur Planung möglicher Folgemaßnahmen handelt, wird auch die Führungskraft gebeten, ihre Sicht der Dinge ebenfalls in dort darzustellen. Auch hier werden die Ergebnisse fotografiert und den Teilnehmenden zugesendet.

Rückgabe der Prozesssteuerung an die Führungskraft
Das Ende der Beratertätigkeit führt bei den Beteiligten zu der Auffassung, dass es nun geschafft sei und der normale Alltag wieder zurückkehrt. Das ist auch so gewollt. Ziel dabei ist die Stärkung der Eigenverantwortung der Beteiligten. Die Verführung ist jedoch groß, nicht nur zum Alltag zurückzukehren, sondern auch zu den alten Gewohnheiten. Um das zu vermeiden, wird das Ende ein deutliches Signal gesetzt, dass der Prozess weiter geht, obwohl die Berater weg sind. Dafür übernimmt die Führungskraft die Prozesssteuerung, indem sie die »Rituale«, welche die Beteiligten zuvor bei den Beratern erlebten, nun selbst durchführt. Zuerst verabschieden sich die Berater von den Beteiligten und geben damit die Prozesssteuerung ab.

> »Hier endet nun unsere Arbeit. Wir danken Ihnen, dass Sie sich von uns durch dieses unwegsame Gelände haben leiten lassen und wünschen Ihnen gute Kraft, um Ihren Weg erfolgreich fortzusetzen.«

Dann übernimmt die Führungskraft den Ball...

> »Vielen Dank für Ihre Arbeit. Ich denke, wir sind nun wirklich auf einem
> guten Weg, auch wenn noch nicht alles geschafft ist.«

... und wendet sich an die Mitarbeiter:

> »Damit dieser Weg erfolgreich bleibt, braucht es weiterhin Ihre konkreten
> Beiträge. Deshalb bitte ich Sie auf Zettel zu notieren, worauf Sie in den kom-
> menden drei Monaten besonders achten werden und mit welchen konkreten
> Handlungen Sie das tun werden.
> Ähnlich wie heute werden wir in drei Monaten das Ergebnis gemeinsam
> betrachten.«

Damit ist jedem klar, dass der Prozess fortgesetzt wird. Mit der Übernahme der Prozesssteuerung durch die Führungskraft ist Gesamtpro-
zess der Ergebnisfokussierten Klärung abgeschlossen.

Manchmal folgen weitere Aufträge, welche die Beratertätigkeit aus
zwei Gründen erleichtern. Zum einen besteht nun ein gutes tragfähiges
Vertrauensverhältnis. Zum anderen erweist es sich als großer Vorteil,
dass der Entscheidungsprozess zu den Folgemaßnahmen von den Teilnehmenden miterlebt wurde. Dadurch steigen die Akzeptanz der Folgemaßnahmen sowie die Bereitschaft, sich darauf einzulassen.

3.4.9 Hinweise zur Klärung zwischen zwei Personen

Zeitoptimierte Klärung kann auch mit zwei Personen durchgeführt
werden. Die leitende Prozesslogik ist die »Akzeptanz fördern«.

Wem zusätzlich die Prozesslogik der Mediation »Verständnis fördern« vertraut ist, kann nach der Erstellung der Belastungsmatrix im 4.
Schritt zu dieser Logik wechseln und so die einzelnen Aspekte weiter
bearbeitet werden. Dadurch wird ein vertieftes Verständnis möglich.

Allerdings sollte zuvor genau überlegt werden, ob ein vorgegebener
Zeitrahmen dafür sinnvoll ist. Ein weiterer Vorteil, der für den Einsatz
der Belastungs- und Wunschmatrix spricht, ist die schnelle Priorisierung, da oben rechts die wichtigsten Themen positioniert sind.

Auch ist der 7. Schritt mit den Gegenmaßnahmen ebenfalls sehr
nützlich. Dafür wird auf der waagerechten Achse rechts das »wir« ge-
strichen, sodass dort nur »ich« steht. Sollten sich die Beteiligten in einer Symbiose befinden werden sie sich diesen Zustand durch die Positionierung ihrer Karten bei »andere« selbst vor Augen führen.

3.4.10 Hinweise zum präventiven Einsatz

Ergebnisfokussierte Klärung kann auch vorbeugend eingesetzt werden, ohne dass ein akuter Konflikt vorliegt. Anlass kann beispielsweise eine bevorstehende Veränderung sein, oder eine diffuses Gefühl von »... irgendetwas stimmt nicht mehr so richtig...«. Auch ist diese Form gut geeignet für Teams, in deren Kultur es keine Konflikte gibt oder geben darf.

In all diesen Fällen wird die Formulierung der Aufgabe 4 geändert:

> »Notieren Sie das, was Sie zukünftig vielleicht als belastend
> oder blockierend erleben könnten, auf Notizzettel«

...und ergänzen mündlich:

> »Dabei kann es sich um eine konkrete Belastung aus der Vergangenheit oder
> der Gegenwart handeln. Aber vielleicht gibt es eine mögliche Belastung in
> der Zukunft, die sich zwar jetzt noch nicht zeigt, aber irgendwann vielleicht
> Realität werden könnte, auch wenn es im Moment noch schwer vorstellbar
> ist.«

Der Blick in die Zukunft fördert die unterschwelligen Themen an die Oberfläche. Damit werden sie bearbeitbar. Auch die Aufforderung zu phantasieren, was vielleicht zukünftig sein könnte, wirkt als Erlaubnis, Tabus oder Sorgen offen anzusprechen. Wenn es in einer Kultur besonders schwer fällt, kritische Themen zu benennen, kann die Phantasieerlaubnis lauten:

> »... oder Ihre Vermutung, was irgendeinen Kollegen vielleicht belasten
> könnte.«

Bei der Vorstellung der Belastungsmatrix lautet dann die Überschrift

> »Was uns belasten könnte?« oder »Was uns blockieren könnte?«

Alle weiteren Schritte können dann ganz normal umgesetzt werden.

3.4.11 Hinweise zu Beraterfähigkeiten

Ergebnisfokussierte Klärung folgt einer klaren und logischen Struktur. Erfolgsentscheidend ist jedoch nicht so sehr die Kenntnis und Umsetzung dieser Struktur, sondern vielmehr die Fähigkeiten und Haltung des Beraters. Hier eine Zusammenfassung der Fähigkeiten, die einem Berater die erfolgreiche Umsetzung ermöglichen:

- Klares Führungsverständnis, vor allem auch die Selbstklarheit über das eigene Leitungsverständnis und seinen Fallen: Was leitet mich, wenn ich leite?
- Professionelle Identität als Profi (Nutzen stiften), Anschlussfähigkeit herstellen können und auch in schwierigen Situationen aufrecht erhalten
- Hohe Selbstreflexion, um mit Projektionen souverän umzugehen und gleichzeitig das eigene Handeln zu hinterfragen
- Sicherheit in der Handhabung der Prozesslogiken »Verständnis fördern« und »Akzeptanz fördern«
- Bewusster Einsatz von semantischer und syntaktischer Empathie
- Ausgeprägte Bewusstheit über den eigenen Umgang mit Konflikten
- Bereitschaft und Fähigkeit, Konfliktsituationen zu verschärfen und die Folgen handzuhaben (Frustrationen zumuten, aushalten und handhaben)
- Bereitschaft und Fähigkeit, Konfliktsituationen zu entschärfen durch einen entspannten, gelassenen und akzeptierenden Umgang mit unvereinbaren Gegensätzen
- Hohe Ambiguitätstoleranz mit Vorbildfunktion für einen entspannten Umgang mit Konflikten

Um diese Anforderungen zu erfüllen, ist eine regelmäßige Selbstreflexion erforderlich. Das kann in verschiedenen Formen erfolgen, wie beispielsweise durch Coaching, Supervision oder kollegiale Beratung.

3.5 Zeitoptimierte Klärung für Führungskräfte

Für Führungskräfte ist die Umsetzung zeitoptimierter Klärung wesentlich einfacher, als für Berater. Dennoch gibt es vier Voraussetzungen, um als Führungskraft eine zeitoptimierte Klärung anzuleiten.

1. Tragfähiges Vertrauensverhältnis

Unverzichtbar ist ein gutes Vertrauensverhältnis zwischen Führungskraft und Mitarbeitern. Bei mangelndem Vertrauen werden Mitarbeiter kaum bereit sein, ihre Sichtweisen offen darzustellen. Dann wird auch das Ergebnis unbefriedigend sein.

2. Sicherheit in der Führungsrolle

Eine weitere Voraussetzung ist der sichere Umgang mit der Führungsrolle, insbesondere mit der formal-sozialen Balance. Auch nimmt die Klarheit der Führungskraft über Grenze und Spielfeld deutlichen Einfluss auf das Ergebnis.

3. Fördern und fordern von Verantwortungsübernahme

Dieser Aspekt ist für die zeitoptimierte Klärung von zentraler Bedeutung und Teil der oben genannten Moderatorenrolle. Die Stärkung von Verantwortungsübernahme erfolgt in der Aufforderung, Belastendes zu benennen und bei der Lösungssuche durch das Einfordern konkreter Handlungsbeiträge.

4. Akzeptierender Umgang mit Emotionalität

Da der äußere geradlinige Prozess zeitoptimierter Intervention getrennt ist vom inneren Prozess der Teilnehmenden, kann es zu plötzlichen emotionalen Ausbrüchen kommen. Diese Not gilt es zu würdigen und die Leitung als Moderator zu behalten.

Für zeitoptimierte Klärung ist immer ein Moderator erforderlich, der die Arbeitsschritte anleitet. Ob es sich beim Moderator um die disziplinarischen Führungskraft, den fachlicher Projektleiter oder den Teamsprecher ohne Weisungsbefugnis handelt, ist von nachrangiger Bedeutung, sofern die vier zuvor genannten Voraussetzungen erfüllt sind.

Zeitoptimierte Klärung erfordert klare Zeitvorgaben. Der Gesamtbedarf liegt bei 20 – 30 Minuten je Teilnehmer.

	Arbeitsschritt	Dauer	Arbeitsauftrag
Situation erfassen	1. Anlass & Ziel	5	Wir sind heute hier, weil...
	2. Belastungen	n x 2+3	Notieren Sie das, was Sie stört oder ärgert auf Notizzettel. Konzentrieren Sie sich dabei auf Ihre drei wichtigsten Punkte.
	3. Wünsche	n x 2+3	Angenommen, wir würden heute einen guten Weg finden. Wie sieht unsere Situation in einem Jahr aus?
	4. Befürchtungen	n x 2+3	„Es klappt nicht, weil..." Notieren Sie die Hürden auf dem Weg zu unserer wünschenswerten Zukunft
Lösungen entwickeln	5. Gegen-maßnahmen	n x 2+3	Nun kennen wir Belastungen, Wünsche und Befürchtungen. Notieren Sie Möglichkeiten, wie unsere Zukunft trotzdem gesichert werden kann.
	6. Handlungs-angebote	n x 2+3	Aus guter Absicht Realität werden lassen. Notieren Sie: „Mein Beitrag zum Erfolg"
	7. Handlungs-wünsche	n x 2+3	Hilfreiche Beiträge anderer. Notieren Sie: „Was ich mir von Dir / von Ihnen wünsche"
	Optionen-Check		*Unvereinbares & Unerfüllbares markieren*
	8. Handlungsplan	n x 10	WER mach WAS bis WANN
	9. Abschluss	n x 2+3	Meine Zufriedenheit mit Verlauf & Ergebnis. Mein Wunsch / Anregung für die Zukunft

Abb. 42: Die neun Schritte Zeitoptimierter Klärung für Führungskräfte

3.5.1 Vorbereitung

Wenn Sie als Führungskraft die Frage beschäftigt »Wo liegt das Problem?«, dann finden sie mit Zeitoptimierter Klärung ziemlich schnell eine Antwort. Auch wenn Sie es in Ihrer Rolle als Führungskraft leichter haben, als Berater, gibt es neben den zuvor genannten Voraussetzungen weitere Aspekte zu beachten. Dazu zählt größtmögliche Zielklarheit, damit Ihre Mitarbeiter von Beginn an wissen, wohin die Reise geht. Erleben Mitarbeiter eine Zeitoptimierte Klärung zu ersten Mal, brauchen sie eine klare Ansage von Verhaltensregeln, um den Unterschied zum normalen Alltag zu verdeutlichen. Zusätzlich gibt es noch ganz praktische Vorbereitungen wie Raum und Handwerkszeug. Zeitoptimierte Klärung wird ohne Tische durchgeführt. Es braucht ausreichend Platz, um acht bis neun Flipcharts so aufzuhängen, dass sie während der Durchführung jederzeit sichtbar sind (ca. 6–7 m). Jeder Teilnehmende erhält einen Filzschreiber und einen Block mit Haftnotizen in der Größe 12,7 × 7,6 cm.

3.5.2 Umsetzung der neun Schritte

Um zu verdeutlichen, wie eine Führungskraft mit ihren Mitarbeitern eine Zeitoptimierte Klärung umsetzen kann, dient das Fallbeispiel (vgl. Auftragsklärung S. 115 f.). Kurt Seeberger in seiner Rolle als Führungskraft leitet in einer prototypischen Darstellung die neun Schritte an. Dafür sind vier Stunden geplant von 09:00 bis 13:00 Uhr. Der Zeitrahmen ist vorgegeben und alle erforderlichen Flipcharts mit Zeitangaben erstellt. Zuvor wurden die Mitarbeiter schriftlich eigeladen.

1. Schritt: Anlass und Ziel

Herr Seeberger begrüßt seine Mitarbeiter und weist auf den Unterschied dieser Besprechung hin. Er beginnt mit der Darstellung von Anlass und Ziel. Hier reichen 5 Minuten, da ja alle Teilnehmenden bereits informiert wurden.
»Guten Morgen, liebe Kolleginnen und Kollegen. Wie ich Ihnen bereits mitteilte, ist es mir wichtig, dass wir Wege finden, wie wir die Kuh vom Eis bekommen. Das ist unsere gemeinsame Aufgabe und unser Ziel, das wir heute erreichen müssen. Das können wir nur gemeinsam schaffen und deshalb ist auch jeder Beitrag von Ihnen wichtig. Da die Hütte brennt, drängt die Zeit. Um nun schnellstmöglich zum Ziel zu kommen, wird die heutige Besprechung etwas anders verlaufen als sonst.«
Nun stellt er seinen Mitarbeitern den Plan vor. Zunächst erläutert er den ersten Arbeitsblock »Situation erfassen« mit seinen drei Schritten, für die eine Stunde eingeplant ist. Hier folgt gleich der Hinweis, dass es ihm wichtig ist, dass jeder seine Sichtweise darstellt und alles Wichtige und Bedeutsame benennt. Dabei wird es keine Diskussion um Richtig oder Falsch geben wird, weil das der Zeitrahmen nicht hergibt.
Nach einer kurzen Pause folgt der zweite Block »Lösungen entwickeln«. Dafür sind 3 Stunden geplant.

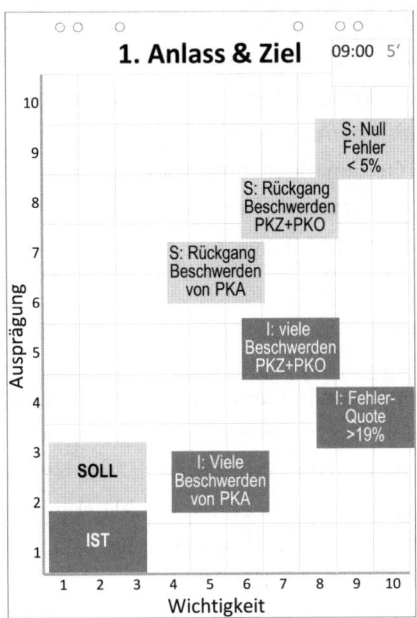

Abb. 43: Flipchart »Anlass & Ziel« (Führungskraft)

Plan

Situation erfassen	Zeitplan		
Verständnisfragen ja, Diskussion verboten	**Start**	Min.	Ist
1. Wir wissen, warum wir hier sind	09:00	5′	
2. Wir kennen unsere Belastungen	09:05	20′	
3. Wir kennen unsere Lösungsideen	09:25	20′	
4. Wir kennen unsere Widerstände	09:45	15′	
Pause	10:00	10′	

Lösungen entwickeln			
Wir gestalten unsere neue Realität mit neuen Handlungen			
5. Wir entwickeln Gegenmaßnahmen	10:10	20′	
6. Ich benenne meinen Beitrag	10:30	20′	
7. Ich formuliere Wünsche an andere	11:50	15′	
Pause	11:05	10′	
8. Wir erstellen unseren Handlungsplan	11:15	90′	
9. Ich benenne meine Zufriedenheit	12:45	15′	
Ende	13:00		

Rahmenbedingungen

Zeitrahmen einhalten:	Offenheit als Chance nutzen:
Zeit ist gesetzt	Jeder darf seine Gedanken äußern
Vertraulichkeit zusichern:	Emotionalität erlaubt:
Personenbezogene Infos bleiben unter uns	Jeder darf seine Gefühle haben

Abb. 44: Flipchart »Plan« (Führungskraft)

3.5 Zeitoptimierte Klärung für Führungskräfte

Nun folgt die Darstellung der Rahmenbedingungen. Hier weist Herr Seeberger darauf hin, dass es ihm wichtig ist, dass keine personenbezogenen Informationen nach außen dringen. Daran wird er sich halten und erwartet das von allen andern auch. Damit wird die Sorge der Mitarbeiter, dass die Aufforderung zur Offenheit unangenehme Konsequenzen haben könnte, etwas geringer. Zusätzlich erfolgt noch die Erlaubnis zur Emotionalität. Abschließend stellt Herr Seeberger die Frage, ob jemand dazu noch Fragen hat.

2. Schritt: Belastungen

Herr Seeberger beginnt nun mit dem ersten Schritt: »Es gab Zeiten, in denen die Fehlerquote bei null lag und Ihre Zufriedenheit deutlich besser war, als jetzt. Deshalb geht es im ersten Schritt darum zu erfahren, worin Ihre Unzufriedenheit besteht und was jeder Einzelne von Ihnen derzeit als belastend erlebt. Deshalb bitte ich Sie, dass Sie das, was Sie belastet, als Stichpunkt auf einen Notizzettel zu notieren. Konzentrieren Sie sich dabei auf Ihre drei wichtigsten Punkte. Schreiben sie auf jeden Zettel immer nur einen Stichpunkt.«
Nach 3–4 Minuten erklärt er die Belastungsmatrix mit der Bedeutung ihren beiden Achsen. Dann stellt er als Erster seine Zettel vor.
»Zunächst belastet mich die Fehlerquote. Sie hat stärksten Einfluss auf unser Arbeitsergebnis. Meine damit verbundene emotionale Belastung ist im oberen Drittel. Am stärksten belasten mich jedoch die Gespräche über die Fehlerquote beim Vorstand. Der Punkt ist ganz oben rechts. Ebenso belastend erlebe ich Ihre Beschwerden über andere. Da für mich der Einfluss auf das Ergebnis nicht ganz so stark ist, hängt diese Zettel zwar ganz oben, aber etwas mehr zur Mitte.
Das sind meine drei Punkte. Hat jemand dazu Verständnisfragen? .... Ok. Dann der Nächste bitte.«
Nun stellt jeder Mitarbeiter seine drei Punkte vor und ordnet sie in die Matrix ein. Herr Seeberger achtet streng auf die Einhaltung des Diskussionsverbots. Wichtig: Keine Bewertung, keine Maßregelung, keine Richtigstellung und keine Diskussion – nur die Klarheit, wer was wie erlebt.

Mit folgenden Schritten beugen Sie der Eskalationsgefahr vor:

Herstellung der Klarheit, wer und was mit dem Zettel gemeint ist.

Dadurch steigt bei den Angesprochenen meist deren emotionale Belastung an. Muten Sie es den Angesprochenen zu – sie wussten es sowieso längst, dass sie mit dem Zettel gemeint waren. Sollte deren Belastung so stark werden, dass ein Weiterarbeiten gefährdet wird, führen Sie die Wut-Wand ein (vgl. S. 177).

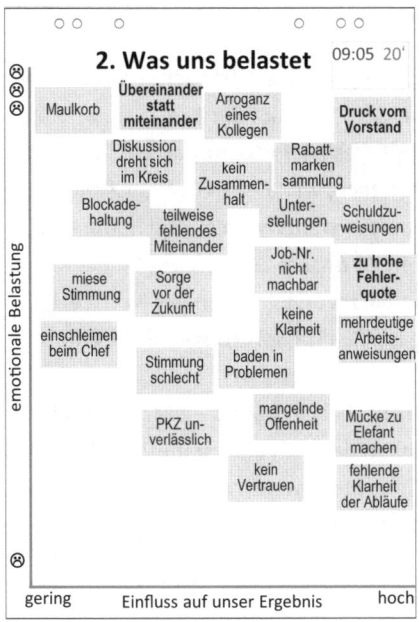

Abb. 45: Flipchart »Belastungen« (Führungskraft)

Entspannend wirkt auch folgender Trick: Lenken Sie die Aufmerksamkeit der Mitarbeiter weg vom Inhalt der Zettels hin zu Position in der Matrix:

> »Ihr Zettel hängt unten rechts. Dem entnehme ich, dass Sie diesen Punkt als sehr bedeutsam für unser Ergebnis betrachten. Gleichzeitig belastet Sie diese Punkt emotional kaum. Stimmt das so?«

Damit wird die Botschaft entschärft, weil die Aufmerksamkeit auf die Wirkung und nicht auf die Zuschreibung an andere gerichtet ist. Sobald diese Klarheit erreicht ist, fordern Sie den nächsten Mitarbeiter auf, seine Punkte zu benennen. Es kann gut sein, dass ein Mitarbeiter Kritik an Ihrem Verhalten als Führungskraft übt. Doch auch dann ist es wichtig, die Struktur einzuhalten. Beziehen Sie keine Stellung. Sollte Ihnen etwas unklar sein, bitten Sie um Konkretisierung. Steigen Sie aber keinesfalls in eine Diskussion ein und erklären Sie auch nichts! Was zu klären ist, wird dann als Maßnahme im Handlungsplan festgehalten.

3. Schritt: Wünsche

Nun fordert Herr Seeberger seine Mitarbeiter auf, ihre Wünsche zu benennen und beginnt mit dem Blick auf die Zeit:

»Das hat gut geklappt – es ist 9:40 Uhr und wir liegen gut in der Zeit. Nun schauen wir uns einmal an, wie die Zukunft aussehen könnte. Dafür tun wir mal so, als ob wir ein Jahr weiter wären, und heute einen guten Weg gefunden hätten. Wie sieht da unsere Zukunft aus?

Notieren Sie Ihre Lieblingsvorstellungen auf Notizzettel – wieder ein Zettel je Wunsch. Wichtig ist: Realitätsprüfungen Ihrer Wünsche sind strengstens verboten!«

Wieder beginnt Herr Seeberger nach 3–4 Minuten mit der Darstellung seiner Wünsche. Sie gehen deutlich über seine Ziele hinaus, damit für seine Mitarbeiter der Unterschied zwischen Wunsche und Weisung erkennbar wird. Herr Seeberger beginnt mit seinen größten Wunsch »sorgenfreie Eigenständigkeit«:

Abb. 46: Flipchart »Wünsche« (Führungskraft)

»Für mich wäre es ein wunderbarer Zustand, wenn ich mir keine Sorgen machen müsste, wie es Ihnen geht. Das wäre dann der Fall, wenn Sie völlig eigenständig arbeiten und ich 100%ig sicher sein könnte, dass Sie sich bei mir melden, bevor das Kind in den Brunnen fällt und nicht dann, wenn es bereits unten im Brunnen liegt. Da schließt sich mein nächster Wunsch gleich an. Ich fände es beruhigend, wenn ich wüsste, dass Sie über ein Frühwarnsystem verfügen, dass Sie sich selber entwickelt haben. Mein dritter Wunsch ist, dass in einem Jahr unsere Prozesse durch Ihr konstruktives Miteinander optimiert sind und richtig rund laufen.«

Nun folgt die Darstellung der Wünsche seiner Mitarbeiter. Wieder achtet Herr Seeberger darauf, dass keine Diskussionen oder Realitätsprüfungen stattfinden. Immer wieder fordert er seine Mitarbeiter auf, den Stichpunkt auf dem Zettel mit einem Satz zur erläutern, damit alle wissen, was damit gemeint ist.

Auch wiedersteht er der eigenen Verführung, zu den einzelnen Punkte seiner Mitarbeiter Stellung zu beziehen.

4. Schritt: Befürchtungen

Nun stellt Herr Seeberger fest, dass die Wünsche viel Gemeinsamkeit zeigen. »Da gibt es gar nicht mehr so viele Differenzen. Mir scheint, dass wir alle zusammen Ähnliches wollen. Und trotz dieser Gemeinsamkeit sieht die Gegenwart ganz anders aus. Offensichtlich gibt es gute Gründe, die uns alle daran hindern, die Wünsche Realität werden zu lassen. Das schauen wir uns jetzt mal genauer an. Dafür nutzen wir einem Satz, der beginnt mit: ›Es klappt nicht, weil... weil...‹

Notieren Sie als Stichpunkt die Hürden, die den Weg zu unserer wünschenswerten Zukunft versperren.«

Nach 3–4 Minuten stellt Herr Seeberger seine Befürchtung dar.

»Ich befürchte, dass der Sog der Gewohnheit stärker ist, als die Aussicht auf ein besseres Miteinander. Vermutlich werde auch ich vom Tagesgeschäft so gefesselt sein, dass die alten Bahnen dominieren.«

Anschließend fordert er wieder seine Mitarbeiter auf, ihre Befürchtungen zu benennen.

Damit ist die Phase 2 abgeschlossen und alle Sichtweisen der Anwesenden deutlich geworden. Damit gibt es nun ein gemeinsames Verständnis der Situation mit all ihren Belastungen.

Abb. 47: Flipchart »Befürchtungen« (Führungskraft)

5. Schritt: Gegenmaßnahmen

»Nun ist es 11:00 Uhr, wir haben eine kleine Pause hinter uns und jetzt geht es darum, Lösungsideen zu entwickeln. Irgendwie müssen wir ja einen Weg finden, wie wir aus der aktuellen Situation rauskommen. Notieren Sie dazu Ihre Ideen, wie wir es trotz dieser vielen Belastungen und Befürchtungen schaffen könnten, unsere Zukunft zu sichern.«

Nach ein paar Minuten beginnt Herr Seeberger mit seinen Ideen. Da ihm durch die ersten drei Schritte deutlich wurde, dass es Fehlinformationen zu aktuellen Themen gibt, will er das korrigieren. Da es bei den ersten drei Schritten keine Diskussion gab, hat er auch nicht zu den vorhandenen Fehlinformationen Stellung bezogen. Nun ist der richtige Zeitpunkt dafür.

»Mir ist bei den letzten Schritten deutlich geworden, dass ich Sie schlecht informiert habe. Sie haben Punkte benannt, die offensichtlich auf veralteten Informationen beruhen. Dazu werde ich Sie bei nächster Gelegenheit über den aktuellen Stand und Fakten informieren. Um diesem Informationsmangel zukünftig vorzubeugen, können wir wieder 14-tägig Regelkommunikation durchführen. Nun freue ich mich auf Ihre Ideen.«

Beim Zettel »Chef nennt klare Ziele« will Herr Seeberger genauer wissen, wo er fehlende Zielklarheit verändern sollte. Das Nachfragen dient nur dem Informationsgewinn. Es erfolgt weder Rechtfertigung, noch Bewertung, noch Entkräftung noch Diskussion.

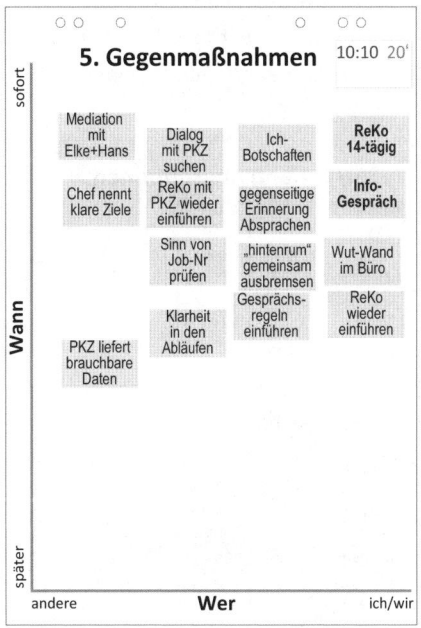

Abb. 48: Flipchart »Gegenmaßnahmen« (Führungskraft)

6. Schritt: Handlungsoptionen – Angebote

»Jetzt haben wir einige Gegenmaßnahmen gefunden. Nun geht es darum, aus den guten Ideen Maßnahmen zu entwickeln. Notieren Sie auf Notizzettel: ›Mein Beitrag zum Erfolg‹«.
Nach einer Weile positioniert Herr Seeberger sein Handlungsangebot »Mehr Zeit für Gespräche«. Anschließend stellen seine Mitarbeitern ihre Angebote dar. Dann geht er zu den Wünschen über.

7. Schritt: Handlungsoptionen – Wünsche

»Werfen wir noch einen Blick auf Wünsche, die sie an mich oder Ihre Kollegen haben. Wie das mit Wünschen so ist, gibt es keine Garantie, dass er auch erfüllt wird. Aber durch seine Benennung ist die Voraussetzung für geschaffen, dass er vielleicht erfüllt werden kann. Notieren Sie: ›Was ich mit von Dir/Ihnen wünsche‹. Schreiben sie bitte Ihre Initialen auf den Zettel, damit der Empfänger später noch weiß, wer der Sender war.«

Abb. 49: Flipchart »Handlungsoptionen« (Führungskraft)

Herr Seeberger konnte erkennen, dass das Verhältnis von Hans Mertens mit seiner langjährigen Erfahrung und Helene Eberle mit ihrem Universitätswissen ziemlich angespannt ist. Beide verfügen über wichtige Ressourcen, die in der aktuellen Situation nicht zur Wirkung kommen. Hier macht er deutlich: »Herr Mertens, Frau Anders und Frau Eberle: Sie verfügen über spezielle Kenntnisse, von denen ich annehme, dass Sie gemeinsam einen wichtigen Teil zur Lösung beitragen könnten. Im Moment habe ich den Eindruck, dass Sie sich wenig austauschen. Meine Erwartung an Sie ist, dass Sie in den Austausch gehen, um Ihren Beitrag zum Erfolg zu leisten. Mein Wunsch dabei ist es, dass Sie dabei so viel gegenseitige Wertschätzung entwickeln, dass Sie das auch gerne tun. Das erhoffe ich mir von einem intensiveren Austausch zwischen Ihnen. Ich vermute, das könnte hilfreich sein. Das waren meine Wünsche. Wer hat noch welche?«

Je nach Anzahl von Angeboten und Wünschen werden diese beiden Schritte auf ein oder zwei Flipcharts verteilt.

8. Schritt: Handlungsplan

Nun werden Nägel mit Köpfen gemacht. Während Herr Seeberger die Erstellung des Handlungsplans moderiert, bittet er Frau Gertz, den Maßnahmen im Handlungsplan zu notieren.

Auch hier ist der erste Punkt die Erfolgsfeststellung. Nach kurzer Diskussion ist ein Termin dafür gefunden.

Anschließend benennt die Herr Seeberger alle Maßnahmen, die er selbst durchführen wird. Damit gibt er seinen Mitarbeitern Orientierung einmal als Vorbild und gleichzeitig steckt sie dabei das Spielfeld ab. Das erleichtert es den Mitarbeitern, ihre Maßnahmen zu benennen. Mithilfe der Flipcharts »5. Gegenmaßnahmen« und »6./7. Handlungsoptionen« wird nach und nach der Handlungsplan gefüllt. Abgearbeitete Zettel bei 5–7 werden abgehakt, sodass nichts vergessen wird.

Auch ist es möglich, unstrittige Angebote und erfüllbare Wünsche mit einer pauschalen Maßnahme zu übernehmen: »Umsetzung nicht markierter Angebote und Wünsche mit Erinnerungserlaubnis.« Dafür müssen zuvor die strittigen Angebote und unerfüllbaren Wünsche markiert werden.

8. Handlungsplan   11:15 90'

Wer	Was	Wann
Alle	Überprüfung unserer Maßnahmen	25.05.
Seebg.	Einführung ReKo 14-tägig	30.03.
Seebg.	Termin für Diskussion über Zukunft / Ziele / Job-Nr.	30.03.
Fröhle	Erstellung einer Liste zur Erfassung von Ungereimtheiten zur Gesprächsplanung mit PKZ -> Laufwerk Q	sofort
Alle	Erfassung von Ungereimtheiten zur Gesprächsplanung mit PKZ (Lw Q)	ab sofort
Gertz	Besprechungstermin mit PKZ für Anfang Mai vereinbaren	24.03.
Alle	Stopp-Wann-Regel bei Eskalation	ab sofort
Alle	Ärger in Ich-Botschaften	ab sofort
Mayer	Wut-Wand in Besprechungsraum einrichten	sofort
Anders	darf alle an Erfordernis von Dokumentation erinnern	ab sofort
alle	Umsetzung der nicht markierten Angebote und Wünsche	ab sofort
alle	Anders + Mertens werden bei Zoff an Mediation erinnert niemand steigt mehr in den Zoff ein	ab sofort

Abb. 50: Flipchart »Handlungsplan« (Führungskraft)

9. Schritt: Abschluss

Nachdem alle Punkte abgearbeitet sind, bittet Herr Seeberger seine Mitarbeiter um ein Feedback über ihre Zufriedenheit mit Ergebnis und Verlauf und vielleicht auch mit Anregungen für die Zukunft. So kann er erfahren, was er beim nächsten Mal anders machen oder beibehalten kann. Zusätzlich haben die Mitarbeiter die Möglichkeit, sowohl Frust loszuwerden und Freude zu teilen. Damit ist die Zeitoptimierte Klärung und die Falldarstellung hier beendet.

3.5.3 Experimentieren Sie

Abschließend möchten wir alle Leser dazu ermutigen, mit dieser Struktur zu experimentieren. Finden Sie Ihre Form, die zu Ihnen passt. Vielleicht ist es die Art von Herrn Seeberger, vielleicht auch eine ähnliche oder auch eine ganz andere. Wichtig ist bei der Arbeit mit der Prozesslogik »Akzeptanz fördern«, dass Sie folgende Grundannahmen und Rahmenbedingungen beachten:

Grundannahmen	Rahmenbedingung
1. Es gibt viele Wahrheiten und jede zählt	1. Führungskraft sorgt vor Beginn für Klarheit über Anlass und Ziele
2. Normales Verhalten unter emotionalem Druck ist unnormal	2. Zeitdruck erleichtert die Konzentration auf das Wichtige
3. Auch von frustrierten Mitarbeitern darf man Leistung erwarten	3. Grundvertrauen zwischen Team und Moderator ist unverzichtbar

Abb. 51: Grundannahmen und Rahmenbedingungen (Führungskraft)

In jedem Fall wünschen wir Ihnen auf Ihrem Weg mit Zeitoptimierter Klärung schwieriger Situationen viel Erfolg. Die nun folgenden Praxistipps bieten weiterführende nützliche Aspekte.

3.6 Praxistipps

Wo liegen nun die typischen Herausforderungen bei der Umsetzung der neun Schritte der Zeitoptimierten Klärung? Die einfache Antwort lautet: Bei der eigenen Einstellung. Unverzichtbar ist die Klarheit über die eigenen Handlungen und die eigene Haltung. Beides nehmen die folgenden Praxistipps in den Blick.

3.6.1 Einsatz der Wut-Wand

Die Zeitoptimierte Klärung zielt auf die Transparenz individueller Realitätskonstrukte und Belastungen ab. Dazu dient die Emotionalität der Teilnehmenden als Verstärker von Botschaften. Wo sie fehlt, können Botschaften uneindeutig bleiben. Deshalb schüttet der Moderator schon mal »Öl ins Feuer«, damit sich die Intensität von emotional Belastendem unmissverständlich zeigt. Das wird erreicht, indem »Nebelbomben« entnebelt werden durch die Aufforderung, Ross und Reiter zu benennen.

Dieses so wichtige Herstellen von Klarheit gleicht einem »Spiel mit dem Feuer«, da die erzeugte und »veröffentlichte« Klarheit zur Verstärkung der Emotionalität anderer führen kann. Auch diese Klarheit ist hilfreich. Deshalb ist jede Intervention zu unterlassen, die auf eine schnelle Beruhigung der Situation abzielt und somit die Wirkung der Nebelbomben verstärkt. Den Teilnehmenden wird Emotionalität solange zugemutet, wie die Einhaltung des Zeitplans gewährleistet bleibt. Erst wenn die Emotionalität der Zeitplan ernsthaft gefährdet, wird die Wut-Wand eingeführt.

Meist sind dann die Gemüter ziemlich erhitzt, sodass eine Unterbrechung mit kraftvoller Stimme erforderlich ist:

> »Stopp! Jetzt wird es zu hitzig, auch wenn das Ausdiskutieren wichtig wäre. Aber hier und jetzt würde das unseren Zeitrahmen sprengen. Gleichzeitig ist die Sichtbarkeit Ihres Ärgers unverzichtbar. Deshalb bitte ich Sie das, was Sie gerade furchtbar ärgert, auf einen Notizzettel zu schreiben, und an die Wut-Wand zu hängen, damit Sie Ihren Ärger erst einmal loswerden können. Bitte hängen Sie den Zettel in die Zeile mit der Nummer des aktuellen Schrittes, damit wir es im Bedarfsfall später nachvollziehen können.«

Während der verärgerte Teilnehmer mit Schreiben beschäftigt ist, folgt die Einladung an die gesamte Gruppe:

»Das Angebot gilt für alle. Wenn Sie sich über etwas ärgern, schreiben Sie es sofort auf und hängen es an die Wut-Wand in die entsprechende Zeile. So können wir zügig weiter arbeiten, ohne dass jemand auf seinem Ärger sitzen bleibt.«

Hängt ein Teilnehmender einen Zettel an die Wut-Wand, braucht er auch das Gefühl und die Sicherheit, dass seine Emotion auch wahrgenommen wird. Fehlt dieser Eindruck, verliert die Wut-Wand ihre Wirkung. Für diese Aufgabe des Wahrnehmens reicht ein kurzer Blickkontakt des Moderators zum Schreiber. Wenn es besonders heftig ist, kann der Blickkontakt mit einem kurzen Nicken verbunden werden. Ziel ist der Einsatz syntaktischer Empathie, die nicht verstehen muss, warum sich jemand ärgert, sondern nur verdeutlicht:

»Ja, ich habe Deinen Ärger gesehen«

Der Hinweis, den Zettel in der Zeile mit der Nummer des aktuellen Schritt zu hängen, dient weniger der späteren Nachvollziehbarkeit als vielmehr der emotionalen Entspannung. Sobald jemand überlegen muss, ist das Großhirn mit seinen rationalen Denkvorgängen mehr gefordert, als das reflexartig reagierende Stammhirn. So sorgt auch dieser Vorgang für etwas Entspannung.

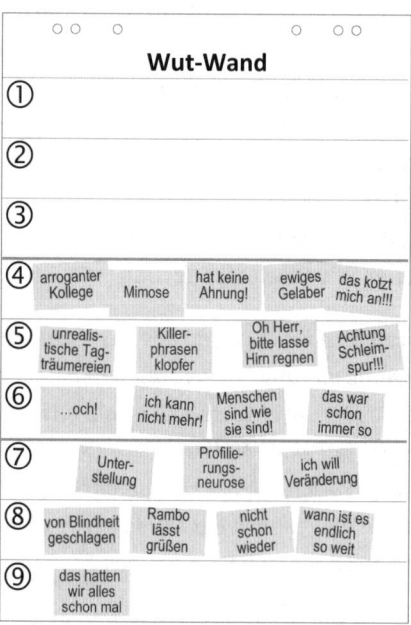

Abb. 52: Flipchart »Wut-Wand«

Oft hat am Ende der Zeitoptimierten Klärung der Ärger der Wut-Wand für die Beteiligten an Bedeutung verloren. Nur sehr selten wird die Frage gestellt, wann denn die Punkte der Wut-Wand bearbeitet werden. Da lautet Antwort:

> »Die weitere Bearbeitung der Wut-Wand ist nicht vorgesehen. Wenn es aber dort noch einen wichtigen Punkt gibt, dann lassen Sie uns daraus noch eine Maßnahme für den Handlungsplan formulieren.«

3.6.2 Umgang mit »Nebelbomben«

Für die Prozesslogik »Akzeptanz fördern« ist es unverzichtbar, dass alle emotionalen Belastungen sichtbar werden. Bleiben sie unentdeckt, wird die Entwicklung von Ambiguitätstoleranz und Kooperationsbereitschaft blockiert. Das zeigt sich dann in einem kraftlosen Handlungsplan, der für die Alltagsrealität bestenfalls kosmetische Wirkung zeigt.

Viele Menschen haben von Kindesbeinen an gelernt, ihre Emotionalität zu kontrollieren. Diese Fähigkeit führt dazu, dass die Bojen, die normalerweise an der Wasseroberfläche eine emotionale Belastung anzeigen, unterhalb der Wasseroberfläche im Verborgenen gehalten werden. Wird die emotionale Belastung zu hoch, lässt die Kraft nach. Dann blitzt die Bojenspitze kurz hervor und verschwindet wieder im Dunkel des Wassers, sobald die Kraft es ermöglicht.

Dass die Bojenspitze nur kurz auftaucht um dann gleich wieder zu verschwinden, ist sozial erwünscht. Es nimmt die Sorge, dass durch das Sichtbarwerden der »hässlichen Boje« der Wunsch nach Ruhe und Harmonie gestört wird oder gar offene Aggressionen sich Raum nehmen.

Dieses Phänomen zeigt sich insbesondere bei »Belastungen« und »Hürden« in Form von Nebelbomben. Das sind verallgemeinernde Vorwürfe Anschuldigungen oder Abwertungen wie »Arroganter Kollege«, »Einschleimen«, »Unehrlichkeit«, »Charakterlos«, »Sturheit« u. v. m. Diese aufblitzenden Bojenspitzen sind unverzichtbare Ressource, die es zu nutzen gilt. Sobald eine Nebelbombe genannt wird, fragt der Moderator nach »Ross und Reiter«:

> »Was genau verstehen Sie unter [Nebelbombe] und bei wem erleben Sie das?«

Hier sind drei Aspekte wichtig:

1. Solange nachfragen, bis klar ist, was und wer genau gemeint ist
2. Die Antworten ohne bewertende Reaktion als eine ganz nüchterne Sachinformation entgegennehmen
3. Mit dem Nachfragen aufhören, sobald es zur Verweigerung der Antwort kommt: »Dazu will ich nichts sagen«

Letzteres ist wichtig, weil der Prozess auf die Stärkung der Eigenverantwortung abzielt. Dazu gehört auch, ein Nein zu akzeptieren.

Diese Umsetzung erfordert vom Moderator einen gefestigten Umgang mit seinen eigenen Aggressionen.

3.6.3 Umgang mit emotionaler Eskalation

Die Handlungsmöglichkeiten von Menschen reduzieren sich unter emotionaler Belastung. Die auslösenden Faktoren der emotionalen Belastung sind höchst individuell und kaum vorhersehbar. Deshalb ist es enorm wichtig, dass ein Moderator dieses Phänomen handhaben kann. Leicht kann es passieren, dass von einem Moment auf den anderen ein Gesprächspartner plötzlich die Fassung verliert. Da Emotionen hoch ansteckend sind, muss der Moderator aufpassen, dass nicht auch er von der Fassungslosigkeit erfasst wird. Sind mehrere Menschen anwesend, wie beispielsweise in einer Konfliktmoderation, werden die Emotionen genau das tun, was sie gut können: andere anstecken.

Das Phänomen der Gefühlsansteckung ist schon seit über 100 Jahren bekannt. Die aktuelle Neurowissenschaft hat unsere Spiegelneuronen als Ursache dieses Phänomens identifiziert. Spiegelneuronen sind Gehirnzellen, welche in der Lage sind, die gesamte Palette menschlicher Gefühle zu imitieren (Bauer 2005). Ihnen wird auch das Einfühlungsvermögen zugeschrieben. Der Moderator in Konfliktsituationen steht nun vor einer besonderen Herausforderung, die an eine Quadratur des Kreises erinnert: Einerseits benötigt er viel Einfühlungsvermögen, um für wechselseitige Verständigung und auch für Deeskalation emotional geladener Situationen zu sorgen. Dafür müssen seine Spiegelneuronen Höchstleitung erbringen. Und genau in diesem Zustand hochaktiver Spiegelneuronen ist die Gefahr der Gefühlsansteckung am stärksten. Doch genau vor dieser Ansteckung muss er sich zu schützen verstehen, um seine eigene Handlungsfähigkeit zu sichern. Dies wird umso wichtiger, je stärker die in der Gruppe Eskalation durch die Gefühlsansteckung um sich greift.

In solchen Situationen braucht ein Moderator sein professionelles Einfühlungsvermögen und zugleich ein robustes Immunsystem. Zusätzlich ist es erforderlich, die Führung zu behalten. Und je emotionaler es wird, desto klarer und kraftvoller muss Führung wahrgenommen werden. Da hilft es nichts, auf Gesprächsregeln zu verweisen oder daran zu erinnern, wie schädlich Schuldzuweisungen für die Lösungssuche sind. Stattdessen ist Präsenz erforderlich und eine straffe Führung. Hilfreich sind dabei eine laute und kraftvolle Stimme, klare und unmissverständliche Ansagen sowie die Begrenzung von Freiräumen durch das konsequente Beachten und Sichern von Grenzen.

Dieses direktive Verhalten darf jedoch nur solange ausgeübt werden, bis sich die emotionale Belastung gelegt hat und bei den Teilnehmenden wieder eine Entspannung eintritt. Dann müssen die Zügel auch sofort wieder gelockert werden. Diese anspruchsvolle Führungsaufgabe erfordert eine Moderatorpersönlichkeit, die je nach Erfordernis zwischen empathischer Begleitung und direktiver Führung zu pendeln versteht. Dafür ist eine große Selbstklarheit über das eigene Führungsverständnis unverzichtbar. Das erfordert eine klare Antwort des Moderators auf die Frage: Was leitet mich, wenn ich leite? Und ist das, was mich in der aktuellen Situation für meine Moderationstätigkeit leitet, für den aktuellen Auftrag Ressource oder Hindernis?

Merksätze:

- Moderatoren für Klärungsprozesse müssen emotional geladene Situationen handhaben können
- Für den Umgang mit Konflikten braucht der Moderator die Fähigkeit zur situativen Führung von direktiv bis einfühlsam
- Unverzichtbar ist die Klarheit des Moderators über sein eigenes Führungsverständnis

3.6.4 Umgang mit »Nicht wollen«

Dieser Abschnitt richtet sich an externe Berater. Sie müssen zu Beginn von der Gruppe eine Leitungserlaubnis erhalten. Führungskräfte haben es da einfacher, da sie bereits über die formale Leitungsfunktion verfügen.

Für den externe Moderator zeigt sich ein »Nicht Wollen« sich zuerst bei den Skalierungsfragen im 2. Schritt. Wie bereits erwähnt, ist es wichtig, jede Antwort ernst zu nehmen. Das gilt für ein »JA« genauso, wie für ein »JEIN« und auch ein »NEIN«. Es kann aus zwei verschiedenen Motivationen erfolgen. Einerseits kann es tatsächlich eine ehrliche Positionierung zur getroffenen Aussage sein. Andererseits kann es aber auch ein Test sein, mit dem geprüft wird, ob der Moderator führen kann, bevor er die Erlaubnis dazu erhält. Für die Reaktion des Moderators spielt jedoch keine Rolle, aus welcher Motivation heraus das »NEIN« entsteht. Wichtig ist es, auch bei einem »NEIN« das Zepter in der Hand zu behalten.

Es ist normal, das Teilnehmende unentschlossen sind, wie sie sich Positionieren sollen. Diese Unentschlossenheit zeigt sich meist durch ein »JEIN«. Wenn nicht alle auf »JA« stehen, dient die folgende Frage als Einladung zur Erläuterung der gewählten Position:

> »Ich sehe, dass es zu dieser Frage unterschiedliche Positionen gibt. Wer möchte etwas zu seiner Position sagen?«

Wenn ein Schweigen folgt, dann wird dies akzeptiert:

> »Ok, hierzu gibt es erst einmal nichts hinzuzufügen. Dann gehen wir weiter zur nächsten Frage.«

Es kann aber auch sein, dass nun ausführliche Erklärungen folgen, die den Zeitrahmen zu sprengen drohen. Um das zu vermeiden, folgen zwei eng moderierte Schritte. Der erste zielt auf einen Informationsgewinn ab und der zweite mündet in einer Entscheidung.

1. Informationsgewinn

Hier werden offene Fragen gestellt:
- Erzählen Sie mehr davon
- Was müsste passieren, damit Sie auf »JA« stehen könnten?
- Was müsste passieren, damit Ihr unsicheres NEIN ein sicheres wird?
- Was denken die Anderen über die »Nein«-Position Ihres Kollegen?

Sobald die Botschaft einigermaßen verstanden wurde, wird die Antworten werden zusammengefasst. Wenn erforderlich, kann dabei den Teilnehmenden ins Wort gefallen werden. Das wird nur selten übel genommen, da nach der Zusammenfassung die Vergewisserung erfolgt, ob sie so passt.

2. Entscheidung

Nun gilt es, möglichst zügig zu einer Entscheidung zu kommen. Wenn die Aufträge von Chef und Teilnehmenden widersprüchlich sind, folgt der Abbruch durch den Moderator. Es kann aber auch sein, dass die Aufträge zwar widerspruchsfrei sind aber einzelne Personen sich nicht an einer Lösungssuche beteiligen wollen. Hier stehen drei Wege offen

- Die Moderation findet statt, aber nicht mit allen
- Die Moderation findet nicht statt
- Die Moderation findet trotzdem mit allen statt
- Dafür gibt es zwei Entscheidungen zu treffen:

Die anderen Teilnehmenden werden nach den Konsequenzen gefragt für den Fall, dass

a) ein Kollege nicht teilnimmt
b) der Kollege doch teilnimmt

Es folgt ein kurzer Meinungsaustausch

Der Teilnehmer, der auf »NEIN« steht, wird gebeten zu entscheiden, ob er sich auf den Prozess einlassen will, oder nicht. Nach seiner Entscheidung werden die verbleibenden Teilnehmer wieder gefragt, wie ihre Teilnahmebereitschaft nun aussieht. Bei einem »NEIN« endet die Moderation. Bei einem »JA« geht es weiter.

Bei diesem Vorgehen kann ein ziemlicher Gruppendruck entstehen. Das wird auch in Kauf genommen. Schließlich liegt es nicht in der Verantwortung des externen Beraters zu erreichen, dass die Teilnehmenden mitarbeiten wollen. Der externe Berater übernimmt Verantwortung dafür, dass ein vorhandener Wille mitzuarbeiten, einen wirksamen Rahmen erhält. Da die Zeit sehr knapp bemessen ist, bleibt kein Raum für emotionale Klärungen. Ziel ist, möglichst schnell Klarheit über das Vorhandensein der Bereitschaft zu erhalten. Damit wird die Arbeit einfach: Entweder es ist eine Bereitschaft vorhanden, oder eben nicht. Beides wird akzeptiert. Für die Teilnehmenden bietet diese Klarheit gute Orientierung. Sie stellt die unverzichtbare Basis für die weitere Führungserlaubnis dar im Prozess dar.

In der Praxis der Durchführung sind solche Situationen selten, und wenn, dann kaum dramatisch. Es ist vielmehr Ausdruck von Sorgen mancher Ausbildungsteilnehmer, denen noch die Sicherheit im Umgang mit der Unsicherheit fehlt. Sollten sich diese Sorgen in der Realität bewahrheiten, ist Supervision angebracht. Dabei kann die Betrachtung folgender Frage manchmal sehr hilfreich sein:

> Wie hat der externe Berater es geschafft, Zweifel und Unsicherheit bei seinen Kunden so sehr zu verstärken, dass ein Auftrag nicht durchführbar wurde?

Ähnlich verhält es sich mit der Sorge, dass die Positionierungen viel mehr Ausdruck vom Zwang eines regelkonformen Verhaltens sind, statt eine ernst gemeinte Stellungnahme. Auch darüber lässt sich nur spekulieren. Tatsache ist, dass die Menschen mit all dem, was sie tun und was sie nicht tun, vom Berater ernst zu nehmen sind. Deshalb führt der Berater keine Überprüfung durch, ob sie es tatsächlich so meinen, wie sie es zum Ausdruck bringen, oder nicht. Das ist an dieser Stelle auch noch nicht erforderlich. Zum späteren Zeitpunkt, wenn es um die Planung von Handlungen geht, wird durch den gesetzten Rahmen die Ernsthaftigkeit auf den Prüfstand gestellt.

In aller Regel sind die Teilnehmen sehr willig, zu einem guten Ergebnis zu gelangen. Das lässt sich darauf zurückführen, dass der Berater darauf achtet, dass der Chef seine Führungsrolle stimmig wahrnimmt. Wirksam ist auch, dass die Berater in ihrem Auftritt sehr viel Klarheit vermitteln, sowohl durch die äußere Darstellung mit gedruckten Flipcharts als auch durch ihre Außenwirkung getragen von ihrer inneren Haltung.

Es kann aber auch sein, dass ein »Nicht-Wollen« Indikator einer kräftige Symbiose ist. Schon das ist Grund genug, Widerstände sehr ernst zu nehmen und erst gar nicht einzusteigen, wenn ein klares »Ja, ich will meinen Beitrag zur Veränderung leisten« fehlt. Wer hier versucht, mit »Überredungskünsten« eine Bereitschaft »herbeizureden«, zahlt später den Preis dafür. Auch kann durch ein zu rigoroses Vorgehen eine Symbiose entweder gefördert werden oder unentdeckt bleiben, wie das folgende Beispiel zeigt:

> In einem Team einer IT-Abteilung gibt es zwei Kollegen, die nicht mehr miteinander reden, Herr Rupp und Herr Frisch. Herr Abel hat als Führungskraft der beiden Kollegen bereits Gespräche mit ihnen geführt, jedoch blieb die gewünschte Wirkung aus. Da die Kooperation der beiden Kollegen für die Abteilung unverzichtbar ist, muss eine Lösung her. Bevor er disziplinarische Maßnahmen ergreift oder organisatorische Umstrukturierungen vornimmt, will er den beiden Kollegen zuvor die Chance geben, in einer Mediation ihren Konflikt zu klären.

Bei den Vorgesprächen zeigte sich Herr Rupp gesprächsbereit. Herr Frisch stellte fest, dass sein Vertrauen zu Herr Rupp so nachhaltig zerstört sein, dass er eine Klärung für kaum möglich hielt. Auch denke er an Kündigung, weil er den emotionalen Druck nicht mehr aushielt. Herr Frisch führte zahlreiche Gründe auf, warum eine Einigung mit Herrn Rupp nicht gelingen kann. Auch war ihm klar, dass allein Herr Rupp Schuld an der Misere sei und er selbst sich nichts vorzuwerfen habe. So zeigten sich bereits deutliche Hinweise für eine Symbiose.

Nach den beiden Vorgesprächen teilte der externe Berater der Führungskraft mit, dass eine Mediation kaum Aussicht auf Erfolg hätte. Da sich der Konflikt inzwischen im gesamten Team ausgebreitet hatte, wollte Herr Abel dem Team noch eine letzte eigenverantwortliche Klärungsmöglichkeit bieten, bevor er nun tatsächlich organisatorische Veränderungen vornimmt. Das war der Auftakt zu einer zeitoptimierten Klärung.

So zeigte sich bereits Widerstand bei der ersten Aussage im Schritt 2: »Es gibt Belastungen in unserer Zusammenarbeit«: »Was sind ›Belastungen‹?« – »...jeder versteht etwas anderes darunter...« – »...da kann ich keine objektive Aussage zu machen...«. Diese Widerstand setzte sich bis zur letzten Aussage »Ich bin mit Plan und Rahmen einverstanden« fort:« Wie kann ich einverstanden sein, wenn ich nicht weiß, wo es hinführt?« – »Wer weiß, was dabei rauskommt...«.

Nach der Feststellung des Beraters, dass durch die fehlende Bereitschaft der Prozess an diese Stelle nun vorzeitig beendet sei, und alle wieder an ihren Arbeitsplatz zurückkehren können, wollten sich die Beteiligten plötzlich doch auf Plan und Rahmen einlassen.

Schließlich zeigte sich dann aber doch im 7. Schritt, dass nur »Andere«, wie z. B. Führungskräfte, etwas verändern können. Auch war es den Beteiligten nicht möglich, im 8. Schritt andere Handlungsangebote zu benennen, als »Gespräch mit Chef«. Gleiches war bei den Handlungswünschen der Fall. Hier richtet ein Kollege an Herrn Rupp den Wunsch: »Werde dir klar, dass wegen dir ein Kollege bereit ist, zu kündigen«. Diese als Wunsch getarnter Vorwurf verlangt natürlich nach einer Konkretisierung: »Einmal angenommen, Herr Rupp würde Ihren Wusch erfüllen: Was ist Ihnen dann möglich, das jetzt noch nicht möglich ist?«

Wenn diese Frage irritiert, kann es ein Indiz dafür sein, dass die darin unterstellte Handlungsabsicht gar nicht vorhanden ist. Durch die Frage nach dem persönlichen Nutzen wird es dann deutlich: »Was haben Sie davon, wenn Herr Rupp Ihnen diesen Wunsch erfüllt?« – »Herr Rupp würde die Abteilung verlassen und wir könnten wieder normal arbeiten.«

Durch diese Aussage, zusammen mit der Zustimmung anderer Teammitglieder, offenbart sich der Mangel an Veränderungsbereitschaft. Damit hat das Team die Klarheit erzeugt, dass es eine eigenverantwortliche Einigung nicht herstellen kann. Hier ist nun die Führungskraft gefordert. Über eine Würdigung der guten Gründe konnte die Bereitschaft gefördert werden, über die Einigungsunwilligkeit offen zu reden: »Jeder Mensch hat einen ganz guten Grund, sich genauso zu verhalten, wie er sich verhält. Und wenn Sie sagen, dass Sie sich mit Herrn Rupp nicht einigen wollen, dann haben auch Sie einen ganz guten Grund dafür. Da wir so zu keiner Einigung kommen, muss Ihr Chef davon erfahren. Wer teilt ihm Ihr Ergebnis mit?«

So zeigt das Team seinem Chef, dass dieser nun um einen Machteinsatz nicht mehr umhin kommt.

In diesem Beispiel waren die Beteiligten auf der Treppe Abgrund schon ziemlich weit fortgeschritten. Hier zeigt sich die Gefahr des gewagten Leistungsversprechens »Arbeitsfähig in drei Stunden«: Wenn seine Erfüllung Vorrang hat, empfiehlt es sich, bei den ersten Indizien eine Symbiose den Prozess abzubrechen. In diesem Beispiel brauchte die Führungskraft jedoch eine innere Erlaubnis zum Machteinsatz. Das war nun gegeben und damit das Ziel des Auftrages erreicht.

Sind Sie vom Abschnitt »3. Schritt: Entscheidung« zu diesem Abschnitt gesprungen? Dann geht's weiter auf S. 129.

3.6.5 Umgang mit sozialer Unverträglichkeit

Dieser Abschnitt richtet sich nun wieder an Führungskräfte und externe Berater. Es folgt ein kleiner Tauchgang zu dem, was unter der sichtbaren Oberfläche des straffen Moderationshandelns Zeitoptimierter Klärung geschieht.

Es ist ungewohnt für die Teilnehmenden, das Abwertungen und Zuschreibungen, die normalerweise für Empörung sorgen und zur Gegenabwertung führen, vom Moderator nicht weiter aufgegriffen werden. Es gibt zwei wesentliche gute Gründe, darauf zu verzichten.

Der erste liegt in der Erkenntnis, dass es Menschen kaum oder gar nicht möglich ist, konstruktiv zu kommunizieren, wenn sie unter emotionalen Druck stehen. Zweitens wird dieser Druck zusätzlich verstärkt durch die moralgeprägte Erwartung, dass es auch unter emotionaler Belastung immer nur sozial verträgliche Verhaltensweisen existieren dürfen. Dieser Druck und die damit verbundene Energie lassen sich durch keine noch so wohl gemeinte und formulierte Unterlassungsaufforderung vermeiden, verstecken oder gar vernichten. Deshalb macht dieser Versuch keinen Sinn. Der Druck muss irgendwo einen Platz finden. Bleibt er im Körperinneren, sind früher oder später körperlichen Leiden die Folge. Geht er nach außen, kann das nur zur Explosion führen und die Regel der sozialen Verträglichkeit brechen. Wer so agiert, sät in seinem Umfeld Empörung, die zur sofortigen Ernte bereit steht: Wie kann man sich nur so verhalten? Das geht gar nicht!

Ziel des Moderators ist es zu vermeiden, dass diese Saat aufgeht. Das empörende Verhalten des Gegenübers führt zur weiteren Verstärkung der emotionalen Belastung bei den Empörten. Der Inhalt der Botschaft des Senders enthält eine Abwertung dessen, was dem Empfänger wichtig ist (vgl. »Wertequadrat« S. 108).

> In unserem Beispiel bezeichnet Hans Mertens das Verhalten von Elke Anders als »emotionale Inkontinenz«. Damit erhält die Fähigkeit des Gefühlsausdrucks von Elke Anders durch Hans Mertens die Zuschreibung einer Unfähigkeit. Gleiches erlebt Hans Mertens, der von Elke Anders die Zuschreibung »arroganter Kollege« erhielt. Hier erhält seine Fähigkeit zur Gefühlskontrolle eine Abwertung durch Elkes Anders.

So werden auf zwei Ebenen gleichzeitig Defizite erlebt. Auf der Ebene »Inhalt« ist es die abwertende Botschaft und auf der Ebene »Form« ist die soziale Unverträglichkeit. Diese Gleichzeitigkeit verstärkt die eskalationsfördernde Wirkung. Doch damit nicht genug, denn diese Wirkung erhält noch weitere verstärkende Aspekte, die ebenfalls im Unterdrückungsphänomen unerwünschter Anteile ihre Ursache finden. Dieser Zusatzantrieb hat seine Wurzeln in eigenen ungeliebten Schattenseiten, die jeder hat und kennt.

Von Kindesbeinen an haben Menschen gelernt, diese Schattenseiten zu verbergen, zu kontrollieren und bloß nicht nach außen dringen zu lassen. Diese Fähigkeit der Selbstbeherrschung ist Folge eines meist schmerzhaften Lernprozesses. Oft ist dieser Kindheitsschmerz ganz tief vergraben und im Erwachsenenalter vergessen. Damit lässt es sich auch ganz gut leben, solange diese vergrabenen Schmerzen dort bleiben, wo sie sind. Unter emotionaler Belastung können die Handlungen des Gegenübers wie eine Schaufel wirken, die den alten Schmerz auszugraben beginnt. Und dann kommen plötzlich ganz neue Aspekte ans Tageslicht, die wiederum ihre eskalationsfördernde Wirkung entfalten. Diese Erinnerung an uralte Geschichten ist selten sofort bewusst. Spürbar ist jedoch der damit verbunden uralte Schmerz. Und da dieser durch einen Impuls des Gegenübers ausgelöst wurde, wird das Gegenüber als Verursacher des Schmerzes identifiziert, obwohl es sich »nur« um den Auslöser handelt.

So bieten sich Konfliktparteien eine wechselseitige Empörungserlaubnis, genährt aus dem »Fehlverhalten« des Gegenübers und eigener uralter Geschichten. Damit wirkt ein sozial unverträgliches Fehlverhalten wie eine herbeigesehnte Erlaubnis, sich ebenfalls endlich sozial unverträglich verhalten zu dürfen und den uralten Schmerz und Druck loszuwerden. Das erklärt das Phänomen von zeitgleicher Aussaat und Ernte. Oft wird versucht, über die Beantwortung der Frage, wer angefangen hat, die Schuldigen und Unschuldigen zu identifizieren. So entstehen Täter und Opfer, und wenn dann noch der Berater als Retter hinzukommt, entsteht das klassische Drama-Dreieck. Doch diese unendliche Geschichte der Gefühlsansteckung gilt es zu durchbrechen, auch gegen Widerstände. Kraftvolle Leitungsimpulse sind somit unverzichtbar, um in emotional geladenen Situationen die Führung zu behalten und das Schiff mit dem Team durch die stürmische See zu steuern.

Nun ist die Seele eines Menschen schon sehr komplex. Wenn dann in einem Team mehrere dieser komplexen Strukturen aufeinandertreffen, die zusätzlich emotional belastet und deshalb labilisiert sind, erreicht die Komplexität ein Ausprägung, die nicht mehr in ihrer Tiefe und Fülle umfassend bearbeitet werden kann und ein kaum handhabbares Chaos bewirkt.

Deshalb verhilft die straffe Form der Moderation, an der Oberfläche zu bleiben. So werden die Auswirkungen der unzähligen Wechselwirkungen, die ihren unterschwelligen Weg finden, abgedämpft. Auch dafür ist die Prozesslogik »Akzeptanz fördern« sehr dienlich. Statt unter den Eisberg abzutauchen, um das wirklich Wichtige zu finden, wird hier bestenfalls geschnorchelt.

Wenn es erforderlich ist, tiefer abzutauchen und die Wurzeln eines Konflikts zu bearbeiten, dann sind andere Interventionen sinnvoller. Wenn deutlich wird, dass eine einzelne Person eine ganze Gruppe »aufmischt« dann ist ein Coaching mit dieser einzelnen Person stimmiger, als eine Maßnahme mit allen. Auch kann es sein, das ein Konflikt zwischen zwei Personen eine ganze Gruppe lähmt. Dann kann Mediation eine passende Bearbeitungsform sein. Doch zu Beginn lässt sich selten erkennen, welches Vorgehen für welche Situation das passende ist. Deshalb ist eine straff durchgeführte Zeitoptimierte Klärung ein erster Schritt, der der Ermittlung weiterer punktgenauer Maßnahmen dient.

3.6.6 Umgang mit dem Gebot des Ausredenlassens

Nach diesem Ausflug in die Unterwelt folgt nun das Auftauchen an die Oberfläche mit der Konzentration auf die Handlungen des Moderators von Zeitoptimierter Klärung. Hier gibt es zwei wichtige Aspekte zu beachten:

1. Wer sich vom Grundsatz leiten lässt, andere Menschen ausreden zu lassen, wird mit Zeitoptimierter Klärung höchstwahrscheinlich scheitern. Dieses Unterbrechen erfordert viel Respekt und Bewusstheit für alles das, was unterschwellig passiert. Wer als Moderator nicht gelernt hat, mit seinen eigenen Schattenseiten gut umzugehen, wird es schwer haben, diesen Respekt aufzubringen. Er wird unbewusst mit seinen eigenen Nöten viel zu sehr beschäftigt sein. Daraus folgt der zweite Aspekt:
2. Wer als Moderator, von eigenen Nöten getrieben, Menschen nicht ausreden lässt, wird mit Zeitoptimierter Klärung höchstwahrscheinlich scheitern.

Daran lässt sich erkennen, dass ein rezepthaftes Abarbeiten an der Oberfläche ohne Bewusstheit und Achtsamkeit für den Untergrund bei den Teilnehmenden und im inneren Erleben des Moderators kaum Aussicht auf Erfolg haben wird.

In manchen Unternehmen gehört es zur Kultur, sein Gegenüber ausreden zu lassen. Besonders stark ausgeprägt ist es dort, wo die Menschen im direkten Kundenkontakt stehen und intensive Kommunikationstrainings absolviert haben. Dort ist das Ausreden lassen so weit automatisiert, dass es ohne große Mühe funktioniert und fester Bestandteil verinnerlichter Werte und des Handelns ist. Dass dieses Licht auch einen Schatten wirft, zeigt sich unter emotionaler Belastung besonders deutlich. Dann wird das Ausreden lassen des Senders zum Selbstzweck, weil das Zuhören können des Empfängers nicht mehr möglich ist. Die Folge sind Monologe ohne Mehrwert für das Kollektiv.

Hier hilft ein Hinweis am Anfang bei der Vorstellung des Rahmens beim Punkt »Zeit als Vorgabe«. Den Teilnehmenden wird erklärt, dass es passieren kann, dass der Moderator jemanden ins Wort fällt, um die Zeit einzuhalten. Fehlt dieser Hinweis in einer Ausreden-lassen-Kultur, ist es sehr wahrscheinlich, dass beim Unterbrechen und Zusammenfassen die Zurechtweisung des Moderators erfolgt »Darf ich mal ausreden?«. Inhaltlich richtig wäre die Antwort »Nein, dürfen Sie nicht«. Da niemand damit rechnet, dass es überhaupt eine Antwort auf diese Frage geben könnte, wirkt die Antwort sehr überraschend. Als Folge ist ein verblüfftes Schweigen genauso möglich, wie ein Kampf um die Führungserlaubnis. Damit wird die Aufmerksamkeit vom Wesentlichen abgelenkt. Eine solche Situation einzufangen, kostet Zeit. Deshalb ist es in einer solchen Kultur besonders erforderlich, das unterbrechende Zusammenfassen des Moderators zuvor anzukündigen und damit die kulturfremde Handlung des Moderators von Beginn an zu legitimieren.

Wenn trotzdem eine solche Situation eintritt, kann folgende Intervention helfen: »Ausreden lassen ist kein Selbstzweck, sondern dient dem Ziel, dass ich Sie verstehe. Davon bin ich gerade weit entfernt und merke, wie sehr mich Ihre vielen Worte verwirren. Deshalb unterbreche ich Sie, weil ich Sie verstehen und zusätzlich den Zeitrahmen einhalten will. Damit ich Sie ausreden lassen kann, wäre es das Beste, wenn Sie das, was Ihnen wichtig ist, mit einem Satz auf den Punkt bringen, bitte!«

4. Die theoretischen Grundlagen

von Karl Kreuser

»Man muss nicht Goethe sein, um Deutsch zu sprechen«. Dieses Zitat von Matthias Varga von Kibéd macht Mut, indem es ermuntert, lösungsorientierte Arbeit mit Menschen zu beginnen, auch wenn man nicht perfekt ist. Und es erlaubt jeder Führungskraft und jeder Beraterin, in der eigenen Arbeit einen individuellen Arbeitsstil, einen eigenen »Dialekt« zu entwickeln.

So ist Führen und Arbeiten nach den Prinzipien Ergebnisfokussierter Klärung möglich, ohne die dahinter stehende Theorie vollständig verstehen zu müssen. Im Gegenteil: sind nicht immer wieder die Mütter die weltbesten Vermittlerinnen, die ganz intuitiv mit Liebe und Strenge ihre streitenden Kinder aussöhnen? Auch wenn – oder gerade weil – sie noch nie etwas von Mediation gehört haben...

Im vorderen Teil hat Thomas Robrecht sehr pragmatische Hinweise gegeben, wie man Teams, die sich in einer emotional belastenden Situation befinden, den Zugang zu ihren eigenen Kompetenzen wieder ermöglicht. Damit kann man arbeiten, ohne den Rest des Buchs lesen zu müssen. Für diejenigen, die unsere theoretischen Gedanken nachvollziehen wollen, zeigen wir im Folgenden auf, welche Ideen uns angeregt haben und wo sich unsere Quellen befinden. Dazu ist ein systemtheoretisches Grundverständnis ebenso von Vorteil wie die Gewohnheit, komplexe Texte zu lesen.

Hintergrundwissen:

Vertiefendes und Erklärendes zu wichtigen Quellen, Autorinnen und Theorien sowie Zusammenhänge oder weiterführende Interpretationen werden in Containern dargestellt.

Definitionen und wichtige **Begriffe** sind grau hinterlegt

4.1 Kollektive Kompetenzen

Die Arbeit mit Ergebnisfokussierter Klärung bei emotional belasteten Gruppen und die Entwicklung unserer Methoden beruhen besonders auf Überlegungen zu kollektiven Kompetenzen (Kreuser 2014), dem Kompetenzlernen in Grenzsituationen (Erpenbeck 2012) sowie auf unserer Vorstellung von Begleitung als Profession (Kreuser/Robrecht/Erpenbeck 2012) und der Unterscheidung von Begleitungs- und Konfliktkompetenz.

Die folgenden Ausführungen ermöglichen einen kleinen Einblick in unsere wichtigsten theoretischen Positionen.

4.1.1 Kompetenzen und Akteurinnen

Menschen handeln in unterschiedlichen Situationen. Meist gelingen Handlungen und führen zum gewünschten Ergebnis, manchmal auch nicht. In etlichen Situationen klappt das Handeln fast wie von selbst. Ebenso gibt es Situationen, etwa unter Stress oder bei Konflikten, in denen souveränes Handeln schwer fällt. Wenn es gelingt, auch in neuartigen, überraschenden und herausfordernden Situationen lösungsorientiert zu handeln, dann ist das ein Hinweis auf Kompetenzen, über die der handelnde Mensch verfügt.

So stellt sich die Frage »was sind eigentlich Kompetenzen«? John Erpenbeck (2010), dessen Überlegungen auf der Synergetik aufbauen (Haken 1991), definiert:

> **Kompetenzen** sind Fähigkeiten zu selbstorganisiertem kreativem Handeln in neuartigen (herausfordernden, überraschenden, schwierigen) Situationen.

Darüber hinaus stellt John Erpenbeck fest, dass sich Kompetenzen bilden aus

- **Fähigkeiten**, die besonders aus Erfahrung und Wissen entstehen, immer in Kombination mit
- **Bereitschaften**, die aus Wille und verinnerlichten Werten erwachsen, man könnte näherungsweise kurz auch »Motivation« sagen.

Eine Gegenüberstellung, was alles (noch) nicht Kompetenz ist, soll helfen, diese einfach anmutende Definition besser zu erfassen. Dadurch soll eine einseitige Verkürzung des Kompetenzbegriffs auf zu wenige Faktoren vermieden werden:

Kompetenzen sind	...und (noch) nicht
Fähigkeiten	Persönlichkeitseigenschaften, formale Qualifikationen (Zeugnisse), Verweildauer in einer Funktion
zu selbstorganisiertem	fremdorganisiert, erzwungen, reaktiv, reflexartig, alternativlos, nachgeahmt, routinehaft, gewohnt, traditionell (schon immer so)
und kreativem *(lösungsorientiert, ideenreich, verbessernd, ermöglichend, erfinderisch, experimentierend, originell, annehmbar)*	problemorientiert, aktionistisch, abweisend, verschlimmernd, verhindernd, boykottierend, begründend, verteidigend, grotesk, absurd
Handeln *(einschließlich Denken und Entscheiden)*	Absichtsbekundungen und Lippenbekenntnisse, Möglichkeitsformen und Konjunktive (könnte, sollte können, müsste doch eigentlich...), Denk-, Entscheidungs- oder Handlungsunfähigkeit (Paralyse)
in neuartigen *(zieloffen, mehrdeutig, unsicher, herausfordernd, belastend, emotional labilisierend)*	bekannt, alltäglich, einfach, linear (wenn..., dann...)
Situationen	unabhängig von der wertenden Perspektive auf die Konstellation von Gegebenheiten, Umständen, Sachzwängen etc. in der Umwelt, die zum Handeln anregt

Abb. 53: Kompetenzbegriff nach Erpenbeck

Hintergrundwissen:

Die **Synergetik** wurde vom Physiker Hermann Haken ursprünglich als Lasertheorie entwickelt, später dann durch ihn selbst von physikalischen auf andere, auch soziale Systeme ausgeweitet. Sie ist eine Theorie der Selbstorganisation von gleichgewichtsfernen Systemen. (Das sind Systeme, die Energie, Materie oder Informationen mit der Außenwelt austauschen.) Dabei bestimmt das Mikroverhalten der Bestandteile (von Haken als Ordnungsparameter bezeichnet) das Gesamtverhalten des Systems.

Wird eine Struktur äußerlich angeregt (die Synergetik spricht hier von einem Kontrollparameter), weisen Strukturen zunächst eine gewisse Robustheit gegenüber Veränderungen in der Umwelt auf. Kontrollparameter können jedoch (wenn sie einen kritischen Wert erreichen) bewirken, dass sich die Struktur und damit das Verhalten des Systems spontan verändern (so genannter Phasenübergang), wobei verschiedene Ordnungsparameter dabei konkurrieren können (das wird kritische Fluktuation genannt). Humansysteme reagieren generell auf zwei Arten: entweder versucht das System, sich der Umwelt und der Belastung anzupassen oder es versucht, die Umwelt so zu verändern, dass die Belastung verschwindet (vgl z. B. Piaget 1976).

John Erpenbeck (2007) zeigt, dass in Humansystemen (Individuen, Teams, Unternehmen) Werte als Ordnungsparameter fungieren, die das individuelle und kollektive Handeln bestimmen. Für ihn sind **Werte** sogenannte »Kompetenzkerne« des Menschen. Er stützt sich dabei auf eine Definition von Werten nach Pavel Baran, als das, »was aus verschiedenen Gründen aus der Wirklichkeit hervorgehoben wird und als wünschenswert und notwendig für den auftritt, der die Wertung vornimmt, sei es ein Individuum, eine Gesellschaftsgruppe oder eine Institution, die einzelne Individuen oder Gruppen repräsentiert« (Erpenbeck/Brenningkmeijer 2007). Es geht hier also nicht um »offizielle« Werte, wie sie etwa in Unternehmensleitbildern beschrieben werden, sondern um die Werte (näherungsweise im Sinn von »Motiven«), die das Handeln von Menschen oder Kollektiven tatsächlich leiten – und da gibt es immer wieder Unterschiede.

In Kollektiven ist darüber hinaus Führungshandeln ein wesentlicher Ordnungsparameter. Das bedeutet, Mitarbeitende handeln dann nach den Vorgaben ihrer Führungskraft, oft auch entgegen eigener Überzeugungen oder wider besseres Wissen.

Auf Kompetenzen übertragen sind Belastungen (wie Konflikte) Kontrollparameter, die kritische Fluktuationen hervorrufen (besonders wenn die Situation als herausfordernd, überraschend, neuartig bewertet wird). Eine Wertekonstellation (von mehreren möglichen) setzt sich durch und bestimmt als Ordnungsparameter das Gesamtverhalten des Systems. Gelingt dabei kreatives Handeln, dann sprechen wir von Kompetenz. John Erpenbeck (2010) beschreibt **Kompetenzen** als Fähigkeiten und nicht als Persönlichkeitsmerkmale. Es bezeichnet es sogar ausdrücklich als falsch, Kompetenzen aus Persönlichkeitseigenschaften abzuleiten. Das hängt damit zusammen, dass solche Typisierungen keinen Situations- und Handlungsbezug aufweisen. Fähigkeiten dagegen werden erst im Handeln manifest. Kompetenzen, als besondere Fähigkeiten, setzen eine Person mit der vorgefundenen oder gebotenen Situation und der konkreten Handlung in Bezug. Weiter verwendet Erpenbeck einen weit gefassten **Handlung**sbegriff, der das »Denkhandeln« mit einschließt. Er grenzt kreatives Kompetenzhandeln von routinehaftem Gewohnheitshandeln ab.

»Nichts tun« kann entweder der Ausdruck von Handlungsunfähigkeit (Paralyse) sein, oder aber eine Handlungsform. Es kann dabei reaktive Gewohnheit sein, sich in herausfordernden Situationen routinemäßig zurückzuhalten, weil man es eben nicht besser weiß, es schon immer so gemacht hat, keine besondere Lust hat, oder sich nicht (zu)traut, anders als bisher zu agieren.

Ebenso kann es als proaktiv-kreatives Unterlassen Kompetenzhandeln sein, um beispielsweise stabilisierend eine Situation nicht weiter zu verändern, sie deeskalierend zu entspannen oder eskalierend zuzuspitzen. (Beispielsweise nach dem Motto »Ich würde der anderen zwar gern meine Meinung geigen, sage aber bewusst nichts, damit es nicht noch schlimmer wird. Sonst kommen wir nie zu einem Ergebnis...«.)

Selbstorganisation wird von Fremdorganisation unterschieden, besonders in den Formen von Zwang oder sanktionierbaren Vorgaben.

Menschen handeln in Teams und Unternehmen. Auch diese können als Kollektiv Handlungsergebnisse hervorbringen, z.B. wenn »die Firma eine Rechnung stellt« oder »die Mannschaft ein Tor schießt«. Selbstverständlich kann die »Firma« als Abstrakt keine Rechnung stellen oder die »Mannschaft« kein Tor erzielen. Es steckt immer ein handelnder Mensch dahinter, etwa die Sachbearbeiterin oder die Mittelstürmerin. Dennoch wird das Ergebnis dabei dem Kollektiv (Firma, Mannschaft) und nicht dem einzelnen Menschen zugerechnet.

In Anlehnung an Karl Weick (1995) sind Kollektive gemeinsame Mittel (also sowas wie »Instrumente«) mehrerer Akteure zum Erreichen unterschiedlicher Zwecke. Er schildert folgende Phänomene, die die Zwiespältigkeit von Kollektiven, Kooperation und Konflikt zugleich zu sein, aufzeigen:

- Das Kollektiv wird längerfristig bestehen, wenn die Akteurinnen das gemeinsame Ziel entwickeln (**Kooperation**), das Kollektiv zu erhalten, weil es sich als nützliches Mittel erweist, um damit weiterhin die jeweils eigenen Zwecke zu verfolgen.
- Dabei kann dann Uneinigkeit (**Konflikt**) über Mittel und Wege entstehen, wie dieses Ziel zu erreichen sei.

Menschen handeln situationsbezogen für sich und das Kollektiv zugleich. Solche Konstellationen bringen Gemengelagen individueller und kollektiver Handlungsstrategien hervor: »was sichert meinen Einfluss und meine Interessen und was die des Kollektivs«? Das produziert einen durch das Kollektiv geprägten Modus des Handelns, einen sogenannten »state of mind« (Haken/Schiepek 2006), in dem man auf bestimmte Kompetenzen zurückgreifen kann (und auf andere eben nicht. Wir kennen das: Viele von uns streiten beispielsweise zuhause anders als in der Arbeit. Die Handlungsmodi, unsere states of mind »Berufsleben« und »Privatleben«, unterscheiden sich meist). Ein beruflicher

»state of mind« ist durch mehrere konkurrierende Positionen geprägt. Menschen handeln in einer Gleichwirklichkeit

- **individuell** so, wie es ihren eigenen Vorstellungen und Werten entspricht oder von ihnen erwartet wird
- **kollektiv** so, wie sie glauben, dass es für ihr Team und auch für ihr Unternehmen gut ist oder von ihnen erwartet wird
- **situativ** so, wie es aus ihrer Sicht die Situation erfordert oder zulässt.

Hintergrundwissen:

Ein »**state of mind**« ist ein kognitiv-affektiver Erlebens- und Handlungszustand, in dem sich die Struktur befindet (Haken/Schiepek 2006) und in dem bestimmte Dispositionen zu selbstorganisiertem Denken und Handeln möglich sind. Es ist ein Handlungsmodus, in dem bestimmte Handlungsstrukturen verfügbar sind.

Ein »state of mind« entspricht nach Haken und Schiepek einem »besonders wirkmächtigen Schema« im Sinn von Jean Piaget (1976). Schemata sind gebündelte Annahmen über sich selbst, über die Realität und über Beziehungen als kognitive Aspekte sowie über Körper, Emotionen und Gefühle als affektive Aspekte (Sulz e. al. 2009). Sie werden ohne bewussten Einfluss durch bestimmte Situationen ausgelöst, dienen als Wahrnehmungsschablonen und stellen Handlungsentwürfe zur Verfügung. »Sobald ein Schema aktiv ist, entstehen immer wieder die gleichen affektiven und kognitiven Reaktionsmuster, und es resultiert immer wieder dasselbe Verhalten« (Sulz e. al. 2009).

Zahlreiche »states of mind« sind vorstellbar, wie etwa Zustände der Euphorie, der Verliebtheit, der Resignation oder des Lampenfiebers. In allen Handlungsmodi kann die Struktur auf konfliktäre Unterschiede reagieren. Der Wechsel zwischen »states of mind« ist, mit den Worten der Synergetik gesprochen, ein Phasenübergang in der Handlungsstruktur und von kritischen Kontrollparametern abhängig.

Eine Ansammlung exzellenter einzelkämpferischer Fußballspielerinnen ist noch keine hervorragende Mannschaft. Die durch jede Handlung zugleich repräsentierten individuellen Werte und Erwartungen sowie die Werte aus dem Team oder dem Unternehmen sind selten identisch. Vielmehr koexistieren, kooperieren oder konkurrieren diese Werte und Erwartungen, bilden Hierarchien aus und konfligieren gelegentlich. So passiert es immer wieder, dass Unternehmen – bestehend aus mehreren individuellen und kollektiven Akteurinnen – suboptimal arbeiten: Jedes Team für sich funktioniert bestens, nur das Unternehmen insgesamt nicht. Oder ein Team bringt mittelmäßige Ergebnisse, obwohl alle Mitglieder ausgezeichnete Fachleute sind. Wir gehen nicht davon aus, dass Teams oder Unternehmen – trotz der Funktionen Führung und Management, die das kollektive Handeln koordinieren – homogene Akteure sind. Das wäre dann der Fall, wenn jegliche Individualität – auch die der Repräsentantinnen von Führung und Management – eliminiert und vom Daseinszweck des Kollektivs, seiner Mission, absorbiert würde. Es wird angemerkt, dass dies nur eine sehr einfache Erklärung ist. Auf eine Darstellung der Einbettung des Kollektivs in übergeordnete handlungsprägende Strukturen wie Markt, Wirtschaft, Politik, Rechtswesen oder Gesellschaft verzichten wir an dieser Stelle.

Hinter der Torschützin und hinter der Rechnungsbearbeiterin steht ein Team, das ihnen zuarbeitet und man kann oft nicht exakt sagen, wer aus dem Team genau welchen Beitrag zum Gesamterfolg geleistet hat. Hätte die Einkäuferin kein Briefpapier besorgt oder hätte die Produktion keine verkaufsfähigen Waren hergestellt, könnte auch keine Rechnung geschrieben werden. Neben den einzelnen Tätigkeiten, die sich auf Ergebnisse (wie Rechnungen oder Tore) beziehen, ist es erforderlich, sich immer wieder untereinander abzusprechen, um das Miteinander zu koordinieren. Dabei geht es einmal um formale Angelegenheiten wie Prozesse, Abläufe, Termine, Zuständigkeiten usw., zum anderen auch um angemessenen sozialen Umgang mit den menschlichen Eigenarten und Bedürfnissen der einzelnen Individuen.

Alle, die an einem Kollektiv teilnehmen, entwickeln eigene Vorstellungen darüber, was das Kollektiv ist, was dessen Daseinszweck, und wie es handeln sollte. Nach Peter Hejl und Heinz Stahl (2000) kann man sagen:

> Ein **Kollektiv** ist ein von den Mitgliedern hergestelltes gemeinsames Wirklichkeitskonstrukt, auf das bezogen diese dann tatsächlich handeln

Damit entstehen Wechselwirkungen zwischen den einzelnen Mitgliedern und dem Kollektiv: Die Sachbearbeiterin stellt eine Rechnung im Namen der Firma. Durch ihr Handeln reproduziert sie das Kollektiv. Das Kollektiv wiederum ist handlungsleitende Voraussetzung für sie, denn die Erstellung der Rechnung erfolgt im Auftrag und nach Vorgaben der Firma. So arbeitet die Sachbearbeiterin neben dem Ergebnis (Rechnung) an den Voraussetzungen ihres Handelns (Bestätigung der Firmenstruktur). Das nennt man »selbstreferentielle Zirkel«, die nach

Gunther Teubner (1987) Emergenzen hervorrufen: Durch das Miteinander im Arbeiten am Ergebnis und an der eigenen Struktur entstehen neuartige Qualitäten, die zuvor nicht vorhanden waren und die Besonderheiten eines Kollektivs ausmachen. Kollektive Handlungen sind damit anders als lediglich individuelle Handlungen von Mitgliedern, die dem Kollektiv zugeschrieben werden. Es sind eigenständige Handlungen, die nur über das Miteinander (Emergenzen) erklärt werden können.

Hintergrundwissen:

Die Gruppenforschung kennt beispielsweise **Emergenzen** wie Verantwortungsdiffusion (das ist das Phänomen, wenn in Gruppen notwendige Aufgaben zwar erkannt werden, sich jedoch keine so recht zuständig fühlt), Trittbrettfahren (Nutzen aus dem Team ziehen, ohne dafür entsprechende Gegenleistungen einzubringen) oder Risikoverschiebung (Gruppen gehen im Allgemeinen höhere Risiken ein als Einzelpersonen) und viele andere.

Allen Kollektiven ist gemeinsam, dass jedes im Inneren seine eigene emergente Kultur hat, die es einzigartig und unverwechselbar macht. Im Äußeren ist jedes Kollektiv über einen Daseinszweck adressierbar. Wir unterscheiden hier zwei Formen von Kollektiven. Bei sehr kleinen Unternehmen fallen beiden Formen zusammen, was Verwechslungen und Vermischungen mit sich führen kann. Es bestehen folgende begriffliche Zusammenhänge:

- Die Mitglieder einer »sozialen Gruppe« (als ein dauerhaft existierendes soziales System) stellen ein Kollektiv in der Form »**Team**« als gemeinsames Wirklichkeitskonstrukt her und handeln darauf bezogen. Team steht verallgemeinernd für Arbeitsgruppe, Abteilung, Division, Projektgruppe etc. In unserem Zusammenhang ist es in der Regel ein (fraktaler) Bestandteil eines Unternehmens: Es ist mit einer Mission eines übergeordneten Kollektivs (Unternehmen) markiert, erfüllt also einen unternehmerischen Zweck, der ihm von außen auferlegt wurde. Man spricht hier – besonders wenn die Mitglieder keine Alternative zur Teilnahme haben – von »Zwangsgruppen«. Die Bestimmung des Teams leitet sich nicht allein aus einem Selbstzweck der Teammitglieder ab, wie das etwa bei einer Skatrunde der Fall ist – auch als »Neigungsgruppe« bezeichnet.
- Die Mitglieder des sozialen Systems »Organisation« stellen ein Kollektiv in der Form »**Unternehmen**« als gemeinsames Wirklich-

keitskonstrukt her und handeln darauf bezogen. Der Daseinszweck des Unternehmens kann sein:

- wirtschaftlich (Firma),
- hoheitlich (Hochschule, Gericht, Armee, Behörde...)
- caritativ (Einrichtung für Menschen mit Behinderung...)
- politisch (Partei, Bürgerinitiative...)
- ideell oder sonstiger (geistlicher Orden, Berufsverband, Genossenschaft, Trachtenverein, Gewerkschaft...).

Es gibt auch Kombinationen, bei denen im Hinblick auf optimale Handlungsfähigkeit dann das Verhältnis der Zwecke zueinander eindeutig definiert und priorisiert sein muss (z. B. gemeinnützige Stiftung mit angegliedertem Wirtschaftsbetrieb).

Hintergrundwissen:

Umgangssprachlich werden Organisation und Unternehmen oft gleich verwendet. Das ist im Alltag in Ordnung. In der Theorie jedoch sollten wir sie unterscheiden.

Wortspiele wie »die Organisation der Organisation« zeugen zumindest von unterschiedlichen Semantiken, die eher verwirren. »Organisation« wird dabei mit unterschiedlichen Bedeutungen gebraucht: Etwa im Sinn »die Gestaltung des Unternehmens«. Die hierbei innewohnende Annahme von lenkender »Meta-Organisation« ist systemtheoretisch uneindeutig und weckt Steuerungsillusionen. Bekanntlich haben äußere Steuerungsimpulse (wie Teamentwicklungen, Umstrukturierungen oder Bonussysteme) nur marginalen und eher zufälligen Einfluss darauf, wie Akteurinnen ihre Arbeitsbeziehung ausgestalten. Das hängt mehr von deren (inneren) Fähigkeiten und Bereitschaften (wir sind wieder bei Kompetenzen) ab.

Organisation weist vielmehr koexistierende, kooperierende, konkurrierende und gelegentlich konfligierende Subsysteme (wie verschiedene Abteilungen, Standorte, Machtkoalitionen...) mit unterschiedlichen Funktionen (wie Produktion, Vertrieb, Management...) auf, die sich selbstorganisiert konsolidieren und nicht durch eine »Überorganisation« gesteuert werden. Durch die Form des Unternehmens sind dabei auch Abwesenheiten und Zeitunterschiede möglich. (Etwa an verschiedenen Firmenstandorten oder in unterschiedlichen Schichten.)

Die »typische« Struktur des Teams oder des Unternehmens entsteht durch das Miteinander, Gegeneinander und nebeneinander her seiner Akteurinnen, die dabei in einem kollektiven »state of mind« (also für sich und zugleich für das Kollektiv) handeln. Die Akteurinnen tun das selbstorganisiert ohne äußeres Zutun. Etwas theoretischer ausgedrückt: Es entsteht eine eigene Struktur zu kollektivem Handeln, die durch jede kollektive Handlung reproduziert wird.

Wenn Akteurinnen in einem kollektiven »state of mind« handeln, kann man – über die individuellen Kompetenzen der Mitglieder hinaus – auch emergierende kollektive Kompetenzen voraussetzen (Kreuser 2014). Das sind neu aufscheinende Qualitäten, die nur über das kollektive Zusammenwirken erklärt werden können und die anders sind als die Zusammenschau der individuellen Kompetenzen der Mitglieder. So ist es möglich, dass ein Kollektiv auch bei Wechseln von Mitgliedern typische Qualitäten und Kompetenzen beibehalten kann. Wir definieren:

> **Kollektive Kompetenzen** sind Fähigkeiten eines Kollektivs (Team, Unternehmen...) zu selbstorganisiertem kreativem Handeln in neuartigen Situationen.

Das Phänomen der »kollektiven Kompetenzen« wird im Zusammenhang mit konsensualen Verfahren besonders in Konflikt- und Entscheidungssituationen interessant, die mit starken Emotionen einhergehen. Konsensuale Verfahren wollen lösungsorientiertes kollektives Handeln aktivieren. Kollektive sollen selbstorganisiert – aus eigenem Handeln und mit eigenen Kompetenzen – wieder arbeitsfähig werden und Konsens finden. Die Grundannahme dabei ist, dass jedes Kollektiv auch Kompetenzen besitzt. In schwierigen, überraschenden oder konfliktären Situationen kann jedoch der Zugang zu diesen Kompetenzen zeitweise verstellt sein. Das Kollektiv ist dann paralysiert (handlungsunfähig) oder reagiert mit unpassendem Gewohnheitshandeln oder folgt nur mehr fremdorganisierten Vorgaben. Selbstorganisiertes kreatives Handeln ist ihm vorübergehend nicht möglich. Aufgabe von externer Begleitung ist, dem Kollektiv den Rückgriff auf eigene Kompetenzen wieder zu ermöglichen, diese zu festigen und auszubauen.

4.1.2 Konflikte und Probleme

Besonders interessieren wir uns für herausfordernde Situationen, die Teams an ihre Grenzen führen. Konflikte sind meist solche Situationen, die als besonders schwierig empfunden werden und in denen die Arbeitsfähigkeit eines Teams deutlich abnimmt: die Energie wird nicht mehr zum Erreichen von Ergebnissen eingesetzt, sondern stattdessen dazu, eigenen Einfluss und Interessen zu mehren und zu sichern oder andere zu bekämpfen. Die zwischenmenschliche, soziale Struktur ist gestört. Ein Team kann entweder innere Konflikte haben, wenn sich einzelne Teammitglieder streiten oder das Team sich zu spalten und auseinanderzufallen droht. Es kann aber auch äußere Konflikte haben, wenn es sich mit einem außenstehenden Individuum oder Kollektiv streitet. Ferner besteht die Möglichkeit, dass Teamkonflikte Symptome von äußeren Bedingungen sind. Wenn der Handlungsdruck insgesamt zu groß wird, wenn es hohen Innovationsdruck aus dem Markt gibt oder wenn übergeordnete Chefinnen notwendige Entscheidungen nicht treffen.

Hier braucht es Methoden, die neben dem Wiederherstellen der Arbeitsfähigkeit des Teams weitere interne und externe Klärungsbedarfe sichtbar machen und auf Handlungsoptionen verweisen. Gibt es beispielsweise einen Konflikt zwischen zwei Mitgliedern, der das Team stark belastet, dann zeigt geeignete Methodik sehr präzise, inwiefern der Konflikt Symptom äußerer Faktoren ist (z.B. fehlende Strukturen oder fehlende Entscheidungen der Chefin). Ferner wird die Differenz von Anteilen erkennbar, die das Team verändern kann und solchen, die durch die Streitenden – zum Beispiel über Förderung individueller Konfliktkompetenzen mittels Mediation – in Konsens zu transformieren sind.

Ein Konflikt prägt die Charakteristik eines sozialen Systems (seiner Elemente, Relationen und Umweltbeziehungen) sowie des Kollektivs (z.B. Unternehmen, Team...) das es hervorbringt. Konflikt ist somit eine Systemeigenschaft. Wir definieren für unsere folgenden Überlegungen (Kreuser/Robrecht/Erpenbeck 2012):

> **Konflikt** als Eigenschaft eines sozialen Systems, wenn für mindestens eine Beteiligte eine Begrenzung eigener Handlungsabsichten vorliegt, weil unterschiedliche Handlungsabsichten existieren.
> **Konsens** (Nicht-Konflikt) als Eigenschaft eines sozialen Systems, wenn für keine Beteiligte eine Begrenzung eigener Handlungsabsichten vorliegt, unabhängig davon, ob unterschiedliche Handlungsabsichten existieren oder auch nicht.

Hintergrundwissen:

> Ein Übergang in den Systemeigenschaften von Konflikt nach Konsens und umgekehrt ist der Prozess, den wir als »**Transformation**« bezeichnen.

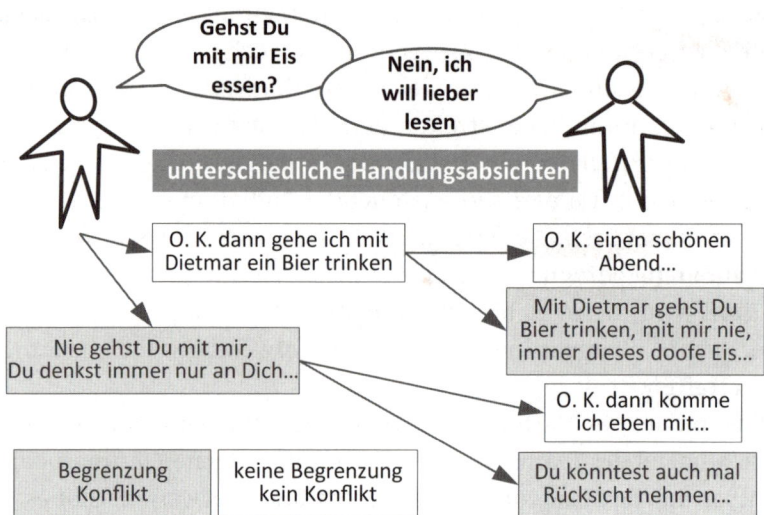

Abb. 54: Konflikt und Konsens

Hintergrundwissen:

Konfliktkompetenz ist die Fähigkeit, als Konfliktbeteiligte selbstorganisiert kreativ zu handeln, um eigene Konflikte in Konsens zu transformieren.

Konsensuale Verfahren der Konfliktbegleitung ermöglichen den Beteiligten den Zugang zu ihren Konfliktkompetenzen. Sie schaffen also Voraussetzungen, unter denen die Streitenden überhaupt (wieder) in der Lage sind, einen eigenen Konflikt in Konsens zu transformieren.

Eine Konflikttransformation kann – weil immer mit Werten und Bewertungen verbunden – nur durch den individuellen Teil der Akteurin und in deren Autonomie erfolgen. Die Verfahren sind nachhaltig, wenn der Konflikt dauerhaft beseitigt und nicht durch einen anderen ersetzt wird.

Im Konflikt bestehen starke Tendenzen zu Polarisierungen und parteiischen Zuweisungen. Streitende nehmen meist eine einseitige Perspektive ein: Es werden nur noch die sich ausschließenden Handlungsabsichten (rechts oder links, ich oder du) gesehen. Die Begrenzung entsteht jedoch aus dahinter stehenden Werten und Bedürfnissen. (Ich will links gehen, weil der Weg kürzer ist und du willst rechts gehen, weil der Weg sonniger ist.) Es geht in Wirklichkeit also gar nicht um »links oder rechts«, sondern um »sonnig und kurz«. Neben Gegen*teilen* in den Handlungsabsichten (links oder rechts) die sich ausschließen, werden gleichwirkliche Gegen*identitäten* in den Werten erkennbar (kurz ist nicht das Gegenteil von sonnig).

Aus einer Perspektive im Streit werden nur noch die Gegenteile gesehen, die Handlungsabsichten, die sich ausschließen. Die Werte sind durch sie verdeckt und können nicht mehr gesehen werden. Gute Methodik der Begleitung macht den Versuch und die Einladung, eine andere Perspektive der Betrachtung einzunehmen, die andere Bewertungen zulässt. Wir bezeichnen diese als »mediative Perspektiven«.

Hintergrundwissen:

Rodrigo Jokisch (1996 und 2007), auf den wir uns mehrfach beziehen, baut seine Gesellschaftstheorie auf einer **mediativen Perspektive** auf und beobachtet daraus soziale Phänomene. Genau das macht seine Ansicht so fruchtbar für unsere Überlegungen.

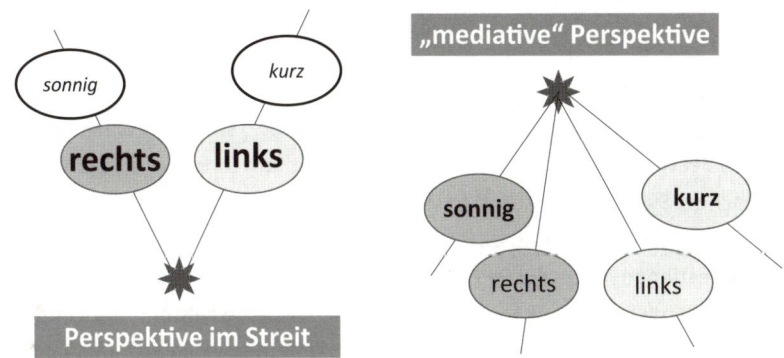

Abb. 55: Perspektive im Streit und mediative Perspektive

Konsens ist nach unserer Definition die »Abwesenheit von Begrenzung« und nicht zwingend eine sogenannte »win-win-Lösung«: Das Erkennen von Werten und Bedürfnissen hinter Handlungsabsichten kann zum Verschwinden von Begrenzungen führen. Darüber hinaus ist der Konflikt nur möglich, wenn es einen übergeordneten Wert gibt, den Weg zusammen fortzusetzen. Dieser Wert aus dem Kontext kann so wichtig sein, dass man die eigene Handlungsabsicht »begrenzungsfrei« aufgibt und einer scheinbaren »win-lose-Lösung« folgt. Der Gewinn liegt dann nicht im System der konkurrierenden Handlungsabsichten, sondern im Kontext der Gemeinsamkeit. Die Fähigkeit, auch in schwierigen Situationen immer wieder eine mediative Perspektive einzunehmen, ist ein »state of mind«, der gelegentlich als »mediative Haltung« bezeichnet wird. Mediative Haltung erzeugt den Unterschied von »Mediation« gegenüber dem »Anwenden mediativer Techniken«.

Manchmal gelingt es dem Team, einen Konflikt aus eigener Kraft – mit eigener Kompetenz – zu Konsens zu transformieren. Dabei kann die kollektive Kompetenz ganz unterschiedlich entstehen. So kann ein

4.1 Kollektive Kompetenzen

Teammitglied zur kritischen Reflexion anregen mit den Worten »Was denken wohl die Kundinnen über uns, wenn wir so weitermachen...«. Denkbar wäre auch der Impuls einer Teamkollegin in die Richtung »Leute, so geht das nicht weiter, wollen wir uns zusammensetzen und in Ruhe darüber reden...«. Ferner sind Varianten vorstellbar »Egal, wir müssen jetzt einfach die Ärmel hochkrempeln und loslegen...« oder »lasst uns doch eine Übersicht der Vor- und Nachteile anfertigen und dann abstimmen...« Wir erkennen aus diesen Beispielen, wie facettenreich und vielfältig kollektive Kompetenz hinterlegt sein kann. Es sind stets einzelne situative Impulse (Ordnungsparameter, hinter denen stets bestimmte Werte stehen), die dem kollektiven Handeln Richtung geben, also Tatsachen (Wittgenstein 2003) schaffen, die die Struktur prägen.

Hintergrundwissen:

Für Ludwig Wittgenstein (2003, Nummern 1 mit 2.012) sind es **Tatsachen**, als das »Bestehen von Sachverhalten« zwischen den »Dingen«, die die Welt ausmachen. Systemtheoretisch gesehen sind es für ihn damit nicht die Elemente, sondern die faktisch bestehenden Relationen zwischen den Elementen, die festlegen, »was der Fall ist«.

Zunächst verweist diese Erkenntnis darauf, sich nicht so sehr mit der Umgestaltung von Elementen zu befassen, wohl aber damit, wie Relationen verändert werden können, also andere Tatsachen zu schaffen. Elemente können von außen nur mit Zwang und Gewalt verändert werden. Stimmiger ist eine Veränderung aus sich selbst, aus eigenem innerem Antrieb. Wenn ich mich ärgere, dass Rupert schneller läuft als ich, dann ist dieser Ärger – der die Relation zwischen uns bestimmt – eine Tatsache. Ich kann sie verändern, indem ich etwa entscheide, mich nicht mehr zu ärgern. Wollte ich ein Element verändern, um die Tatsache des Ärgers verschwinden zu lassen, müsste ich entweder trainieren (Eigenänderung aus innerem Antrieb) oder Rupert ein Bein abhacken (Gewaltanwendung).

Übertragen auf kollektive Kompetenzen bedeutet das, besonders für Führungskräfte und Beraterinnen: Es kommt für das aktuelle Handeln des Kollektivs nicht darauf an, welche Strukturen einem Kollektiv grundsätzlich möglich sind, sondern immer, welche konkrete Struktur das Kollektiv in einer bestimmten Situation tatsächlich ausbildet. Methodisch gewendet ist es ein ideologischer Kurzschluss, ein emotional labialisiertes Team mittels Konjunktiven generell zu belehren, was es tun könnte und wie schön die Welt dann wäre. Ausgangspunkt geeigneter Methodik ist der Indikativ der Tatsache, wie es eben ist.

Welche Sachverhalte (Relationen) möglich sind, gehört zum Wesen der Dinge (Elemente). Erst wenn es um das lernende Verändern von kollektiven Kompetenzen geht, um das Entwickeln von günstigeren Handlungsalternativen, wird es interessant herauszufinden, welche anderen »Sachverhalte im Ding bereits präjudiziert« sind. Anders formuliert: Die diesem Team innewohnenden Möglichkeitsformen kollektiver Kompetenzentwicklung zu erkunden, Eigenantrieb zu fördern und dann durch Handlungen des Kollektivs (nicht der Beraterin) Tatsachen in einer dann veränderten Wirklichkeitsform zu schaffen.

Das gelingt nur dann, wenn sich solche Impulse in der Struktur auch durchsetzen und in zirkulärer Umkehr die Struktur solche Impulse überhaupt ermöglicht. Die handlungsleitenden Einflussmöglichkeiten, die Interessenskonstellationen, das Spiel von Führen und Folgen (ohne das Führen nicht möglich ist), sind letztlich Fragen formaler und sozialer Macht und Gegenmacht. Was hier zählt, ist das Handlungsergebnis, in diesem Fall der Konsens. Das Team hat seine spezifischen und einzigartigen Fähigkeiten und Bereitschaften entwickelt, den Konflikt selbstorganisiert kreativ in Konsens zu transformieren. Es hat eine förderliche Konfliktkultur hervorgebracht, um eine Begrenzung in Handlungsabsichten stimmig aufzulösen. So kann definiert werden:

Kollektive Konfliktkompetenz ist die Fähigkeit, als Team oder Unternehmen selbstorganisiert kreativ zu handeln, um Konflikte zwischen Mitgliedern in Konsens zu transformieren.

Zwei Voraussetzungen waren dabei von Bedeutung: Die Bereitschaft, vor allem der (nicht zwingend von allen im Team geteilte, jedoch handlungsleitende) Wunsch oder die Notwendigkeit, den konfliktären Zustand zu verändern sowie die Fähigkeiten, die eine Veränderung einfach und möglich erscheinen ließen. Man sagt dazu, das Team befindet sich in einem Zustand »Lösung«.

Ein Zustand **»Lösung«** liegt dann vor, wenn mindestens ein Element des Systems eine Zustandsänderung für notwendig oder wünschenswert hält und diese Veränderung einfach und möglich erscheint.

Das bedeutet, die Begrenzung kann durch eigenes Handeln aufgelöst werden (z.B. durch einen Kompromiss oder durch Neubewertung der Situation oder Auflösung der Unterschiedlichkeit von Handlungsabsichten). In solchen Fällen ist externe Begleitung nicht erforderlich.

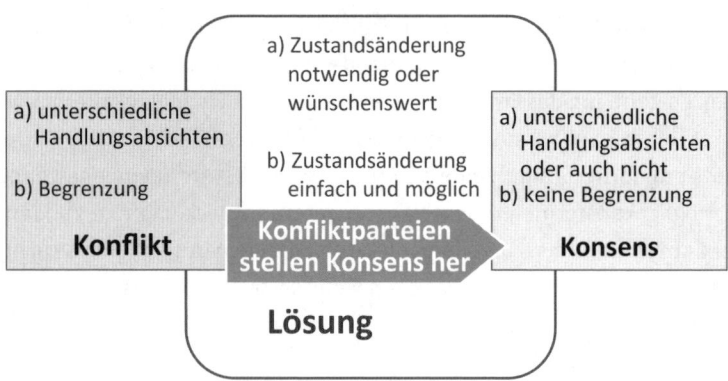

Abb. 56: Konflikt, Konsens und Lösung

Genau das gelingt manchmal nicht: Auch wenn alle den Zustand verändern wollen, weil keiner gern Konflikte hat, funktioniert es nicht,
weil eine Veränderung schwierig oder unmöglich scheint. Fehlen bei
vorhandenen Bereitschaften die erforderlichen Fähigkeiten, dann liegt
ein Zustand »Problem« (Sparrer/Varga von Kibéd 2009) vor, der externe Begleitung sinnvoll macht. Konflikt ist nur einer von vielen Auslö-
sern von Problemen, diese können auch durch andere Faktoren, etwa
drohende Massenentlassungen, hohen Innovationsdruck oder andere
entstehen. Konflikt dient hier als typisches Beispiel.

> Ein Zustand »**Problem**« liegt dann vor, wenn mindestens ein Element des
> Systems eine Zustandsänderung für notwendig oder wünschenswert hält
> und diese Veränderung schwierig oder unmöglich erscheint.

In diesem Zustand ist dem Team der Zugang zur eigenen Kompetenz
nicht möglich. Die externe Begleitung verändert den Zustand einer
streitenden Struktur von »Problem« zu »Lösung«, damit das Team den
Konflikt selbstorganisiert und konsensorientiert bearbeiten kann. Externe Begleitung ermöglicht kollektive Kompetenz. Um das zu bewirken, brauchen die externen Begleiterinnen besondere Kompetenzen,
die von kollektiver Kompetenz zu unterscheiden sind und einen »state
of mind«, in dem sie darauf zurückgreifen können. Teil dieser Kompetenz ist, sich dazu die ausdrückliche Erlaubnis des Kollektivs in Form eines eindeutigen Auftrags einzuholen. Begleitungskompetenz ist also
mehr als die Fähigkeit, eine Methode anzuwenden: sie umfasst auch
das Herstellen der eigenen Arbeitsgrundlage und die ständige Überprüfung, ob diese während des Prozesses stets ausreichend vorhanden
ist.

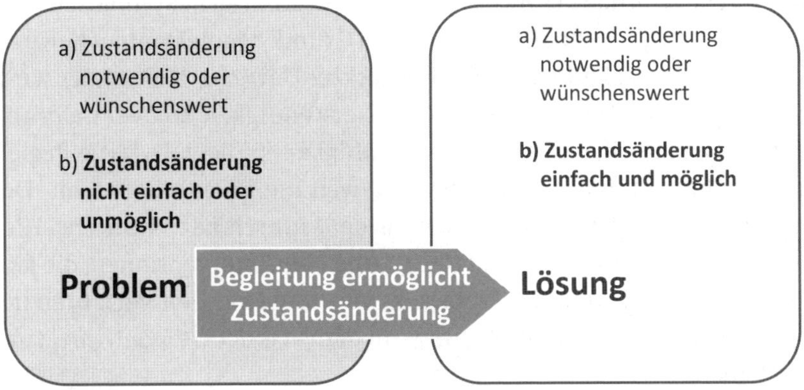

Abb. 57: Zustandsänderung durch konsensuale Begleitung

Begleitungskompetenz ist die Fähigkeit, als Prozessbegleiterin selbstorganisiert kreativ zu handeln, um einem fremden konfliktären System zu ermöglichen, seinen Konflikt selbstorganisiert in Konsens zu transformieren.

Hintergrundwissen:

Methoden der Ergebnisfokussierten Klärung oder Mediation ermöglichen Konfliktkompetenz. Gelegentlich hört man – und das aus tiefster Überzeugung – das Gegenteil: Konfliktkompetenz würde solche Begleitformen erst möglich machen. Das ist nicht nur inhaltlich falsch, sondern begrenzt auch die rollenbedingte Verantwortungsübernahme: Jede gescheiterte Begleitung kann immer damit begründet werden, die Klientinnen seien eben nicht kompetent genug gewesen. Die »tiefe Überzeugung«, aus der heraus gesprochen wird, ist ein trüber Fleck der professionellen Haltung.

Immer wieder gibt es Teams, die einen Konflikt haben, oft auch darunter leiden, jedoch keine Bereitschaft zeigen, diesen Zustand wirklich zu verändern. Diesen Zustand bezeichnen wir als Symbiose (Kreuser/Robrecht/Erpenbeck 2012).

Ein Zustand **»Symbiose«** liegt dann vor, wenn mindestens ein Element des Systems eine Zustandsänderung für nicht notwendig oder nicht wünschenswert hält.

Merkmale sind vielfach das Leugnen oder Verharmlosen des Konflikts oder die Beschränkung auf sozial erwünschte Bekundungen, den Konflikt lösen zu wollen, ohne tatsächlich Handlungsverantwortung zu übernehmen. Ferner sind das einseitige Zuschreiben von Schuld und Lösungsverantwortung an die Gegenpartei und das Ausblenden eige-

4.1 Kollektive Kompetenzen

ner Anteile deutliche Hinweise auf Symbiosen. Weden Symbiosen konstruiert, dann gibt es dafür einen guten Grund, der meist nicht bewusst wird und der deshalb auch als »verdeckter Gewinn« bezeichnet wird. Wenn es keinen Wunsch oder keine Notwendigkeit zur Veränderung gibt, dann stellt sich die Frage nach Fähigkeiten nicht. Externe Begleitung ist bei Symbiose nicht möglich, weil die Bereitschaft fehlt. Der »verdeckte Gewinn« wirkt stärker als der Wunsch nach Konsens. Hier bedarf es anderer Formen der Begleitung oder Interventionen, die jenseits des Auftrags und der Profession von konsensualen Verfahren liegen und die zunächst den Umgang mit dem »verdeckten Gewinn« zum Ziel haben.

Hintergrundwissen:

Die Unterscheidung von Konflikt und Problem ist für das Verständnis von konsensualen Verfahren ohne inhaltliche Verantwortung der Begleiterin wesentlich:

Der **Konflikt** entsteht, wenn ein Wert existiert (als etwas, das notwendig oder wünschenswert erscheint), der durch Handlung realisiert werden soll und die Handlungsabsicht durch andere begrenzt wird. Die Grundstrebung des Konflikts ist also »hin zu« der Verwirklichung dieses Werts als konkretes Ziel. Hindernis in der Zielerreichung ist die Begrenzung durch die andere. Würde das konsensuale Verfahren helfen, Begrenzungen durch die Andere zu entfernen, dann wäre sie parteiisch oder manipulativ. In der Zielkonkretheit von Konflikt liegt die Begründung, warum **ein konsensuales Verfahren keine Form der Konfliktbearbeitung** ist.

Auch dem **Problem** liegt ein Wert zugrunde, der die Veränderung des aktuellen Zustands notwendig oder wünschenswert erscheinen lässt, als »weg von« diesem Zustand in einen beliebigen besseren anderen als abstraktes Ziel. Hindernis der Zielerreichung ist die eigene Schwierigkeit oder Unmöglichkeit, eine Veränderung herbeizuführen. Die Zieloffenheit des Problems (im Gegensatz zum Konflikt mit seinem konkreten Ziel) erlaubt ein konsensuales Verfahren überhaupt erst, das nach seinem eigenen Selbstverständnis nur stattfinden kann, wenn vorab keine favorisierte Lösung, kein bestimmtes Ziel als Auftrag vorliegt. Ließe sich das Verfahren explizit im Auftrag oder implizit (man könnte von verdeckten, heimlichen Aufträgen sprechen) auf ein bestimmtes Ziel ein, entzöge es sich seine eigene Grundlage. Das Verfahren würde zu Verbündung oder Manipulation oder für die Erreichung heimlicher Aufträge missbraucht werden. Bei konfliktbedingten Problemen ist **ein konsensuales Verfahren eine Form der Problembearbeitung**.

4.1.3 Kompetenzen lernen

Kompetenzen kann man nicht lehren – aber sehr gut lernen (Barthel/ Kreuser 2011). Ein seltsamer Satz? Ja, denn die erste Schlussfolgerung ist: wenn man es nicht lehren kann, dann sollten wir uns hier keine weiteren Gedanken darüber machen. Das bezieht sich auf den ersten Halbsatz, der zweite lässt schon mehr hoffen. Kompetenzen haben stets Bezug zur Situation, in der gehandelt wird, dort entstehen sie und verändern sich – klassisch Lernprozesse. Das bedeutet, auch wenn Kompetenzen nicht gelehrt werden können, können wir Situationen erzeugen als Rahmenbedingungen, in denen Kompetenzlernen möglich ist. Möglich – nicht garantiert!

So stellt John Erpenbeck (2012) dar, wie Kompetenzlernen stattfindet. Voraussetzung ist eine Situation mit folgenden Merkmalen:

- eine »echte« Entscheidungs- oder Konfliktsituation eines Teams, die mit bisherigem Wissen und Werten nicht beherrscht wird und die
- eine tiefgehende »emotional-motivationale Labilisierung« erzeugt. Mit anderen Worten: »wo es gefühlsmäßig ganz schön abgeht«.

Das beschreibt allgemein eine Grenzsituation des Teams und genau solche Situationen werden immer wieder Anlass sein, externe Begleitung in Anspruch zu nehmen. Kompetenzlernen erfolgt in dieser Situation dann, wenn nach oder während Handlungen, die darin erfolgen

- Handlungserfolge bewusst gemacht und gespeichert werden und ein Bezug zu persönlichen Bedürfnissen und Werten sowie der Teamkultur hergestellt wird.
- Handlungserfolge und die dazu führenden individuellen Werte und die Kultur des Teams in Kommunikationsprozessen akzeptiert und sozial bestätigt werden.
- Handlungserfolge in Kommunikationsprozessen verallgemeinert und damit auf andere Grenzsituationen anwendbar werden.

Wenn also Verfahrensbegleiter in Konflikten oder anderen kritischen Situationen das Team zu erfolgreicher Handlung anleiten und dann diese drei Schritte in ihrem Vorgehen sicherstellen, haben sie einen Beitrag geleistet, dass das Team Kompetenzen erwirbt, festigt und ausbaut. Das bedeutet, Rahmenbedingungen zu schaffen, in denen Kompetenzlernen möglich ist. Möglich – nicht garantiert! Der Prozess muss so gestaltet sein, dass dem Team Zugang zu seinen »Talenten« möglich ist. Nach Volker Heyse (2008) ist »Talent« die Fähigkeit und der Wille, Kompetenz zu lernen.

4.1.4 Voraussetzungen für kollektive Kompetenz

Die Theoriearbeit (Kreuser 2014) brachte Erkenntnisse über Voraussetzungen für kollektive Kompetenzen. In der Sprechweise von Rodrigo Jokisch (1996, und damit aus einer mediativen Perspektive betrachtet) entstehen Teams und Unternehmen im Zusammentreffen

- einer **generellen Unterscheidung**, was jeweils dazu gehört und was nicht. Ein Unternehmen existiert nur dann, wenn es eindeutig von seiner Umwelt unterschieden werden kann. Diese polarisierenden und abgrenzenden Gegenteile beziehen sich besonders auf die Mission, den Daseinszweck, und alles, was davon abgeleitet wird sowie auf die Eindeutigkeit der Mitgliedschaft. Eine Unterscheidung markiert eine Grenze. Je grenzwertiger eine Situation für ein Kollektiv wird, desto klarer muss die gemeinsame Vorstellung darüber sein, wo genau diese Grenze verläuft. Wenn also zwei Abteilungen heftig streiten, dann ist es eine nützliche Voraussetzung für die Konflikbearbeitung, für alle eindeutig zu klären, wo die eigene Zuständigkeit und Verantwortung jeweils endet und die andere beginnt. (Wohlgemerkt: eine Voraussetzung!)
- einer oder mehreren **situativen Differenzen** zwischen verschiedenen Aspekten, die als Gegenidentitäten auftreten. Diese Differenzen erzeugen Unschärferelationen (vgl. Heisenberg 1979), das bedeutet, je genauer man eine Seite darstellen will, desto weniger wird die andere Seite erfassbar. Im Extremfall wird nur noch eine Seite behandelt und die andere verschwindet vollständig aus dem Blickfeld. In schwierigen Situationen wie Konflikten ist die Wahrscheinlichkeit hoch, dass auf beiden Seiten Streitperspektiven bezogen werden, die Einseitigkeiten herstellen. Das ist der Versuch, Gegenidentitäten (sonnig, kurz) zu Gegenteilen (rechts, links) zu verkürzen.

Hintergrundwissen:

Rodrigo Jokisch entwirft die »**Logik der Distinktionen**« als Basis für seine soziologische Gesellschaftstheorie (1996). Wesenskern und für weitere Überlegungen fruchtbar gemacht werden die beiden Distinktionsformen – Unterscheidung von Gegen**teilen** (asymmetrisch, dichotom, vgl. Spencer Brown 1999). Unterscheidungen können logisch zweiwertig sein (ich, nicht du) oder logisch einwertig (ich und kein anderer). Gerade ich schwierigen sozialen Situationen ist logische Einwertigkeit (so nicht!) problematisch ohne ein zur Zweiwertigkeit führendes »Stattdessen« (wie dann?).

– Differenz von Gegen**identitäten** (symmetrisch, bivalent, vgl. Günther 1980), die logisch immer zweiwertig sind.

Da Jokisch stets beide Distinktionen mitführt, beobachtet seine gesamte Theorie das Soziale aus einer mediativen Perspektive heraus. Auf dieser Grundlage entwickelt er die drei Konzepte von Entscheidung, Handlung und Kommunikation, mit denen das Soziale erklärt werden kann (und damit auch soziale Phänomene wie Konflikt oder kollektive Kompetenz).

Theorien, die nur auf Gegenteilen aufbauen würden, griffen für Humansysteme zu kurz: Reduziert man beispielsweise die Frage nach Unternehmen auf das Formale als »Entschiedenes«, dem das Informelle als das »(noch) nicht Entschiedene« gegenübergestellt wird oder auf die Form »Entscheidbares«/»nicht Entscheidbares«, dann bleibt das Denken logisch einwertig. Sich nicht ausschließende Gegenidentitäten von Formalem und Sozialem würden zu sich ausschließenden Gegenteilen von Formalem und Nichtformalem (Informellem) verkürzt:

– Gegenteile: das Formale ist nicht das Informelle;

– Gegenidentitäten: das Formale ist nicht das Nichtsoziale und das Soziale ist nicht das Nichtformale

So entstand eine Landkarte von Voraussetzungen für kollektive Kompetenzen, die bei der begleitenden Beobachtung von Kollektiven nützlich ist. Diese zeigt, wo erste Ansätze zu sinnvollen Interventionen liegen, wenn Kollektive in emotional belastenden Entscheidungs- und Konfliktsituationen zeitweise handlungsunfähig sind oder erfolglos versuchen, neuartige Situationen mit althergebrachtem Routinehandeln zu bewältigen. Voraussetzungen für Kollektive Kompetenzen, auf die im Folgenden näher eingegangen wird, sind:

1. Abgestimmtes Wirklichkeitskonstrukt
2. Arbeitsfähige Strukturen
3. Situative Relationen
4. Individuelle Kompetenzen
5. Konsequenzenreiche Reflexivität

Kollektive Kompetenzen können nicht »entwickelt« werden, das sind Steuerungsillusionen. Sie entstehen selbstorganisiert im kollektiven Handeln. Gut möglich ist jedoch, solche Entwicklungen immer wieder anzuregen und zu fördern. Die genannten Voraussetzungen für kollektive Kompetenzen bieten dazu Ansatzpunkte. Gelingt es einem Kollektiv nicht, förderliche Entwicklung aus sich heraus zu generieren, dann ist es Führungsaufgabe, dahin gehend immer wieder Veränderungen anzuregen.

1. Abgestimmtes Wirklichkeitskonstrukt

Die Mitglieder haben eine ausreichende gemeinsame Vorstellung über
- das Kollektiv (Unternehmen oder Team),
- seinen Daseinszweck (Mission), die Strategien und Ziele sowie
- das Umfeld (übergeordnete Führung, Markt,…) und auch
- das aktuelle Problem oder den Konflikt (Belastungen, Ergebniswirksamkeit)

Karl Weick (1985) beschreibt die Notwendigkeit von zweckorientierten Kollektiven »auf Einigungen darüber, was Wirklichkeit und was Illusion ist« und spricht in diesem Zusammenhang vom »Gültigmachen durch Konsens«. In sozialen Systemen kann nur das »Realität« werden, was kommuniziert wurde: Das kann dann gezielt einbezogen und bearbeitet werden. Alles Nichtkommunizierte ist dennoch vorhanden. Es wirkt »irgendwie« im Verborgenen und wird »irgendwie zufällig und komisch« einbezogen und bearbeitet, weil es nur vermeintlich oder gar nicht zum gemeinsamen Realitätskonstrukt gehört. Naheliegende ungeprüfte Anfangsannahme ist, dass das Herstellen eines ausreichend gemeinsamen Wirklichkeitskonstrukts umso unwahrscheinlicher wird, je größer das Unternehmen, je mehr Standorte es hat, je höher der Grad an Arbeitsteilung und Spezialisierung und je mehr Diversity (Alter, Ethnie, Kulturen, Geschlecht, Behinderung, Lebensform, Religion usw.) die Mitglieder einbringen. Anfangsannahme ist ferner, dass es bei eskalierenden und tief verwurzelten Konflikten umso schwieriger wird, gemeinsame Wirklichkeitskonstrukte herzustellen, da Konflikte polarisieren und Sichtweisen einengen. Die Bereitschaft zu Gemeinsamkeit durch Verändern der eigenen Sichtweise schwindet.

Dieser gemeinsamen Vorstellung von Realität, diesem gemeinsamen Wirklichkeitskonstrukt, stehen mehrere Phänomene entgegen, die Ungenauigkeiten in einem ausreichend gemeinsamen Blick auf Situation, System und Umfeld sowie auf die aktuelle Belastung schaffen:

- Jeder Mensch hat zwei Brillen, mit denen er Welt betrachtet: aus seiner **Individualität** heraus oder aus seiner **Rolle und Funktion** im Team oder im Unternehmen. Jede dieser Brillen liefert einen anderen Blick auf das Team oder Unternehmen.

Hintergrundwissen:

Nach Rodrigo Jokisch (2007) ist der Mensch nie in seiner Gesamtheit erfassbar. Wir erkennen ihn in einer ersten Distinktion

– äußerlich unterschieden als Person, als Funktions- und Rollenträger, als Gleichen unter Gleichen,
– innerlich unterschieden als Individuum, als das er einzigartig und unverwechselbar ist.

Gelegentlich fällt die Unterscheidung auf, wenn ihre Seiten benannt werden: »Ich (als Individuum) würde Ihnen ja gern helfen, aber durch unsere Vorschriften sind mir (als Funktionsträgerin) da die Hände gebunden«

- Das setzt sich fort in den Fragen, welche Bedeutung der jeweilige Mensch dem Kollektiv zur **Erfüllung eigener Zwecke** beimisst, wie er bereit ist, sich an der Kooperation zu beteiligen, das Kollektiv zu erhalten und wie er dabei die **Zielkonflikte** und die **Konflikte um Mittel und Wege** gestaltet, das zu tun. Wer seine Arbeit nur als Job sieht, um Geld zu verdienen und ihr nichts weiter abgewinnen kann, wird sich anders ins Kollektiv einbringen, als ein Mensch mit hohem Berufsethos, dem seine Arbeit auch Sinn vermittelt.
- Hinzu kommen gelegentlich **Unschärfen in den Rollen**, in denen sich die Menschen begegnen. Gerade bei Führungskräften, die aus der Mannschaft heraus benannt wurden, besteht anfangs beidseitiger Lernbedarf beim Übergang von einer bisher kollegial symmetrischen in eine zukünftig hierarchisch asymmetrische Beziehung. Bei jeder Interaktion muss beiden Seiten klar sein, ob hier aktuell die Kollegin oder die Führungskraft handelt. Das kann und darf sich von Situation zu Situation durchaus verändern. Unschärfen in der Rolle treten auch dann auf, wenn **Aufgaben, Befugnisse und Verantwortung** nicht eindeutig sind.

Hintergrundwissen:

Für betriebliche Kollektive ist das Konzept der »Rolle« bedeutsam, mit dem sich das Problem sozialer Adressierung optimal lösen lässt. Rollen sind »relativ zeitbeständige Erwartungsbündel«, aus der heraus Kommunikation, Entscheidung und Handlung erfolgen (Jokisch 2007). Damit behaupte ich nicht, dass Rollen menschliches Handeln determinieren. Vielmehr soll das Rollenkonzept auf die formale Funktion eines Mitglieds für das Unternehmen verweisen, mit allen zugehörigen Aufgaben, Befugnissen und Verantwortungen und den darauf projizierten Erwartungen. Etwas einfacher ausgedrückt: Wenn jemand die Rolle einer Bilanzbuchhalterin bekleidet, dann sind damit bestimmte Erwartungen ausgedrückt, die andere an diese Funktion haben (ordentliche Jahresabschlüsse), aber auch solche, die die Rolleninhaberin an sich stellt (»so will ich meine Aufgabe erledigen«).

- Unterschiedliche Sichtweisen auf **Bewertung und Verwendung von Dingen und Sachverhalten** als Ressourcen und Restriktionen können gemeinsame Wirklichkeitskonstrukte erfolgreich verhindern. Besonders, wenn um knappe Mittel gerungen wird (wie in den jährlichen Budget- und Stellenverhandlungen).

Hintergrundwissen:

Für Kompetenz als kreative Handlungsfähigkeit ist es unerheblich, wie das Kollektiv selbst, seine Umwelt (z. B. Märkte) oder die Ausstattung und **Verfügbarkeit** von dinglichen und ideellen Mitteln »objektiv« sind, sondern wie die Mitglieder im Handeln subjektiv darauf Bezug nehmen. Strukturrelevant ist, wie sie ihre vorgefundene Situation als Anforderungs- und Handlungswirklichkeit konstruieren und in Relation setzen zu ihren Möglichkeiten, die sie sehen. Die Fähigkeit zu selbstorganisiert kreativem Handeln ist nicht erst bei guter Ausstattung in bevorzugter Lage vorhanden. Im Gegenteil: Auch ungünstige Bedingungen können »kompetente« Handlungsdispositionen hervorrufen, diese zu verändern oder zumindest verträglichen Umgang damit zu finden. Das ist die typische Ausgangssituation von Start-Ups: Die Ausstattung, vor allem die finanzielle, ist zu Beginn meist alles andere als ideal. Dennoch reüssieren viele dieser Firmen und manche wachsen extrem schnell.

Die **Bewertung** eines Dings oder eines Sachverhalts in seiner Verfügbarkeit und Eignung entweder als Ressource, oder als Restriktion, oder als beides zugleich bestimmt die Handlungsabsicht (das ist letztlich die geplante oder intuitive Handlungserwartung, ein bestimmtes Ergebnis zu erzielen).

Das Handlungsresultat kann erfolgreicher sein, wenn im Handlungsvollzug verfügbare Mittel sinnvoll und geschickt eingesetzt oder Mängel an erforderlichen Mitteln gut kompensiert werden. Nicht die pure Anwesenheit, sondern die Art der **Verwendung** eines Dings oder Sachverhalts in der Handlung kann für das Erreichen des Handlungsresultats (den Erfolg, wer auch immer diesen wie definiert) entweder Ressource, oder Restriktion, oder beides zugleich sein. Ein großes firmeneigenes Gebäude kann Ressource sein, wenn es viele Mitarbeitende im Unternehmen gibt, die Platz für eine Werkbank brauchen. Es ist Restriktion, wenn es nur wenige Mitarbeitende gibt und Leerstände teuer bezahlt werden müssen.

Es gibt beliebte Denkfehler, die übersehen, dass Ressource von der Verfügbarkeit, der Bewertung und der Verwendung eines Dings oder Sachverhalts abhängt:

> – Ressourcen werden mit vorhandenen Mitteln gleichgesetzt. Umgangs-
> sprachlich mag das genügen, hier jedoch kommt es auf das Potenzial des
> Mittels an, sein Vermögen, Ergebnisse (als Handlungsresultate und nicht als
> Zufallsprodukte) zu befördern und auch zu behindern.
> – Der Erfolg eines Unternehmens hängt allein von seiner Mittelausstattung
> (Verfügbarkeit) ab.
> – Der Erfolg eines Unternehmens hängt allein von der Verwendung der Mit-
> telausstattung ab.

- Unternehmen sind keine Basisdemokratien und »gemeinsames
  Wirklichkeitskonstrukt« bedeutet nicht »stets einvernehmlich und
  mit allen abgestimmt«. Auch hier gibt es legitimen hierarchischen
  Vorrang und Unterordnung unter Ideen anderer. Es ist völlig in
  Ordnung, wenn die Geschäftsführerin wesentliche Teile des Wirklichkeitskonstrukts vorgibt. Sie muss nur darauf achten, dass alle
  Mitarbeiterinnen es ausreichend gleich verstehen. Auch das kann
  zu **persönlichen Begrenzungen** (nach unserer Definition: Konflikt;
  »ich will doch auch mitreden, aber darf nicht«) sowie zum Ringen
  um den **Grad der Mitbestimmung** führen. Darin manifestieren
  sich häufig auch unterschiedliche **Vorstellungen über die gesellschaftliche Funktion des Unternehmens** allgemein. Besonders in
  demokratisch selbstorganisierten Teams oder Unternehmen
  braucht es hier eine sorgfältig abgestimmte und präzise festlegende
  Unterscheidung, was die demokratischen Strukturen von Basisde-
  mokratie, Soziokratie oder »liquid democracy« abhebt. Auch in
  solchen Strukturen gibt es Führung, die jedoch nicht stets durch
  eine »vorgesetzte« Person ständig repräsentiert wird, sondern fallweise oder temporär verteilt wird. Prämissen gibt es ebenso, sie
  kommen lediglich anders zustande. Das Wirklichkeitskonstrukt
  erstreckt sich auch über mitbestimmte Strukturen und deren
  Zustandekommen (Es muss also jeder Beteiligten ausreichend klar
  sein, wie die demokratische Selbstbestimmung im Unternehmen
  funktioniert und wo deren Grenzen sind).
- Verstärkt werden diese unterschiedlichen Ansichten durch **betriebliche Aufgabenstellungen und Belohnungssysteme,** die relevanten internen oder externen Lieferanten oder Kunden und die
  spezifischen Märkte: Eine Managerin, die am Unternehmenswert
  gemessen wird (und entsprechend entlohnt oder abgefunden und
  gefeuert wird) sieht das Unternehmen eher im Kapitalmarkt, in
  dem es Tausch*objekt* ist. Eine Key Accounterin, die stark über Provi-

sionen gesteuert wird, sieht es eher im Absatzmarkt, in dem das Unternehmen Tausch*partner* ist (Ware gegen Bares). Die angestellte Lageristin, die ein Festgehalt bekommt, will einfach nur »ihren Laden« in Ordnung halten und hat keine weitere Vorstellung von Märkten, ihr machen eher die Probleme mit dem Wareneingang Sorgen. Die Personalerin hingegen sieht eher den Arbeitsmarkt als relevant an, die Einkäuferin den Rohstoffmarkt. Hinzu kommt – sobald **gehaltswirksame Ziele** vereinbart wurden – dass Mitglieder alles tun, um diese Ziele zu erreichen. Unternehmerisch Sinnvolles außerhalb des Zielkorridors wird dabei gern vernachlässigt.

- Handeln Menschen in Kollektiven (Teams), die **fraktale Akteure** in weiteren Kollektiven (Unternehmen) sind, vermehrt das die Ungenauigkeiten im Herstellen eines gemeinsamen Wirklichkeitskonstrukts, auf das bezogen dann gehandelt wird. Die Mitarbeiterin in einem Team, das zu einer Abteilung des Unternehmens gehört, wird ihr Handeln an allen diesen Kollektiven (mehr oder weniger) orientieren und hat über alle diese Kollektive ihre eigenen Vorstellungen.

Hintergrundwissen:

Fraktale sind selbstähnliche Objekte. So weisen Teile von Unternehmen wie Bereiche, Abteilungen oder Teams, viele Merkmale auf, die auch dem Unternehmen eigen sind (Ausrichtung an der Mission, Führung und Management usw.).

- Unternehmen wird Langfristigkeit unterstellt. Deshalb spielen Gegenwart und auch Zukunft eine maßgebliche Rolle. Handlungen können auf die **gegenwärtige Existenz** abzielen (heute einen guten Job machen; »exploitation«) oder auf die Sicherung **zukünftiger Chancen** (auch morgen noch dazu in der Lage sein; »exploration«). Beide Aspekte sind in angemessener Ausgewogenheit mitzuführen und dürfen sich nicht behindern: die Lösungen von heute dürfen nicht die Probleme von morgen werden (und das betrifft auch die Art und Weise, wie wir heute Lösungen generieren). Immer wieder wird in Unternehmen beispielsweise diskutiert, wieviel vom Gewinn ausgeschüttet werden soll und wieviel in Zukunftsfähigkeit (Investitionen, Forschung und Entwicklung) fließen soll. Eine rein auf das Heute bezogene Lösung, also die Ausschüttung einer größtmöglichen Rendite, würde zum Problem im Morgen, wenn das Unternehmen durch fehlende Investitionen nicht mehr konkurrenzfähig ist. Umgekehrt würde das Unternehmen für Kapitalgeber unattraktiv sein, wenn es ausschließlich in Forschung investierte.

Hintergrundwissen:

Mit den beiden Begriffen »**exploitation**« und »**exploration**« beschreibt James March (1991) das Phänomen der Ambidextrie (lateinisch: Beidhändigkeit). Das ist die Fähigkeit von Unternehmen, gleichzeitig effizient (exploitation: Verwertung, Ausnutzung von Bestehendem) und flexibel (exploration: Erkundung von Neuem) zu sein.

- Erschwerend kommt dazu, dass diese zeitliche Differenzierung zwar in der **Gegenwart** und mit Bezug zur **Zukunft**, jedoch stets im Bewusstsein der Vergangenheit erfolgt. In der Gegenwart fallen nach Rodrigo Jokisch (1996) die **Erfahrungen** der Vergangenheit (als erinnerte bewertete Erlebnisse) und die **Erwartungen** an die Zukunft (als **Hoffnungen und Befürchtungen** bewertet) zusammen und prägen das Handeln. In Umwelten, die sich permanent verändern, wäre es zu kurz gegriffen, die Erfolgsrezepte der Vergangenheit einfach in die Zukunft zu extrapolieren. Kompetenz ist dann möglich, wenn in der Gegenwart die **Vergangenheit** so bewertet wird, dass kreatives selbstorganisiertes Handeln nicht blockiert wird (»Die Umstände haben uns stets dazu gezwungen...«). Kompetenz ist ferner möglich, wenn die nicht vorhersehbare Zukunft in gleicher Weise bewertet wird: der Glaube an ein unveränderbares Schicksal, dem man alternativlos ausgeliefert ist, verhindert Kompetenz (»Wir können doch tun, was wir wollen, wir schaffen es ohnehin nicht...«).
- Und es kommt noch dicker: Ebenso wie der Mensch können auch Kollektive nie vollständig beobachtet werden: manche Beobachter beziehen sich eher auf **äußere Aspekte** der Firma wie Marktauftritt oder Rechtsform, wo sie Gleiche unter Gleichen ist. Andere sehen eher **innere Gesichtspunkte** der Kultur, die gelebten Werte oder die geschriebenen Vorgaben, die das Kollektiv einzigartig und unverwechselbar machen. Wird über diese statischen Kriterien hinaus über die Zeit differenziert, so entsteht zudem ein Bezug auf **Veränderung und Umsetzungsorientierung** des Kollektivs.

⇐ Innen	Unternehmen		außen ⇨
Kultur		**Firma**	
Werte	**Prämissen**	**Ausstattung**	**Auftritt**
gelebte Werte, Rituale, Sitten, Gebräuche, Tabus, soziale Strukturprinzipien, soziale Medien (Vertrauen, Macht...), Phänomene sozialer Gruppen, Funktion Führung als soziale Emergenz...	Strategie, Programme, Verfahren, Vorschriften, Normen, Gebote, Verbote, Aufbau, Hierarchie, Befugnisse, Sanktionen, Zuständigkeiten, Verantwortung, Abläufe, Prozesse, Aufgaben, Ziele, Mitgliedschaft, definierte „Freiräume", Indifferenzzonen, Leitbilder, Management als formale Funktion, Managementsysteme, Qualitätsmanagement, Controlling...	Kapital, Gebäude, Maschinen, Rohstoffe, Betriebsmittel, Informationen, Rechte, Lizenzen, Patente, Rechtsform, Stellen, Arbeitskräfte, Erfahrung, Können, Wissen, Technologie, Auftragsbestand, Standort, Infrastruktur... *endliche, regenerierbare oder generative, materielle oder ideelle Güter, über die verfügt werden kann*	Selbstdarstellung, Auftritt, Sichtbarkeit, Image, Marktpositionierung, Marktstellung, Marktmacht, Monopole, Alleinstellung, Angebote, Produkte, Lösungen, Waren, Dienstleistungen, Marken, Preise, Kulanzen, Kundenorientierung, Arbeitgebermarke, Sozialleistungen, Koalitionen, Promotoren, Partner, Netzwerke, Verbände, Konkurrenten, Feindbilder, Legitimität, Legalität, Kreditwürdigkeit, gesellschaftliches Engagement/ sozial/kulturell/ ökologisch...
Sinnbezug	**Formalbezug**	**Sachbezug**	**Umweltbezug**
Selbstbewusstsein Handlungssicherheit	Steuerung Effizienz	Daseinssicherheit Effektivität	Mission Attraktivität
Zeit (vorher/nachher) → Veränderungs- und Aktivitätsbezug			

Abb. 58: Bezugsmöglichkeiten auf Unternehmen

Obwohl alle vermeintlich vom gleichen Kollektiv sprechen, können ganz unterschiedliche Bilder dazu bestehen, die alle notwendig sind und die Missverständnisse provozieren. Ebenso vielfältig werden das Umfeld (übergeordnete Führung, Märkte...) und die Mission entworfen. Das gilt darüber hinaus für die Konstruktion der aktuellen Belastung, ihre emotionale Wirkung und ihrer Folgen für das betriebliche Ergebnis.

> All das macht eine gemeinsame Vorstellung von Team, Unternehmen, Mission, Handlungsstrategien oder aktuellem Problem eher zufällig.

Gelegentlich reicht eine Klarstellung hier bereits aus, schwierige Situationen zu entschärfen. Begleitende Methoden müssen einen Ansatz liefern, der Unschärfen im gemeinsamen Bild für ein auftrags- und zielbezogenes Fortkommen aufdeckt. Es geht hier um ein ausreichend (niemals vollständig!) gemeinsames Wirklichkeitskonstrukt über rahmengebende Voraussetzungen des Handelns.

2. Arbeitsfähige Strukturen

> Es gibt zugleich arbeitsfähige
> – formale Strukturen und
> – soziale Strukturen

Unternehmen und Teams können von »formalem Mechanismus« einerseits und »sozialer Gemeinschaft« andererseits abgegrenzt werden, auch wenn sie von beidem etwas haben. Kollektive haben stets formale und soziale Strukturen zugleich (Neidhardt 1994). Ganz ohne wird es nie gehen, selbst ein verliebtes Paar muss neben der sozialen Beziehung minimale formale Festlegungen treffen, etwa in der Frage »zu mir oder zu dir?«. Sonst findet die Lovestory keine Fortsetzung und bleibt eine Episode. Ebenso bleibt eine rein formale Struktur, wie etwa das Bürokratiemodell von Max Weber (1922), eine theoretische, nicht umsetzbare Idealform. Max Weber wusste das noch...

Die beiden Strukturarten sind Gegenidentitäten und nicht ihre Gegenteile. Das Formale ist nicht das Nicht-Soziale und das Soziale ist nicht das Nicht-Formale. Sie beeinflussen sich gegenseitig und so ist nicht alles im Unternehmen oder im Team, was formal regelbar wäre, sozial durchsetzbar und nicht alles, was sozial wünschenswert wäre, formal machbar. Obwohl beide Strukturarten untrennbar zu Team oder Unternehmen verwoben sind, können Probleme aus der einen Struktur nicht in der anderen gelöst werden. Wenn es also keine ordentlich geregelten Prozesse gibt, kann das nicht mit einer Anweisung an die Führungskraft wettgemacht werden: »Da musst du halt einfach deine Leute besser motivieren«. Umgekehrt überführen immer noch ausführlichere Regelungen und Verfahrensanweisungen bei Weitem nicht alle Konflikte in Konsens.

Er braucht beide Strukturen und in ihnen spiegelt sich der Mensch als Rollen- und Funktionsträger (formal) und als Individuum (sozial) sowie das Kollektiv als Firma oder Team und in seiner Kultur. Mit beiden Aspekten muss angemessen umgegangen werden (z. B. Neidhardt 1994).

- **Formal** braucht es vor allem Klarheit über Funktionen, Aufgaben, Befugnisse, Verantwortungen, Prozesse, Grenzen und Sanktionen. Management ist eine Funktion formaler Strukturen, die das liefert. Letztelemente formaler Strukturen sind unternehmerische, juristische usw. Prämissen.
- **Sozial** ist vorrangig respektvoller Umgang mit Individualitäten, Beziehungen und Gruppenphänomenen erforderlich, gerade dann, wenn es mal nicht so rund läuft (Gesprächs-, Fehler-, Konfliktkultur). Führung ist eine notwendige Emergenz sozialer Strukturen, die das sicherstellt. Letztelemente sozialer Strukturen sind individuelle und kollektive Werte.

Hintergrundwissen:

Friedhelm Neidhardt (1994) benennt innere **Gruppenphänomene**, mit denen jede Gruppe angemessenen Umgang finden muss, um erfolgreich zu handeln. Er sieht als Phänomen – hier eine Parallele zu Jokisch – sowohl die Individualität als auch Funktionen und Rollen der Mitglieder, die vom Kollektiv in ein stimmiges Verhältnis gebracht werden müssen.

So beschreibt er beispielsweise ein Problem, das jede Gruppe zu lösen hat: einen »Überschuss an Selbstdarstellung« der Mitglieder. Mit anderen Worten gibt es mehr **individuelle** Bedürfnisse, sich selbst sichtbar zu machen, als es im **funktionalen** Rahmen des Kollektivs Raum dafür gibt. Nach Neidhardt gelingt der Gruppe die Lösung auf sozialer Strukturebene in einer Relation aus »Schamgefühl« (als die Verinnerlichung von Schranken der eigenen Selbstdarstellung) und »Taktgefühl« (als folgenlose Absorption von übermäßiger Selbstdarstellung anderer).

Arbeitsfähig ist eine Struktur dann, wenn sie erlaubt, das Handeln auf unternehmensrelevante Ergebnisse zu konzentrieren anstatt auf strukturbedingte Defizite. Besteht beispielsweise ein Konflikt, stellt das eine »Störung« der sozialen Struktur dar, um die man sich kümmern muss und die vom Erzielen betrieblicher Ergebnisse ablenkt: Die soziale Struktur ist nicht arbeitsfähig. Die formale Struktur wäre nicht arbeitsfähig, wenn widersprüchliche Vorgaben existierten oder notwendige Entscheidungen fehlten. Hier geht es um die grundsätzliche Anwesenheit von arbeitsfähigen formalen und sozialen Strukturen als innere

Voraussetzungen für erfolgreiches kollektives Handeln. Besonders bei peer-groups und im Projektmanagement kann die unzureichende Regelung formaler hierarchischer Aspekte immer wieder als systematischer Fehler beobachtet werden.

3. Situative Relationen

> Das Kollektiv verfügt über Fähigkeiten und Bereitschaften, situativ immer wieder günstige Relationen herzustellen im Spannungsfeld der Gegenidentitäten von Formalem und Sozialem

Neben der generellen Anwesenheit arbeitsfähiger formaler und sozialer Strukturen geht es darüber hinaus auch darum, je nach Situation angemessene und stimmige Beziehungen (Relationen) zwischen Rollen (formal) und Individuen (sozial) sowie zwischen Prämissen (formal) und Werten (sozial) herzustellen. Das ist von Situation zu Situation neu zu bewerten und zu entscheiden. Soll ich meiner Mitarbeiterin ausnahmsweise heute Nachmittag für eine dringende Privatangelegenheit frei geben oder nicht? Formal, nach den Regeln des Unternehmens, geht das so kurzfristig kaum. Sozial, nach zwischenmenschlichen Aspekten, wäre es geboten, denn die Mitarbeiterin hat in den vergangenen Wochen mehrfach unaufgefordert Mehrarbeit geleistet, um das wichtige Kundenprojekt rechtzeitig zu beenden.

Da es hierbei um die Struktur des handelnden Systems geht, ist diese Unschärferelation (vgl. Heisenberg 1979) aus Formalem und Sozialem maßgeblich bestimmend (konstitutionell) für das jeweilige Kollektiv. Sie prägt dessen Kultur. Edgar Schein (1995) definiert Kultur aus einer Bezugsetzung dieser beiden Strukturformen (»rational und emotional korrekter Ansatz«). Sie ist »ein Muster gemeinsamer Grundprämissen, das die Gruppe bei der Bewältigung ihrer Probleme externer Anpassung und interner Integration erlernt hat, das sich bewährt hat und somit als bindend gilt; und das daher an neue Mitglieder als rational und emotional korrekter Ansatz für den Umgang mit Problemen weitergegeben wird«. Das geschieht weitgehend unbewusst. Das Unternehmen hat je eine andere Kultur, wenn von einer bestehenden Urlaubsregelung a) strikt niemals oder b) begründet ausnahmsweise oder c) eigentlich immer abgewichen wird.

4.1 Kollektive Kompetenzen

Als Komponenten der **sozialen Struktur** erwähnt Friedhelm Neidhardt (1994) besonders Vertrauen und Feedback, denen er als Äquivalente der **formalen Struktur** Regeln und Sanktionen gegenüberstellt. Diese Gegenidentitäten von Individuum/Funktion bzw. soziale Struktur/formale Struktur müssen permanent ausbalanciert werden und führen immer wieder zu Konflikten, die dann stimmig zu bearbeiten sind.

Es wäre unwirtschaftlich und chaotisch, jedes Mal das Rad neu zu erfinden. Routinen schaffen einschätzbare Standardsituationen, die nach einheitlichen Verfahren bearbeitet werden können. Zugleich gibt es Fälle, in denen bisherige Routinen versagen und ohne Querdenken würde es keine Innovation geben. Es braucht beides: Manchmal die Anpassung des kollektiven Handelns an bisherige Routinen und manchmal Entscheidungen, neue Wege zu gehen. So erscheint die Urlaubsregelung im oberen Beispiel in *dieser* Situation bei *dieser* Mitarbeiterin nicht sinnvoll und es bedarf einer bewussten Entscheidung der Führungskraft, der Regel weiter zu folgen oder *ausnahmsweise* anders vorzugehen.

Auch ein vollständig durch Routinen geregeltes Unternehmen ist vor spontaner Kreativität von Mitarbeitern nicht gefeit: Selbst Regeln schützen nicht zuverlässig gegen Kompetenz. Umgekehrt greift das im kollektiven »state of mind« handelnde Teammitglied immer dann zum Routinehandeln,

- wenn es in neuartigen Situationen diese entweder nicht als solche wahrnimmt oder
- über keine individuellen Fähigkeiten und Bereitschaften zu selbstorganisiertem, kreativem Handeln (Kompetenzen) verfügt oder aber,
- wenn es fremdbestimmt formalen Prämissen und Routinen des Unternehmens folgt (sei es aus so verstandenem Pflichtbewusstsein oder sei es, um Sanktionen zu vermeiden oder einen Vorteil zu erhalten, sei es aus voller Überzeugung oder sei es wider besseres Wissen oder gar gegen eigene Grundsätze und Werte).

4. Individuelle Kompetenzen

Da immer einzelne Mitglieder handeln – wenn auch im Namen des Kollektivs – brauchen diese genügend Kompetenzen, um Aufgaben zu erledigen und an einer arbeitsfähigen Struktur mitzuwirken (unabhängig davon, ob diese Struktur eher hierarchisch oder eher demokratisch geartet ist). Umgekehrt müssen sie das Kollektiv als einen Möglichkeitsraum erleben, in dem sie ihre individuellen Kompetenzen zur Entfaltung bringen, in dem sie selbstorganisiert kreativ handeln können. Neben Erfahrung und Wissen seien hier nochmal besonders Wille und Werte genannt, die Kompetenzen ausmachen. Das spiegelt sich im Zusammenhang mit kompetenzbasierten Methoden der Prozessbegleitung explizit in der persönlichen Verantwortung für das eigene Handeln (als Tun und Unterlassen) sowie für alle Folgen davon. Selbstorganisation geht mit Selbstverantwortung und manchmal mit Selbstüberwindung einher.

Bei der Steuerung von Mitarbeiterinnen und Mitarbeitern ist eine gute Relation herzustellen zwischen Aufgaben, die genau so und nicht anders erledigt werden müssen, und »Freiräumen« der Selbstorganisation, in denen Mitarbeitende kreative Entscheidungsspielräume haben, wie sie ihre Arbeit erledigen. Ein Unternehmen kann einen bestimmten Handlungsvollzug oder ein bestimmtes Handlungsresultat zwingend vorschreiben und Abweichungen sanktionieren. Hier verläuft die Grenze zwischen Selbst- und Fremdbestimmung. Kompetenz ist dann reduziert auf die kreative Auseinandersetzung damit, wie man dem Zwang entgehen kann oder trotz des Zwangs kreativ handelt. Zwang ist kein sicheres Mittel, Kompetenz auszuschalten.

Freiräume der Selbstorganisation sind keine Beliebigkeits- und Wohlfühlräume. Vielmehr sind sie in ihren Grenzen wohl definiert und mit Zielvorgaben und Ressourcen versehen. Neben individuellen motivationalen Effekten geht es dabei vor allem um die Möglichkeit eines Kompetenzpotenzials, das umso wichtiger wird, je mehr neuartige, überraschende, herausfordernde Situationen erwartet werden, die mit bisherigen Vorgaben nicht beherrscht werden.

Besonders deutlich wird die Frage nach individuellen Kompetenzen bei der Einstellung neuer Mitarbeiterinnen: neben die Frage, ob »die Bewerberin zu uns passt« sollte die Frage treten, »ob sie uns auch als Team/Unternehmen weiterbringt«. Fehlt diese zweite Frage gleichwirklich, dann ist die Gefahr des »self-cloning« immanent und man beraubt sich notwendigen Querdenkens für zukünftige Entwicklungen in sich ständig verändernden Umwelten.

Hintergrundwissen:

> Die formale Mitgliedschaft zum Unternehmen ist eindeutig (als dichotome, asymmetrische Unterscheidung) geregelt. Der Übergang einer Bewerberin (gehört nicht dazu) zur Mitarbeiterin (gehört dazu) ist eine Redefinition der Grenze des Unternehmens durch die Organisation.
> Mitglieder sind Menschen, die eindeutig dazugehören und zugleich Umfeld sind. Sie sind Teilnehmende am Arbeitsmarkt, die das Unternehmen als Tauschpartner im Wettbewerb zu anderen Arbeitgebern beobachten und notfalls auch das Unternehmen wechseln.
> Unternehmen sind bestrebt, Potenziale und Talente zu gewinnen und an sich zu binden. »Retention Management« ist die Anstrengung, dass kompetente Mitglieder gern bleiben und nicht nur mangels Alternative. »Arbeitgebermarke« fasst Bemühungen zusammen, das Unternehmen als attraktiv im Arbeitsmarkt darzustellen.

Alle diese Überlegungen verweisen auf ein umfassendes Kompetenzmanagement, um diese Voraussetzung für kollektive Kompetenzen nachhaltig zu steuern.

5. Konsequenzenreiche Reflexivität

Das Kollektiv verfügt über Fähigkeiten und Bereitschaften zu konsequenzenreichen Reflexivität

Hierbei geht es um den klugen und kritischen Umgang des Kollektivs mit sich selbst. Das erfolgt durch Selbstbeobachtung und Selbstkritik, Fremdbeobachtung sowie Veränderung durch Innovation und Lernen.

Förderlich sind dabei Offenheit für spontane und strukturierte Gelegenheiten des Feedbacks, Frustrationstoleranz (das ist die Fähigkeit, mit Enttäuschungen umzugehen), Ambiguitätstoleranz (die Fähigkeit, Widersprüche auszuhalten) und das Begreifen von Kritikern und Querdenkern als Ressourcen. Reflexivität erzeugt eine kritische Distanz zu

- **Prämissen** und **Werten**, die das Kollektiv leiten, (z. B. »Welche unternehmerischen/formalen Regeln, welche sozialen Werte leiten uns beim Handeln?«)
- **Absichten**, die das Kollektiv entwickelt, (z. B. »Welche konkrete Absicht verfolgen wir durch unsere Handlungen?«)

- **Handlungen** des Kollektivs, (z. B. »Unterstützen unsere Handlungen – als Tun und Unterlassen – unsere Absichten? Realisieren
  sie unsere Prämissen und Werte?«)
- gewollten wie ungewollten **Ergebnissen** und (z. B. »Welche Ergebnisse erzielt unser Handeln bei wem?«)
- deren **Folgen**. (z. B. »Was bewirken unsere Handlungsresultate kurz-
  oder langfristig bei wem?«)

Dieser Aspekt berührt auch die kollektive Verantwortung für die Handlungsresultate des Teams oder des Unternehmens (»Stehen wir redlich
ein für die Folgen unseres Handelns?«). Verantwortungsübernahme
wird dann sichtbar, wenn aus Erkenntnissen handelnd Konsequenzen
erfolgen.

Geeignete Methoden der Begleitung bauen zentral auf diesem Aspekt auf und achten neben Reflexionsmöglichkeiten besonders auch
auf die Umsetzung von Erkenntnissen durch konkrete Handlungen
und das Überprüfen durch Review-Termine.

4.1.5 Was (nicht) geht

Soweit ein Einblick in den theoretischen Hintergrund Ergebnisfokussierter Klärung, der in der gebotenen Kürze hier nur skizzenhaft bleiben kann. Kollektive Kompetenzen lassen lineare Ursache-Wirkungs-
Zusammenhänge weit hinter sich, sie sind hoch komplex. So bedarf es
fundierter und praxiserprobter Methoden, die in der Lage sind, diese
Komplexität in der Erkundung und Entwicklung kollektiver Kompetenzen zu bearbeiten. Je näher sich das Vorgehen dabei an konkreten
Konstellationen und Situationen bewegt, desto eher ist es geeignet, der
Komplexität gerecht zu werden und nachhaltige Verbesserungen zu
bewirken. Das verweist auf die genannten Voraussetzungen kollektiver
Kompetenzen und damit auf Möglichkeiten und Grenzen des Verfahrens. Es ist das Konstruktionsprinzip der Ergebnisfokussierten Klärung.

Ansätze, die lediglich einzelne Aspekte herausgreifen, wie Samm-
lungen von Qualifikationsnachweisen und beruflichen Verweilzeiten
in Datenbanken, fragebogenbasierte Darstellungen von Arbeitspräfe-
renzen und -funktionen, sogenannte Teamrollen oder das Vergleichen
von Persönlichkeitsprofilen, springen zu kurz. Sie sind nicht geeignet,
die Handlungsstrukturen von Kollektiven ausreichend abzubilden,

nachhaltig zu verändern oder Handlungsergebnisse (»kollektive Performanz«) zu erklären. Kollektive Kompetenzen sind Emergenzen, neuartig entstehende Qualitäten. Sie zeigen sich im Handeln in konkreten Konstellationen und Situationen und sind weder verallgemeinerbar noch allein aus Eigenschaften und Merkmalen der Elemente ableitbar. Auch jede Teamentwicklung, die nur auf Gestaltung des Arbeitsklimas (strukturbezogene Performanz) abzielt, kann lediglich in geringen Teilen zur Verbesserung kollektiver, missionsbezogener Performanz beitragen. Bei so verstandener Teamentwicklung geht es um die Veränderung von Relationen zur Verbesserung der individuellen Arbeitszufriedenheit unter der Annahme, dass damit auch die Performanz des Kollektivs verbessert würde. Eine solche lineare Abhängigkeit besteht nicht. Auf gut Deutsch müssen wir in Teamentwicklungen weg von dem Wunsch »Was ich von Euch brauche, um besser arbeiten zu können« hin zu der Frage »Was können wir tun, dass unser Team erfolgreicher wird?«.

Die Entwicklung kollektiver Kompetenzen zielt auf Handlungsfähigkeit des Teams und nicht primär auf Arbeitszufriedenheit der Mitglieder. Selbstverständlich gibt es Zusammenhänge, weshalb darauf zu achten ist, dass es den Mitgliedern danach möglichst besser, zumindest jedoch nicht schlechter geht als zuvor.

Hintergrundwissen:

Uns sind Reflexions- und Diagnosemittel bekannt, mit denen Kompetenzen von Teams und Unternehmen abgebildet werden können. Das sind der KODE®-Teamfragebogen und der KODE®X-Kompetenzatlas von Volker Heyse und John Erpenbeck. Beide sind momentan die einzig bekannten Instrumente, die Kompetenzen wirklich messen können (Heyse/Erpenbeck/Ortmann 2010 bzw. Heyse/Erpenbeck 2007). Der Teamfragebogen kann im Vorfeld der Begleitung zur Einschätzung und Reflexion der Lage verwendet werden oder danach, um Veränderungen kollektiver Kompetenz zu beobachten.

In konkreten Konflikt- und Entscheidungssituationen mit einhergehenden emotionalen Belastungen ist über diagnostische Momentaufnahmen hinaus besonders die Entwicklung und Stärkung kollektiver Kompetenzen durch geeigneten Methodeneinsatz wichtig. Es genügt also nicht, Kompetenzen (theoretisch, mit Fragebögen) zu erfassen. Vielmehr soll das Kollektiv ins Tun gebracht werden, um am konkreten eigenen Problem kreatives, selbstorganisiertes Handeln anzuwenden. Die genannten Überlegungen waren Maßstab bei der Entwicklung der

Ergebnisfokussierten Klärung. Die Praxis zeigt, dass es funktioniert. Die nächste Aufgabe ist, die Zusammenhänge empirisch zu überprüfen.

4.2 Rollenklärungen bei externen Begleitprozessen

Wie bereits erwähnt, hat Führung bedeutenden Einfluss auf das kollektive Handeln eines Teams oder eines Unternehmens. Hier stellt sich nun folgende Frage: »Wie nimmt eine Führungskraft ihre Rolle so wahr, dass das Team oder Unternehmen eine schwierige Situation mit eigenen Kompetenzen lösungsorientiert bearbeiten kann?«

Das Bearbeiten schwieriger Situationen ist und bleibt in der Verantwortung der Führungskraft, auch wenn zeitweise eine externe Begleiterin herangezogen wird. Die Begleiterin handelt im Auftrag der Führungskraft und unterstützt deren Prozesse punktuell. Jede Intervention der Begleiterin muss einen Beitrag zum Gesamtvorgehen der Führungskraft sein. Begleitmaßnahmen für Teams in schwierigen Konflikt- und Entscheidungssituationen sind also Optionen in einem speziellen Führungsprozess. Sie sind kein Reparaturmittel für Mitarbeitende, die nicht mehr richtig funktionieren oder Kompensationsleistungen für nicht stattgefundenes Führungshandeln. Das ist unabhängig davon, ob »Führung« hierarchisch oder demokratisch repräsentiert ist. Auch wenn externe Unterstützung immer wieder hilfreich und sinnvoll ist: Die Verantwortung für den stimmigen Umgang mit schwierigen Situationen bleibt bei der Führungskraft. Es ist hilfreich, einige Aspekte von Führung besonders zu betrachten und dann gegenüber der Beraterrolle abzugrenzen.

4.2.1 Stimmiges Führungshandeln

Besonders in herausfordernden und belastenden Situationen brauchen Teams und Unternehmen präsente, souveräne Führung. Auf was kommt es da besonders an?

Mitarbeiterinnen und Mitarbeiter spüren, ob ihre Führungskraft in solchen Momenten sicher handelt und klar entscheidet. Führungskräfte, die authentisch vermitteln, dass sie trotz Unsicherheit handlungsfähig sind, können dadurch das Sicherheitsgefühl bei ihren Mitarbeitenden erhöhen.

Führungskräfte sind jedoch keine Heldenfiguren: auch sie können zeitweise ratlos, enttäuscht, wütend und ohne Orientierung sein. Das dürfen sie, denn auch sie sind Menschen mit allem, was dazu gehört. Das bleibt so, auch wenn sie einen Hut tragen, auf dem »Chefin« steht. Was sich allerdings mit dem Hut ändert, ist die Verantwortung, trotz der eigenen emotionalen Belastung für zukunftsorientiertes Handeln des Teams zu sorgen. Hier begegnet uns die Führungskraft als Mensch: als einzigartiges, unverwechselbares Individuum mit all seinen Nöten und zugleich als Funktions- und Rollenträgerin mit all ihrer Verantwortung.

Schon die reine Anwesenheit eines Problems kann ein vermeintlicher Angriff auf die Planungsautonomie der Führungskraft sein (»jetzt muss ich mich kümmern, obwohl ich Wichtigeres zu tun habe«). Auch das begrenzt souveränes Handeln und ist eine besondere Herausforderung, stimmig in seiner Rolle zu bleiben, besonders dann, wenn man selbst emotional betroffen ist.

Bei allen Schwierigkeiten darf die Führungskraft ihre Mitarbeiterinnen und Mitarbeiter nicht aus deren Verantwortung für Ergebnisse und für kollegiales Zusammenwirken entlassen. So gilt es, den richtigen Zeitpunkt des Eingreifens zu finden, der zwischen Einmischung und Wegschauen liegt. Die Führungskraft braucht besondere Kompetenzen, um in unsicheren Situationen sicher zu handeln. Jede Intervention der Führungskraft muss angemessen und stimmig sein, also:

- **authentisch**, zu ihrer Individualität passen
- **rollenkonform**, ihrer Führungsaufgabe und Verantwortung entsprechen
- **rollenbewusst**, im Verständnis, dass das kollektive Tun und Lassen wesentlich von Vorbild, gelebtem Willen (nicht zu verwechseln mit »gesprochenem Willen« als Lippenbekenntnis) und Konsequenz der Führungskraft abhängen. Dazu gehört auch, die Bandbreite legitimierten Machteinsatzes zu kennen und die Bereitschaft, ihn bei Bedarf situativ zu nutzen.
- **rechtskonform**, mit Regeln und Vorgaben übereinstimmen
- **akzeptiert**, von den Mitarbeitenden angenommen (nicht immer unbedingt gern, manchmal auch zähneknirschend, aber immerhin angenommen)
- **situationsgerecht**, dem Konflikt oder der emotional belastenden Situation angemessen
- **unternehmerisch**, die Mission und das betriebliche Umfeld berücksichtigen
- **fortschrittlich**, zu einer Verbesserung der Situation führen

Eine professionelle externe Begleiterin prüft durch eine umfassende Auftragsklärung, welche Fähigkeiten und Bereitschaften die Führungskraft zu angemessenem und stimmigem Handeln in den Prozess einbringt. Externe Begleitung ist nur dann sinnvoll, wenn auch die Führungskraft ihren Part übernehmen kann und will. Gibt es Zweifel daran, muss das angesprochen werden. Gegebenenfalls ist die Führungskraft dann zu bestärken und zu begleiten, ihre Verantwortung am Gelingen von Lösungsprozessen zu übernehmen. Wenn das nicht möglich ist, ist der Auftrag zurückzugeben.

- Das Bearbeiten schwieriger Situationen ist Führungsaufgabe
- Die Führungskraft muss mit eigenen Belastungen so umgehen, dass das Team handlungsfähig bleibt
- Externe Begleitung unterstützt die Führungskraft punktuell

4.2.2 Souverän handeln

Was können Führungskräfte also tun? In schwierigen und belastenden Entscheidungs- und Konfliktsituationen können sie auf eine große Bandbreite von möglichem Führungsverhalten zurückgreifen. In jedem Fall haben sie die Verantwortung für alles Tun und für alles Unterlassen und für alle Folgen ihrer Interventionen. So können sie bei Schwierigkeiten zum Beispiel:

- Nichts tun und es den Umständen überlassen, wie sich das Ganze weiter entwickelt. Das kann unterhaltsame Schauspiele und spannende Überraschungen hervorrufen.
- Ab und zu mal ein Auge zudrücken, um gewollt etwas zu übersehen. Dabei müssen die Grenzen des gerade noch Geduldeten klar feststehen. Jedem soll bewusst sein, dass es sich hierbei um Toleranz handelt und nicht um Zustimmung. Jede auch noch so kleine Grenzüberschreitung ist anzusprechen und zu unterbinden.
- Anordnen, wie zukünftig mit einem kritischen Punkt zu verfahren sei. Ordnet die Führungskraft eine bestimmte Vorgehensweise an – zum Teil auch mit Sanktionen hinterlegt – dann handelt es sich aus Sicht der Mitarbeitenden um eine fremdorganisierte Vorgabe. Bezieht sich die Entscheidung, eine bestimmte Handlung vorzuschreiben, lediglich auf störende Auswirkungen, ist das Symptombekämpfung. Die eigentliche kritische Ursache bleibt erhalten. Durch solche Vorgaben schafft die Führungskraft nicht zwingend

eine nachhaltige Lösung. Sie stellt das Problem eher für Zwecke des Unternehmens ruhig. Die dahinter stehende (oft ursächliche) emotionale Belastung bleibt.

- In Konflikten als Schiedsrichterin auftreten, die nach Anhörung beider Seiten entscheidet, wer von beiden »recht« hat. Damit schafft sie immer Gewinner und Verlierer und es bleibt fraglich, ob der Konflikt damit wirklich aus der Welt ist oder einfach mit einem neuen Anlass fortgeführt wird. Der Zweifel bei solchen »Nullsummenspielen« (der Gewinn der Einen ist der Verlust der Anderen) besteht deshalb, weil eine solche Lösung zwar den Konfliktgegenstand regeln kann, nicht jedoch die vorhandenen Gefühle wie Wut, Enttäuschung, Hilflosigkeit usw. Das gilt auch für solche Kompromisse, die sich auf Nullsummen beschränken und individuelle oder soziale Anteile unberücksichtigt lassen.
- Einen Klärungsversuch anregen und begleiten oder durch Dritte begleiten lassen. In diesem Fall wird das belastende Thema durch das Team selbstorganisiert bearbeitet.
- Ihr eigenes Führungshandeln sowie die Gestaltung von Arbeitsorganisation oder Arbeitsklima überprüfen und gegebenenfalls andere Interventionen setzen als bisher.
- Sich zunächst coachen und beraten lassen, wie sie in dieser Situation am besten handeln kann.
- Etwas ganz anderes tun oder lassen, zum Beispiel in die Kantine gehen und Kaffee trinken.

- Die Führungskraft muss eine Interventionsform finden, die gut zur aktuellen Situation passt

4.2.3 Konflikte zulassen

Konflikte sind normal unter Menschen und so verwundert es nicht, dass Führungskräfte immer wieder mit Konflikten zu tun haben. Die Frage ist, wie sie damit lösungsorientiert und rollenkonform umgehen können.

Die Teilhabe der Führungskraft an Konflikten ist vielfältig: Sei es als selbst streitende Konfliktpartei, seien es Streitigkeiten im Team oder sei es ein Konflikt nach außen, mit der Nachbarabteilung oder mit Kundinnen. Wenn alle vorhandene Energie in die Pflege des Streits statt in die Arbeit investiert wird, dann sind diese Auseinandersetzungen nicht nur lästig, sie können sogar zum Stillstand führen. In extremer Ausführung zeigen sich unbearbeitete Konflikte in Form von Mobbing. Es ist Aufgabe einer Führungskraft, für Ergebnisse zu sorgen und ein arbeitsfähiges Klima herzustellen und zu erhalten, genauso wie es Fürsorgepflicht ist, aktiv gegen Mobbing vorzugehen.

Permanent werden an Führungskräfte Erwartungen herangetragen, die – sofern nicht überzogen – aus der jeweiligen Sicht berechtigt sind. Es ist längst bekannt, dass man es niemals allen recht machen kann. So muss die Führungskraft immer wieder Entscheidungen treffen. Dabei bedeutet Entscheiden »für das Eine« immer auch »gegen das Andere« oder sogar »gegen alles andere«. So gesehen bedeutet Führung immer wieder das Erfüllen und Frustrieren von berechtigten Erwartungen. Die Führungskraft macht das nicht, weil sie ein böser Mensch ist, sondern weil sie ihren Job ordentlich erledigen will. Führungsentscheidungen werden also nicht nur Glückseligkeit verbreiten. Es gibt auch unliebsame Aufgaben, die verteilt, oder berechtigte Kritik und Grenzen, die benannt werden müssen. Die Führungsaufgabe besteht also darin, bewusst Gegensätze zu schaffen und dann souverän mit den Folgen der Entscheidung umzugehen – auch wenn es Konflikte sind. Die Schwierigkeit beim Entscheiden ist oft weniger die Entscheidung »für das Gute im Einen« sondern eher die »gegen das Gute im Anderen« oder die befürchteten Folgen klarer Entscheidungen: das Frustrieren berechtigter Erwartungen. Dann eben nicht entscheiden! Auch das ist keine Alternative, denn wenn die Führungskraft nicht entscheidet, dann entscheiden irgendwann die Umstände. Auch Nicht-Entscheiden führt letztlich zu Konflikten, denn Entscheidungen setzen die Ziele und Rahmenbedingungen, um Ergebnisse zu erreichen und für ein angemessenes Arbeitsklima. Wegsehen und Aussitzen schaffen auch Konflikte.

Unternehmen sind keine Basisdemokratien und keine Wunschkonzerte. Wer die Verantwortung trägt, muss das letzte Wort haben. Beim Entscheiden gibt es die Phasen

- der **Entscheidungsfindung**: Hier ist es in schwierigen Fragen und emotional belasteten Situationen klug, Mitarbeitende einzubeziehen, deren Bedürfnisse und Kriterien zu kennen.
- das tatsächliche **Treffen der Entscheidung**: Das macht immer allein die Führungskraft, die auch die Verantwortung für die Folgen der Entscheidung trägt.
- die **Umsetzung der Entscheidung**: Dabei ist es hilfreich, erfolgskritische Punkte zu entdecken, um Reibungsverluste und Hindernisse gezielt auszuschalten.

Für die hier angedeuteten Aufgabenkomplexe, die nicht immer einfach sind, ist eine zielorientierte und integrative Methodik nützlich.

- Die schlechte Nachricht: keine Methode erspart unangenehme Entscheidungen, hilft jedoch in der Entscheidungsfindung oder bei der Umsetzung danach.
- Die gute Nachricht: gerade unter emotionaler Belastung oder bei vermeintlicher Handlungsunmöglichkeit hilft externe Begleitung, zu wirkungsvollen und nachhaltigen Entscheidungen zu kommen.

Dazu wird bereits in der Auftragsklärung erkundet, wie normal Konflikte im Team sind (und man sollte sich erst dann Sorgen machen, wenn es angeblich keine Konflikte gibt). Ferner wird ermittelt, wie Entscheidungen gefunden, getroffen und umgesetzt werden.

> – Konflikte sind normal. Es gilt, diese zeitnah und klar anzusprechen und zu bearbeiten
> – Entscheidungen provozieren gelegentlich Konflikte, Nicht-Entscheiden aber erst recht
> – Klare Entscheidungen helfen, mit Konflikten umzugehen. Besonders dann, wenn Entscheidungsfindung und Umsetzung integrativ gestaltet werden.

4.2.4 Verantwortung übernehmen

Wenn es im Team Schwierigkeiten gibt, steht die Führungskraft an exponierter Stelle. Wo aber beginnt und endet ihre Verantwortung?

Die Führungskraft ist verantwortlich für Ergebnisse und ein angemessenes Arbeitsklima. Sie darf sich nicht heraushalten, wenn die Belastung betriebliche Belange nachhaltig stört oder Grenzen im Miteinander überschritten werden. Bei Regelverstößen oder Straftaten hat sie weitergehende Pflichten wie den unbedingten disziplinarischen Machteingriff, der durch sonstige Klärungsversuche nicht ersetzt werden darf.

Die Existenz einer Belastung allein sagt noch nichts darüber aus, welche Maßnahme eine sinnvolle Alternative ist oder nicht. Einfach »irgendetwas« tun und hoffen, es werde schon helfen, ist Aktionismus. Das kann auch schiefgehen. Es muss immer beobachtet werden, wie das Team auf Interventionen reagiert, welche Bereitschaften und Fähigkeiten zur Veränderung aktuell verfügbar sind und ob das Problem eher das Symptom anderer Handlungen oder Unterlassungen ist. So kann es sein, dass ein Konflikt zweier Mitarbeiterinnen eine Reaktion auf vorgefundene Umweltbedingungen wie missverständliche Arbeitsanweisungen, ungeregelte Prozesse oder fehlende Entscheidungen ist. Die Streitenden sind dann so etwas wie Symptomträgerinnen und verweisen auf notwendige Führungsaufgaben. Das Delegieren von Klärung an Dritte, wie die Personalreferentin oder eine externe Begleiterin, ist nur in genau umrissenen Grenzen möglich, denn fremde Prozessbegleitung ist kein Ersatz für Führungshandeln und immer nur temporär und punktuell, die Führungskraft jedoch ist stets präsent. Andererseits haben auch die Kolleginnen und Kollegen untereinander Verantwortung für ihre Beziehungen und notwendige Klärungen und dürfen diese nicht ungesehen an ihre Chefin abgeben. (Ebenso wenig darf die Chefin den Mitarbeiterinnen deren Verantwortung abnehmen.)

Teil der Führungsverantwortung (und da braucht die Führungskraft gelegentlich Bestärkung und Unterstützung) ist:
- Konflikte, Belastungen und Probleme klar ansprechen
- Die Mitarbeiterinnen in ihrer Verantwortung für ein kollegiales Miteinander ernst nehmen und fordern
- Eigene Anteile erkennen und durch Handlungen sichtbar verändern
- Die eigene Erwartung eindeutig formulieren
- Der externen Begleiterin einen konkreten Auftrag erteilen
- Den Mitarbeiterinnen Absicht und Ziel der Begleitmaßnahme erklären

Ein Klärungsverfahren endet nicht mit der Bekundung einvernehmlicher Maßnahmen, das sind zunächst nichts als gute Absichten. Die Umsetzung der Vereinbarungen, die eine Lösung tatsächlich ermöglichen, findet in der Zeit danach, im Alltag statt, wenn gute Absichten durch konkrete Handlungen zu Realitäten werden. Deshalb fällt es für die Führungskraft unter die nicht delegierbare Aufgabe der Kontrolle, hier auf konkrete Handlungen und Umsetzungserfolge zu achten und Veränderungen zu würdigen. Unabhängig davon, ob sie selbst oder eine externe Begleiterin das Verfahren durchgeführt hat.

> – Die Führungskraft kennt ihre Verantwortung und übernimmt sie deutlich wahrnehmbar
> – Die Führungskraft entlässt andere (wie Mitarbeiterinnen) nicht aus deren Verantwortung

4.2.5 Matrixorganisation handhaben

Kann Führung in rein hierarchischen Strukturen noch eindeutig identifiziert werden, verschwimmt sie in Matrixorganisationen. Wie kann dennoch klare Führung sichergestellt werden?

Mitarbeitende befinden sich hier im Schnittpunkt verschiedener Interessenssphären, die grundsätzlich – unserer Definition folgend – konfliktär sind: Es gibt unterschiedliche Handlungsabsichten (z. B. die aus der Abteilung und die aus einem Projekt), welche spätestens bei der Mitarbeiterin und damit auch in der Arbeitsgruppe Begrenzungen erzeugen. Letztlich tritt anstelle einer einzelnen Auftraggeberin ein schwer zu definierendes Ensemble. Dessen Handlungsfähigkeit hängt von den oben genannten Voraussetzungen kollektiver Kompetenzen ab, wenn es die Arbeitsgruppe beauftragt und steuert.

Nach Friedhelm Neidhardt (1994) sind es drei wesentliche äußere Faktoren, die die Struktur einer Gruppe beeinflussen, so auch das kompetente kollektive Handeln:

- Äußerer Handlungsdruck
- Ressourcen
- Mitgliedschaftsalternativen

Hintergrundwissen:

Mit dem Aufsatz von Friedhelm Neidhardt »Das innere System ›sozialer Gruppen‹ und ihr Außenbezug« haben wir einen Ansatz vorliegen, der neben der inneren Struktur auch auf Außenbedingungen, die die Struktur determinieren, verweist. Gleichgewichtsferne Systeme – als Bedingung für Kompetenz – stehen im Austausch mit ihrem Umfeld. Sie orientieren ihr Handeln daran und erzielen dort Wirkungen – beabsichtigte wie unbeabsichtigte. Diese Wechselwirkungen zwischen System und Umwelt stehen in zirkulärer Abhängigkeit. Die Wirkung der Handlung der Einen (hier das Ensemble der Auftraggeberinnen) wird zur Bestimmungsgröße der Handlung der Anderen (hier der Arbeitsgruppe in der Matrixorganisation) usw. So werden beide immer wieder indirekt über ihr Gegenüber mit Auswirkungen ihrer eigenen Handlungen konfrontiert. Das kann sich verfestigen und auch zu »Teufelskreisen« eskalieren, die nur durch proaktives Kompetenzhandeln (statt reaktivem Routinehandeln oder Paralyse) vermieden werden. Damit braucht es neben der kollektiven Kompetenz der Gruppe möglichst auch kollektive Kompetenz des Ensembles, das die Gruppe direkt und indirekt beauftragt und führt.

Gerade in Projektgruppen – als typisches Beispiel für Matrixorganisation – bestehen neben dem offiziellen Projektauftrag zahlreiche Einzelinteressen der Mitglieder entsendenden Unternehmensbereiche am Projekt und seinen Ergebnissen. Diese sind nicht immer transparent und wir gehen von vielen so genannten »verdeckten Aufträgen« aus. Das erzeugt einen multivalenten, meist widersprüchlichen Handlungsdruck auf das Arbeitsteam. Dieser muss zunächst durch die Gruppe selbst, aber bei Grenzen der kollektiven Problemlösefähigkeit auch durch die Auftraggeberinnen, bearbeitet werden. Im ersten Schritt ist die Komplexität im Handlungsdruck sichtbar zu machen, was durch Methoden Ergebnisfokussierter Klärung möglich ist. Zugleich sind häufig die Ressourcen (insbesondere die zeitlichen) begrenzt, wenn Projektarbeit »on top« zur Arbeit für die Linienführungskraft geleistet wird, ohne sie in der Ressourcenplanung zu berücksichtigen. In Unternehmen bestehen selten wirkliche Mitgliedschaftsalternativen. Mitarbeitende können es sich nicht aussuchen, in welchen Konstellationen sie mitwirken wollen, sie werden in der Regel eingeteilt. Wir sprechen hier von »Zwangsgruppen«, im Gegensatz zu »Neigungsgruppen«, wie etwa die Mitgliedschaft in einer Skatrunde. Neben der Wahlmöglichkeit der Teilnahme, die beim Skat sicher größer ist, ist die Projektgruppe durch den Auftrag an einen fremddefinierten Zweck gebunden (der in Richtung der Mission der Unternehmens geht). Regelmäßige Treffen zum Kartenspiel tragen einen Selbstzweck der Mitglieder in sich.

Die Projektleiterin, als direkte Führungskraft eines Teams in der Matrix, hat die Aufgabe, unbestimmte oder mehrdeutige Situationen durch eindeutige Entscheidungen zu kompensieren. Grundsätzlich gilt: je unklarer die Situation, desto klarer die Führungskraft. Nur so kann sie dem Team ausreichend Orientierung und Sicherheit für kompetentes Handeln vermitteln. Gelegentlich helfen dabei auch vorläufige Regelungen – immer noch besser als gar keine Regel (»Bis zu einer endgültigen Entscheidung durch den Auftraggeber verfahren wir vorläufig einheitlich so...«)

Die Ergebnisfokussierte Klärung berücksichtigt bereits in der Auftragsklärung die Komplexität des Umfeldes. Schwierigkeiten für eine Zustandsänderung von Problem nach Lösung sind dabei:

- Vielfach werden durch das Ensemble der Auftraggeberinnen Symbiosen erzeugt, die auf das Team projiziert werden. Die Probleme der Komplexität sind bekannt, man leidet häufig auch darunter, nur ist niemand wirklich (letztlich durch Handlungen dokumentiert) bereit, etwas im Außen zu verändern. Soll doch das Team damit zurechtkommen...

- Nicht alle Auftraggeberinnen werden bei der Auftragsklärung anwesend sein und Verantwortung für anschließende Handlungen übernehmen, da das Projekt eine zu geringe Priorität für sie besitzt. Die Herausforderung hierbei ist, Abwesende, die das Team beeinflussen, einzubeziehen. Damit bleibt ein gemeinsames Wirklichkeitskonstrukt über das Team bruchstückhaft und wird durch schwer zu verifizierende Vermutungen gestützt.

Grundsätzlich kann man davon ausgehen: je komplexer das Umfeld, desto komplexer die äußere Auftragsklärung. Die Ergebnisfokussierte Klärung stellt sowohl Erklärungen als auch Methoden zur Verfügung, damit gewinnbringend umzugehen.

> – In Matrixorganisationen ist Führung eine Aufgabe eines schwer zu bestimmenden Ensembles
> – Führung muss Unschärfen aus der Situation durch Klarheit im Führungshandeln kompensieren

4.2.6 Veränderung erwirken

Was, wenn die Mitarbeitenden zwar die Begrenzung durch eine Belastung spüren – vielleicht sogar darunter leiden – aber diesen Zustand nicht wirklich verändern wollen? Wir sprechen beim Fehlen der Veränderungsbereitschaft von einer »Symbiose«. Belastungen, die lange andauern, befinden sich in der Regel im Zustand der Symbiose. Scheinbar bietet das Beibehalten eines Problems mehr Vorteile als eine Lösung. Das könnte zum Beispiel sein: »Solang wir uns streiten, lässt uns die Chefin mit unangenehmen Aufgaben in Ruhe« oder »...erhalten wir viel Aufmerksamkeit von ihr« und so fort. Eigenverantwortung übernehmen zu können und zu wollen kann manche Menschen überfordern, weil sie es nicht gewohnt sind. Das kann auch ein »guter Grund« für eine Symbiose sein. Gibt es einen subjektiv guten Grund – einen verdeckten Gewinn – dann wird sich die Struktur nicht (oder nur pro forma) auf klärende Veränderungen einlassen. Es besteht kein innerer Handlungsdruck, keine Notwendigkeit oder Wunsch nach Veränderung. Im Gegenteil: Würde man bei Vorliegen einer Symbiose eine Veränderung versuchen oder den Betroffenen gar ein Problem einreden (»ihr wollt das doch auch ändern, oder? Manchmal muss man über seinen Schatten springen. Denkt mal, welche Vorteile ihr dann hättet ...«), würde man auf offene oder latente Gegenwehr stoßen.

Auch die Führungskraft selbst kann Konstrukteurin einer Symbiose sein, wenn sie störende Ereignisse »aus gutem Grund« scheinbar unbeachtet weiterlaufen lässt (z. B.: »Wenn ich als Führungskraft wegsehe, muss ich keine unangenehme Entscheidung treffen oder schwierige Sachverhalte ansprechen«). Sie zeigt also keine Bereitschaft, in einer belastenden Situation zu intervenieren, selbst dann, wenn sie selbst oder betriebliche Belange darunter leiden. Manchmal reicht ein Eigenimpuls, wenn die Führungskraft merkt, dass sie selbst eine Symbiose konstruiert. Sie kann sich dann etwa in einem Seminar allgemein für solche Situationen fortbilden oder sich im speziellen Fall coachen lassen, wie sie sich zukünftig in diesem Fall klar und rollenkonform verhalten kann. Gelingt diese Zustandsänderung der Führungskraft nicht, dann kann das das vorzeitige Ende jedes Begleitverfahrens sein: Konflikte in Unternehmen haben mehrere Schwierigkeitsgrade, die des Konflikts und die des Unternehmens. Der externe Begleiter kann bei den Seltsamkeiten des Konflikts unterstützen, die Eigentümlichkeiten des Unternehmens müssen immer durch die Führungskraft repräsentiert werden. Und wenn die in einer selbstgebastelten Symbiose steckt ... geht nichts!

Ist ein Eigenimpuls der Betroffenen, die Symbiose aufzulösen und selbstverantwortlich an Lösungen zu arbeiten, nicht zu erwarten, braucht es einen Fremdimpuls in der Hoffnung, dass das System drauf wie erwünscht reagiert. Bei Schwierigkeiten im Team ist die Führungskraft durch ihre Verantwortung für reibungslose Abläufe und ein förderliches Arbeitsklima befugt und auch verpflichtet, diesen Impuls zu setzen. Einige Konflikttheoretiker sprechen hierbei gelegentlich von einem legitimierten »Machteingriff«. Solche Interventionen sind auch arbeitsrechtlich möglich. Die externe Begleiterin hat diese rollenbedingte Möglichkeit zum Machteingriff nicht. Sie kann – das sind ihre Fremdimpulse – die Symbiose nur empathisch radikal ernst nehmen, einladen und zu versuchsweiser Teilnahme anregen. Wichtig ist, dass das Team die Intensität dieses Fremdimpulses als stärker empfindet als die Wirkung des verdeckten Gewinns. Bei den Teammitgliedern soll die Notwendigkeit, der Wunsch nach einer Zustandsänderung entstehen. Nach dem Motto: »Auch wenn es bisher bequem und vorteilhaft war, die Begrenzung aufrecht zu erhalten, sollten wir durch die veränderte Situation, die unsere Chefin eben geschaffen hat, doch mal über eine Lösung nachdenken...«

Eine unumstößliche Prämisse konsensualer Verfahren ist die **Freiwilligkeit** der Teilnehmenden. Deshalb wird auch kontrovers diskutiert, ob eine Führungskraft ein solches Verfahren anordnen kann. Beide Seiten haben recht, wenn wir hier zwei Betrachtungsebenen einführen, um den **mehrdeutigen Begriff der Freiwilligkeit** zu klären Dazu sollen folgende Überlegungen anregen:

Konflikt ist durch eine subjektiv erlebte, wertebasierte Begrenzung definiert. Die Auflösung dieser Begrenzung, also die Transformation von Konflikt in Konsens, kann nur individuell subjektiv erfolgen und nicht angeordnet werden. Wie oben festgestellt wurde, dient ein konsensuales Verfahren nicht der direkten Konfliktbearbeitung, es schafft vielmehr eine Situation, in der die Teilnehmenden ihren Konflikt selbstorganisiert und autonom (freiwillig) bearbeiten können. Insofern besteht **uneingeschränkte Freiwilligkeit in der Bearbeitung des Konflikts innerhalb eines konsensualen Verfahrens**.

Erzeugt der Umgang mit einem Konflikt betriebsbedingte Probleme, also Zustände, die verändert werden sollen, obwohl keiner dazu in der Lage ist, dann kann die Führungskraft die Teilnahme an Veranstaltungen anordnen, die der Lösung dieser Probleme dienen. Insofern besteht **keine Freiwilligkeit bei der Teilnahme an einem konsensualen Verfahren**.

Als Menschen sind die Mitarbeiterinnen und Mitarbeiter auch Individuen. Als solche – mit allen ihren Werten – sind sie einzigartig und unverwechselbar und besitzen über diesen Aspekt des Menschseins volle Autonomie. **Die Veränderung der individuellen Werte**, die einen Konflikt in Konsens transformieren, **kann nicht angeordnet werden**.

Zugleich sind sie betriebliche Rollenträgerinnen und Rollenträger und damit unter anderem an Weisungen ihrer Chefin gebunden. Die Anordnungen der Führungskraft wiederum sind nicht beliebig, sondern stets betrieblich bedingt. **Die Teilnahme an einer betrieblichen Veranstaltung** (in diesem Fall mit besonderem Charakter) **kann angeordnet werden**.

Die Führungskraft kann bestimmtes **rollenbedingtes Handeln** als zukünftiges Tun oder Unterlassen einfordern und mit legitimierten Sanktionen hinterlegen (»...machen Sie das ab sofort so und nicht anders, sonst...«). Auf die **individuelle Bewertung** dieser Forderung hat sie keinen Zugriff (»...und ich ordne an, dass Sie das auch gern tun...«).

– Führungskräfte müssen »Symbiosen« erkennen und auflösen

4.2.7 Ressourcen und Grenzen kennen

Kann eine Führungskraft ein konsensuales Verfahren selbst moderieren und die Arbeitsfähigkeit des Teams wiederherstellen?

Neben einer sehr klaren Vorstellung über Möglichkeiten und Grenzen ihrer Doppelrolle als Führungskraft und Moderatorin muss sie methodisches Rüstzeug haben (wie es etwa in Kapitel 3.5 beschrieben ist). Da die Führungskraft sinnvoll und legitim nur dann tätig wird, wenn die Situation betriebliche Belange betrifft, ist sie immer mit involviert und es fällt deshalb oft schwer, diese Doppelrolle konsequent durchzuhalten. In der Praxis zeigt sich, dass die Auflösung der Doppelrolle durch das Hinzuziehen einer (externen oder internen) Dritten hilfreich ist. Die Führungskraft schafft dank ihrer Führungskompetenz ein Umfeld, das Symbiosen in bearbeitbare Probleme (Bereitschaft: Zustandsänderung erscheint dem Team notwendig oder wünschenswert) wandelt. Die hinzugezogene Begleiterin arrangiert mit ihrer Beratungskompetenz ein Setting, in dem Probleme zu Lösungen (Fähigkeit: Zustandsänderung durch eigenes Handeln ist dem Team möglich) werden können. Erst dann kann das Team selbstorganisiert und selbstverantwortlich ins Handeln kommen. Die Führungskraft übernimmt danach wieder die Steuerung von verbindlicher Umsetzung und Review.

Der Soziologe Georg Simmel (1908) benennt typische Rollen Dritter, die einen Konflikt teilnehmend beobachten. Es ist ihnen also nicht gleichgültig, was da geschieht und sie sind nicht nur zufällige Zeugen einer Auseinandersetzung, die ansonsten nichts damit zu tun haben. Besonders bedeutsam für unsere Überlegungen ist die Rolle des »Unparteiischen«, bei der Georg Simmel unterscheidet zwischen

- einem neutralen Begleiter, der »...sich auszuschalten und nur zu bewirken sucht...« – zum Beispiel die externe Begleiterin. Grundlage der Arbeit sind hierbei Werte des Teams, die selbstorganisierte Transformation eines Konflikts in Konsens möglich macht und
- dem »Schiedsrichter«, der entscheidet, indem er »...schließlich doch definitiv auf eine Seite tritt...« – beispielsweise eine Richterin oder eine Entscheiderin wie Lehrerin, Stammesälteste, Elternteil oder eben eine Führungskraft im Unternehmen. Grundlage der Entscheidung sind dann Gesetze oder unternehmerische Aspekte, nicht jedoch die Werte des Teams. So kann hier eher von einer fremdorganisierten Beilegung – einer Ruhigstellung – des Konflikts aus Sicht des Rechtswesens, der Schule, des Clans oder des Unternehmens gesprochen werden.

Die Funktionen nach Georg Simmel, Begleiterin und Schiedsrichterin, schließen sich gegenseitig aus. Die eine schafft einen Rahmen, in dem selbstorganisierte Bearbeitung durch das Team möglich wird, die andere gibt eine fremdorganisierte Form der Beilegung vor. Die Schiedsrichterin entscheidet auf Ebene der Handlungsalternativen (»rechts oder links oder ganz anders«), die für das Rechtssystem oder das Unternehmen stimmig sind. Sie ist dabei rollenbedingt verpflichtet und auch dazu bereit, individuelle Werte der Streitenden (»kurz und auch sonnig«) zu ignorieren. Georg Simmel lenkt mit der Unterscheidung dieser beiden Funktionen einer teilnehmenden Dritten den Blick darauf, auf welcher Strukturebene Konsens und auf welcher Lösung stattfinden. Die gelegentlich gehörte These »Organisation ist Konfliktlösung« relativiert sich hier schnell und muss ergänzt werden um den Nebensatz »... für die Organisation, nicht aber für die Streitenden«.

> **Hintergrundwissen:**
>
> **Georg Simmel** (1858–1918) gilt als Klassiker der Soziologie. Eines seiner wichtigsten Werke lautet »Soziologie. Untersuchungen über die Formen der Vergesellschaftung« (1908). Neben den Kapiteln »Exkurs über den Fremden« und »Die quantitative Bestimmtheit der Gruppe«, in der er die Rolle des Dritten beschreibt, trifft er im Teil »Der Streit« wesentliche Feststellungen für die Konfliktsoziologie. Obwohl Simmels Werk vor über 100 Jahren entstanden ist, besitzt es hohe Aktualität.

An anderer Stelle beschreibt Georg Simmel im »Exkurs über den Fremden« Ressourcen, die »dem Nahen« und Ressourcen, die »dem Fernen« eigen sind, und die für die Rolle Dritter in schwierigen Situationen relevant sind. Die Fremde verfügt, als der Gruppe nicht zugehörig, über Objektivität und teilnehmende Neutralität ohne Befangenheiten. Die Nahestehende hingegen profitiert von Ressourcen des Wissens über die Entstehungsgeschichte, Verbundenheit und Loyalität. Georg Simmel verweist darauf, dass Nähe und Fremde Gegenidentitäten sind als »... *eine Art, in der ein Verhältnis gleichzeitig Nähe und Ferne einschließt*...«. So sind Relationen wie »vertraut und doch befremdlich« oder »nicht zu nah und auch nicht zu fern« möglich.

Es gibt Situationen, in denen das Team keine Alternative hat, als sich der Entscheidung einer Richterin oder einer Führungskraft zu stellen. In anderen Fällen besteht Gelegenheit zu selbstorganisiertem Konsens. Voraussetzung dafür ist, die Begleiterin als Person und in ihrer Rolle, aber auch das Verfahren insgesamt, zu akzeptieren. Das funktioniert nur dann, wenn in Fremdheit und Nähe Ressourcen wirken.

Georg Simmel sieht auch das Hindernis in allzu großer Fremdheit, wenn er schreibt: »*Allein hier hat ›der Fremde‹ keinen positiven Sinn, die Beziehung zu ihm ist Nicht-Beziehung…*« Ist also die Person, die Rolle oder das Verfahren zu fremd, erzeugt dies Ablehnung. Manches ist einfach »zu fremd«, wie z. B. in manchen Kulturen die Schwierigkeit von Männern, sich von Frauen mediieren zu lassen oder Mediation überhaupt als Verfahren der Konfliktbearbeitung anzunehmen bis hin zur Fähigkeit, Selbstverantwortung für sich und seine Bedürfnisse zu übernehmen.

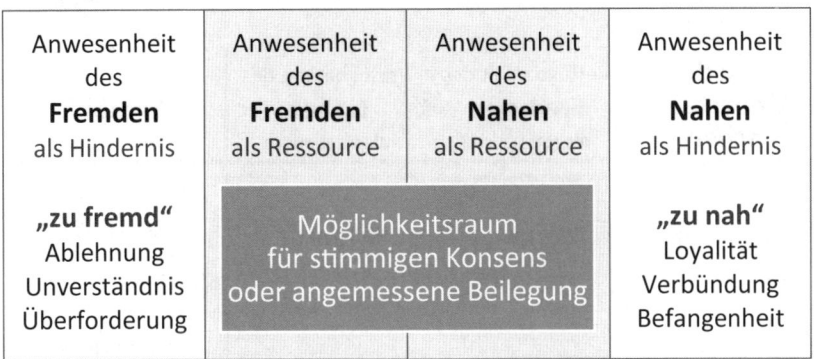

Abb. 59: *Fremdheit und Nähe als Hindernis und Ressource*

Verbindet man die Asymmetrie von Begleiterin und Schiedsrichterin mit der Symmetrie von Fremde und Nähe, so kann man verschiedene Funktionen verorten. Das ermöglicht rollenklare Konfliktbearbeitung in Organisationen. Wir erkennen dabei, dass die Unparteiische, die über die Ressource des Fremden verfügt, als Mediatorin oder Richterin tätig werden kann. Verallgemeinert kann dafür jede externe Prozessbegleitung ohne Ergebnisverantwortung stehen, so auch Coaching, Supervision oder Teamentwicklung. Eine Führungskraft besitzt die Ressourcen des Nahen und wird deshalb nie ganz als Mediatorin in den eigenen Reihen wirken können (das schließt mediatives Verhalten in manchen Situationen nicht aus).

Ebenso ist es für Führungskräfte strukturbedingt schwer, als Mentorin für eigene Mitarbeitende zu fungieren. Die Rolle der Mentorin im Sinn von Ratgeberin oder Förderin ist durch Merkmale der Nähe geprägt, von gegenseitigem Vertrauen und Wohlwollen. Es ist eine Beziehung zwischen Menschen mit mehr und solchen mit weniger Erfahrung (in unserem Fall im Umgang mit belastenden Situationen). Ziel ist die Nutzung der Erfahrungsdifferenz für das Vorankommen sowie zu Lernen und Entwicklung. Eine Führungskraft muss auch immer die Interessen des Unternehmens mitdenken. Das ist ihr und auch den Mitarbeiterinnen und Mitarbeitern bekannt. So schwebt über dem Verfahren immer die Möglichkeit, dass die Führungskraft jederzeit – und das darf sie auch – in die Funktion der Entscheiderin wechseln kann. Ist die Führungskraft selbst Konfliktpartei, dann können hier Probleme erzeugende Verwechslungen und Vermischungen von individuell wertegetriebenen Konfliktanteilen und organisatorisch notwendigen Befugnissen hinzukommen. Auch wenn Kolleginnen oder Freundinnen versuchen, überparteilich zu vermitteln, droht jederzeit die Möglichkeit der einseitigen Verbündung. Das belegt das Verfahren mit einer Hypothek und macht genau diese Funktion der Mentorin zur schwierigsten.

Rolle des Unpartei-ischen	Verfügbarkeit des **Fremden** als Ressource	Verfügbarkeit des **Nahen** als Ressource	Ergebnis
Begleiter	Mediator	Mentor	selbstorganisierter **Konsens** (unter Individuen gemäß ihren Werten)
Schiedsrichter	Richter	Entscheider	Fremdorganisierte **Beilegung** (zwischen Personen gemäß anderer Regeln)

Abb. 60: Rollen der unparteiischen Dritten

– Führungskräfte können ihr Team in schwierigen Situationen selbst moderieren, wenn sie ihre Doppelrolle handhaben können
– Abgestimmte Interventionen von Führungskraft und externer Beraterin haben mehr Möglichkeiten

4.3 Was zwischen dem Team und seiner Begleiterin liegt

Eine Führungskraft kann ihr Team in einem schwierigen Prozess selbst moderieren oder dazu eine externe Beraterin beauftragen. In beiden Fällen handelt die Moderatorin in einer **professionellen** Rolle. Professionalität bewahrt im Vorgehen eine kritische Distanz, die es erlaubt, das Vorgehen permanent darauf zu prüfen, ob es zur Zielerreichung beiträgt. Das ist Kennzeichen einer professionellen Haltung. Es geht also nicht darum, rezepthaft und stur eine Methode anzuwenden, sondern zugleich auf deren Stimmigkeit und Wirksamkeit zu achten.

Welche wesentlichen Faktoren sind es also, die zwischen Team und

Begleiterin liegen, die also die Arbeitsbeziehung prägen? Die Antworten sind für beide Seiten wichtig: Für die Führungskraft, die einen schwierigen Teamprozess selbst moderiert oder eine Moderation in Auftrag gibt und für die Beraterin, die einen solchen Auftrag annimmt. Das soll hier anhand folgender Punkte betrachtet werden:

- Methode
- Verfahren
- Dienstleistung
- Profession
- Professionelle Kompetenz
- Professionelle Empathie
- Professionelle Kulturarbeit

4.3.1 Methode

Die Ergebnisfokussierte Klärung könnte – wie jedes konsensuale Verfahren – über Methoden definiert werden. Dann wäre sie eine spezielle Moderationstechnik und bei der Suche nach Erfolg oder Qualität müssten Fragen des möglichst konsequenten Gebrauchs dieser Methode gestellt werden. Die Haltung der Anwenderin darf dann keine Rolle spielen. So verschwinden Unterschiede, wie etwa der zwischen »Mediation« und »Anwendung mediativer Techniken« und es schwingt etwas mit wie die Idee, man müsse nur die Methode gut genug anwenden, um erfolgreich zu sein.

Für reine Methodenanwendung braucht man keine eigene Kompetenz. Kompetenz speist sich unter anderem aus selbst gewonnenen Erfahrungen. Methoden sind stets geronnene Erfahrungen anderer über einen bestimmten Weg, der gut funktioniert. Dieser Weg wird imitiert und in der Nachahmung bleibt man immer eine Kopie. Kompetente Beraterinnen sind jedoch stets einzigartige Originale, mit eigener Haltung und mit eigenen Werten. Das bedeutet nicht, kompetente Beraterinnen würden auf Methoden verzichten: sie setzen diese sehr wohl als rationelle und erprobte Vorgehensweisen ein, allerdings aus professioneller Distanz hinterfragt und permanent aus eigener Erfahrung auf das Vorhandensein der Voraussetzungen achtend, die für die Anwendung einer bestimmten Methode erforderlich sind. Werden Grenzen entdeckt, werden diese aufgezeigt und die Methode gewechselt. Kompetente Beraterinnen sehen in einer Methode ein Mittel zum Zweck (und keinen Selbstzweck) und sie definieren sich nicht darüber. So betrachtet ist Ergebnisfokussierte Klärung keine Methode.

4.3.2 Verfahren

Begleitverfahren sind Prozesse mit genau definiertem Ende und Ziel. Wird das geplante Ende übersehen und der Begleitprozess zur Dauereinrichtung, kann dies ein Hinweis auf die Abhängigkeit – nahezu ein Suchtverhalten – der Klientin von der Beraterin sein oder ein willkommener Honorarfluss für die Beraterin.

In einem Verfahren werden in den Phasen des Prozesses an unterschiedlichen Stellen Methoden eingesetzt, jedoch muss für jede Methode beantwortbar sein, welchen Nutzen sie für das Verfahren erbringen soll. Fehlt dieser Zusammenhang, dann geht die Methode fehl. Ergebnisfokussierte Klärung ist kein Verfahren, sondern eine Denkwelt, aus der Verfahren abgeleitet werden können. Die einzelnen methodischen Schritte sind dadurch gut begründet. Durch ihre Prinzipien legt Ergebnisfokussierte Klärung eine hohe Stringenz der Verfahren nahe. Das führt zu enger geführten (man sagt auch prozessdirektiveren) Vorgehensweisen als etwa bei Mediation.

4.3.3 Dienstleistung

Mit Beauftragung einer externen Begleiterin wird eine Dienstleistung vereinbart und ein Leistungsversprechen abgegeben. Woran kann man jedoch die Qualität von dem messen, was da geschieht?

Eine exakte Begriffsbestimmung von Dienstleistung (Richter/Souren 2008) lautet:

> Als **Dienstleistungen** werden betriebliche Transformationsprozesse bezeichnet, die zielgerichtet gelenkt und unter systematischem Vollzug Eigenschaftsänderungen unmittelbar an externen Faktoren bewirken und/oder die Eintrittswahrscheinlichkeit solcher Ereignisse verändern, die die externen Faktoren potenziell transformieren könnten.

Diese Definition ist vollkommen richtig. Wir teilen die Ansicht, dass Dienstleistungen Prozesse sind, bei denen die Umwandlung an externen Faktoren geschieht. Im Fall Ergebnisfokussierter Klärung erfolgt die Transformation beim sozialen System der Arbeitsgruppe als »externer Faktor«. Unter System verstehen wir neben den Elementen und Relationen auch seine Grenze und sein Umfeld. Die Wahl der **Möglichkeits**formen in der Definition (Eintrittswahrscheinlichkeit ... potenziell ... könnten) verweist auf das einzige, was die Dienstleisterin mit Verfahren der Ergebnisfokussierter Klärung erreichen kann: Beim »externen Faktor« (dem begleiteten Team) einen **Möglichkeits**raum entwickeln, in dem die Beteiligten wieder arbeitsfähig sind und aus eigener Kompetenz, selbstorganisiert und kreativ, Konsens herstellen können.

Zugleich ist diese Definition genauso sperrig wie langweilig. Man muss sie schon genau lesen, um zu verstehen, und der Erkenntnisgewinn ist marginal. Man kann Dienstleistung auch über seine Wortbestandteile erschließen: Die Substantive betonen die den Ergebnischarakter

- **Dienst** (der als Ergebnis ein Nutzen für die Kundin sein soll) und
- **Leistung** (der Begleiterin als Auftragnehmerin, die im Ergebnis durch Honorar gewürdigt wird),

Bei Qualitätsbetrachtungen werden beide Begriffe in Beziehung gesetzt, bei der Frage etwa, ob der Nutzen (der Dienst und sein Ergebnis) sein Geld (die Leistung, für die man bezahlt) wert ist. Qualität ist eine höchst subjektive Bewertung dieser Relation, oder wie Thomas Robrecht es weiter oben ausgeführt hat: »Erfolg ist, wenn der Kunde mit dem Ergebnis zufrieden ist«. Eine zweite Betrachtung erfolgt über die Verben, die auf den Prozesscharakter hinweisen und weiterführende Fragen aufwerfen:

- **dienen** (*was* dient wem?). Falsch halten wir die Frage »wer dient wem?«, da sie ähnlich dem irrigen Glaubenssatz, die Kundin sei Königin, Unterwürfigkeit in der Beziehung herstellt. Als Dienerin und vor seiner Königin muss man einen Hofknicks machen. Wir empfehlen, statt asymmetrischen Monarchien lieber symmetrische Partnerschaften auf Augenhöhe zwischen Beraterin und Klientin vorzuziehen. Das gelingt dann besonders gut, wenn beide Seiten zu hoher Rollenklarheit fähig sind.
- **leisten** (wer leistet was?). Hier geht es neben Verantwortlichkeiten um die inhaltliche Unterscheidung, was genau Bestandteil der Leistung ist und was hier nicht oder was nie sein kann. Ferner lenkt es den Blick auf Grenzen der Leistungserbringung, jenseits derer sie unmöglich wird.

Diese Unterscheidung von Ergebnis und Prozess zeigt die Beobachterabhängigkeit von Dienstleistung, die sich in der Bewertung ihrer Qualität fortsetzt. Die Dienstleistung »Ergebnisfokussierte Klärung« kennt mehrere prototypische Beobachtungspositionen:

- Unbeteiligte Dritte, die das Arbeitsteam beobachten, ohne von Handlungen des Teams betroffen zu sein,
- Beteiligte Dritte wie Kundinnen oder Projektpartnerinnen, die von Handlungen des Teams betroffen sind,

- Das Unternehmen, dessen Mission durch Handlungen des Teams erfüllt werden soll und das die Dienstleistung letztlich bezahlt,
- Die Führungskraft, die für Ergebnisse und Arbeitsfähigkeit des Teams verantwortlich ist. Sie beauftragt die Dienstleistung und ist in die Auftragsklärung und Zielplanung sowie die anschließende Umsetzung involviert,
- Interne Dienstleisterinnen wie Personal- oder Organisationsentwicklerinnen, die ihre internen Kundinnen beraten und die externe Dienstleistung vermitteln,
- Das Arbeitsteam, als »eigentlicher« Empfänger der Dienstleistung,
- Die Mitglieder des Arbeitsteams als einzigartige, unverwechselbare Individuen mit ihrer Autonomie über diese Individualität und zugleich als betriebliche Funktionsträgerinnen mit ihrer Weisungsgebundenheit in dieser Rolle,
- Die externe Beraterin, die ein Leistungsversprechen abgibt, die Dienstleistung durchführt und damit ihren Lebensunterhalt verdient.

Jede dieser Beobachterinnen wird ihre Zufriedenheit mit der Dienstleistung aus anderen Faktoren gewinnen. Das ist subjektiv und darf es auch sein. Eine übergeordnete Objektivität gibt es nicht, deshalb sollte man auch nicht danach suchen. Die Herausforderung ist, die einzelnen Subjektivitäten nachvollziehbar und besprechbar zu machen. Das kann bereits in der Auftragsklärung beginnen mit Fragen wie »Woran werden Sie erkennen, dass unsere Zusammenarbeit erfolgreich ist?« Im Nachhinein kann man gut so genannte Skalenfragen nutzen. Sie dienen dazu, etwas so subjektives wie »Zufriedenheit« zu verorten und damit besprechbar zu machen. Folgefragen führen dann zu einem noch konkreteren Bild (Anmerkung: auch hier geht es letztlich um ein »ausreichend gemeinsames Wirklichkeitskonstrukt« über die Zufriedenheit mit der Dienstleistung).

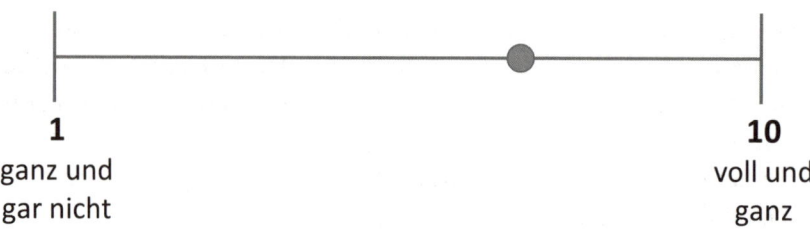

1
ganz und
gar nicht

10
voll und
ganz

Abb. 61: Skalenfrage

Die erste Frage lautet: »Auf einer Skala von 1 (ganz und gar nicht) bis 10 (voll und ganz): Wie zufrieden sind Sie mit dem Ergebnis?« Wenn die Antwort beispielsweise »sieben« lautet, dann kann man interpretieren, dass vieles zufriedenstellend ist, manches jedoch fehlt. Es gibt ein Bündel von Folgefragen, die es erlauben, die Einschätzung (»sieben«) weiter zu konkretisieren. Das sind zum Beispiel

»Woran machen Sie Ihre Einschätzung fest?«

»Was können wir tun, um beim nächsten Mal auf acht zu kommen?« oder, wenn die Einschätzung sehr niedrig ist – sozusagen eine Variante für Pessimisten:

»Was können wir tun, um nicht noch schlechter zu werden?« Der Versuch, es bei jeder Dienstleistung immer allen recht zu machen, wird kläglich scheitern. Es kann auch nicht darum gehen, ausschließlich eine Position zufriedenzustellen, das geht zu Lasten der anderen. So gilt es, ein Optimum zu finden, das allen möglichst weit genügt. Das ist die Qualität der Dienstleistung.

4.3.4 Profession

Der Begriff der Profession ist nun schon mehrfach gefallen. Was verbirgt sich dahinter? Bei der Betrachtung von Profession können zwei Ansichten unterschieden werden. Eine gesellschaftliche Sicht, die die Funktion von Professionen für die Gesellschaft verortet (wie z.B. die Medizin mit der Funktion, für Gesundheit zu sorgen) sowie eine konkrete Sicht, die sich auf die Realisierung tatsächlicher Anliegen bezieht (z.B. der rechtliche Beistand durch einen Anwalt in einem Zivilprozess).

Aus gesellschaftlicher Sicht gibt es »klassische« Professionen mit ihren Funktionen (Oevermann 1996):

- Wahrheitsbeschaffung (Wissenschaft)
- Konsensbeschaffung (Recht)
- Therapiebeschaffung (Körper, Psyche)

Konsensuale Verfahren können in keinen dieser Bereiche eingeordnet werden (auch wenn manche Branchen diese Verfahren für sich reklamieren) und sind somit Bestandteil einer weiteren Kategorie von Professionalität mit der Funktion der

- Lösungsbeschaffung.

Lösung ist hierbei im strengen Sinne unserer Definition als die Abwesenheit von Problem zu verstehen. Ein Zustand, in dem Streitende durch eigenes Handeln selbstorganisiert und kreativ einen Konflikt in

Konsens transformieren können und wollen. Kurz: ein Zustand, in dem Konfliktkompetenz möglich ist.

Um ihre gesellschaftliche Funktion erfüllen zu können, muss Profession ihre Möglichkeiten zunächst darstellen, damit potenzielle Nachfragerinnen überhaupt von der Existenz solcher Angebote wissen und wo sie diese im Bedarfsfall erhalten können. Ferner müssen Vertrauen und Glaubwürdigkeit durch die Darstellung des spezifischen Wissens (Ausbildungen, Mitgliedschaften, Erfahrungen etc.) sowie der eigenen Werteorientierung (Verhaltenscodex, Verpflichtung auf berufsethische Ideale usw.) befördert werden. Professionalität muss also zuerst in ihrer Funktion und ihrem Wesen kommuniziert werden, um nachgefragt zu werden und damit um wirken zu können.

Die konkrete Sicht bei Vorliegen realer Anliegen, die Ulrich Oevermann (1996) auch »realisierte Professionalität« nennt, ist gekennzeichnet durch Fähigkeiten wie

- Hermeneutische Kompetenz (Fallverstehen): Die Beraterin beispielsweise ist in der Lage, die aktuelle Not eines Teams nachzuvollziehen, um eine wirkungsvolle Intervention vorzuschlagen
- Stellvertretende Deutung: Oevermann meint damit die Fähigkeit, bestimmte Situationen aus dem professionellen Wissen heraus erkennen und beurteilen zu können (z. B. einen Zustand »Symbiose«) sowie den Klientinnen zielführende Handlungsvorschläge zu machen (wie diese z. B. die »Symbiose« auflösen können).
- Mäeutik (nach Kornig 1996). Das ist die von Sokrates so benannte »Hebammenkunst«, die der Geburt, dem Werden von Lösung und Konsens dient. Sokrates ging davon aus, das die Inhaberin eines Problems auch die Lösung in sich trägt. So sah er es nicht als seine Aufgabe an, diese mit seinen Lösungsideen zu überhäufen. Vielmehr versuchte er durch Fragestellungen, der innewohnenden Lösung seines Gegenübers zur »Geburt« zu verhelfen.

Für konsensuale Verfahren sehen wir die realisierte Professionalität besonders in den Fähigkeiten, zugleich

- Unterscheidungen herzustellen und aufrecht zu erhalten, was jeweils »dazu gehört« und »was nicht«. Das bezieht sich z. B. auf das Setting, besonders die Vertraulichkeit des Verfahrens, die durch Verschwiegenheit gewährleistet wird oder auf Verantwortungsbereiche der Beteiligten für ihr Handeln (als Tun und Unterlassen) und dessen Folgen. Daneben gibt es innere Aspekte, die sich auf eigene Anteile der Begleiterin beziehen und die durch selbstkritisches Erkennen für Allparteilichkeit beziehungsweise durch striktes Heraushalten für Neutralität sorgen.

- Zur Prozesssteuerung ist Macht erforderlich, Regeln vorzugeben und bei Abweichungen zu intervenieren. Diese Macht wird der Begleiterin temporär und auf den Prozess begrenzt von den Teilnehmenden verliehen. Um die Erlaubnis zum Machtgebrauch zu erhalten, ist Empathie von Nöten. In der situativen Differenzierung von Macht und Empathie werden die Voraussetzungen eines konsensualen Verfahrens aufrechterhalten: Freiwilligkeit und Autonomie der Beteiligten in einem strikt fremdgesteuerten Verfahren. Die Fähigkeit zu dieser Differenzierung sichert nicht nur das Ergebnis, sondern überhaupt die Möglichkeit des Verfahrens. Wenn es also nicht gelingt, die notwendige Balance zwischen Macht und Empathie herzustellen, dann kann es auch keine autonome, selbstverantwortete Lösung geben. Darüber hinaus werden die Beteiligten die Erlaubnis zur Prozesssteuerung zurückziehen und das Verfahren scheitert insgesamt.

Im Schnittpunkt dieser Unterscheidungen und Differenzierungen ist das konsensuale Verfahren (Mediation, Methoden der Ergebnisfokussierten Klärung ...) möglich. Diesen Brennpunkt zu finden und zu halten ist Kennzeichen von professioneller Kompetenz der Begleiterin.

4.3.5 Professionelle Kompetenz

Es war schon viel von Kompetenzen die Rede. Was macht nun die Kompetenz der Beraterin aus? Was unterscheidet professionelle Kompetenz vom reinen Gebrauch einer Methode?

Emanzipiert sich die Begleiterin von Methode in dem Sinn, dass sie nicht unreflektiert sture Anwenderin ist, sondern daneben Stimmigkeit und Passung ihrer Vorgehensweise laufend beurteilt, dann beginnt sie, Kompetenz für ihr professionsbezogenes Handeln zu entwickeln. Anstatt mit erlernten Routinen begegnet sie der vorgefundenen Situation mehr und mehr kreativ selbstorganisiert. Erfahrung ist ein Bestandteil von Kompetenz und mit zunehmender Erfahrung ändert sich die Kompetenz. Und dennoch: Erfahrung allein ist noch nicht Kompetenz. Ein »schon immer so« reicht nicht aus. Kompetenz beginnt mit dem Infrage stellen der Methode und seinem eigenen methodischen Vorgehen im Hinblick auf die Situation. Wenn es passt, dann ist Methode ökonomisches und sinnvolles Vorgehen, wenn es nicht passt, dann ist das Vorgehen zu verändern.

Am Beispiel von Mediation konnten wir das in einem Forschungs-projekt (Kreuser/Heyse/Robrecht 2011) mit 562 Mediatorinnen und Me-diatoren aus dem deutschsprachigen Raum (D-A-CH) zeigen. Die Er-kenntnisse können gut auf andere Professionen der Begleitung (wie Coaching, vgl. Kreuser 2015) oder Führung (siehe die Ausführungen von Thomas Robrecht weiter oben) übertragen werden. Wir haben zu-nächst zwei unabhängige Hypothesen über Mediationskompetenz ent-wickelt (Kreuser: strukturtheoretisch; Heyse: Kompetenzrollen-Mo-dell). Stefan Ortmann (2011) hat diese Hypothesen in einer empirischen Studie zu Schlüsselkompetenzen eindrucksvoll betätigt. Wesentliche Grundlage dieser Arbeit waren die vier Basiskompetenzen von KODE® (Kompetenzdiagnostik und -entwicklung, vgl. Heyse/Erpenbeck/Ort-mann 2010).

Kompetenz	Beschreibung
P Personale Kompetenzen	Fähigkeiten zum klugen und kritischen Umgang mit sich selbst als Individuum und Person, seinen Werten und Idealen und zur Selbstwahrnehmung und Selbstreflexion
A Aktivitäts- und Umsetzungs-kompetenzen	Fähigkeiten, Aktivitäten zu beginnen, auch gegen Widerstände durchzuführen und zu beenden, initiativ Ziele zu setzen und zu realisieren und Entscheidungen zu treffen
F Fach- und Methoden-kompetenzen	a) fachlich-inhaltliche Fähigkeiten b) methodisch-prozesssteuernde Fähigkeiten, wie Moderation + Verlauf konsensualer Verfahren in ihren Schritten und Phasen
S Sozial-kommunikative Kompetenzen	Fähigkeiten, zu kommunizieren, Konflikte zu bearbeiten, Konsens zu finden und die für ein gutes Fortkommen erforder-liche Integration, Empathie und Gemeinsamkeit zu schaffen

Abb. 62: Basiskompetenzen nach KODE®

Mediationskompetenz ist gemäß unserer Erkenntnisse eine »generalis-tische Metakompetenz«. Eine Metakompetenz ist eine, für eine Profes-sion typische, Kombination von Basiskompetenzen (P, A, F, S). Allge-mein weisen generalistische Kompetenzen
• eine hohe Ausprägung personaler Kompetenzen (P),
• eine niedrige Ausprägung fachlich-methodischer Kompetenzen (F) sowie
• eine hohe Ausprägung entweder
  – von Aktivitäts- und Umsetzungskompetenzen (A, z. B. Manage-mentkompetenz, vgl. Heyse/Ortmann 2008) oder
  – sozial-kommunikativer Kompetenzen (S, z. B. Mediationskompe-tenz, vgl. Kreuser/Heyse/Robrecht 2011) auf.

Der Unterschied in der hohen Ausprägung in A (Management: erst handeln, dann reden) und S (Mediation: erst reden, dann handeln) sorgt immer wieder für gegenseitiges Unverständnis. Im Gegensatz dazu haben Spezialistinnen-Kompetenzen (z. B. Fachkräfte, Wissenschaftlerinnen, Forscherinnen) ein hohes F, das im Gegensatz zum niedrigen F einer generalistischen Kompetenz steht.

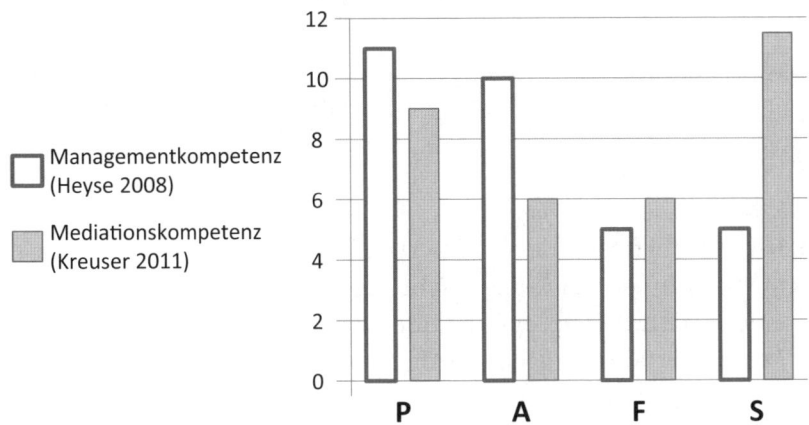

Abb. 63: Managementkompetenz und Mediationskompetenz

Die relativen Ausprägungen der Basiskompetenzen zeigen, welche Bedeutung sie jeweils im Vergleich zu den anderen haben, wie wichtig sie beim Denken, Entscheiden und Handeln sind. Sie geben keine Auskunft darüber, wie gut jemand darin ist. Folgende relative Verteilung von Basiskompetenzen kennzeichnet Mediationskompetenz:
- hohe Ausprägung personaler Kompetenzen (P)
- durchschnittliches Vorkommen von Aktivitäts- und Umsetzungskompetenzen (A)
- geringer Anteil von Fach- und Methodenkompetenzen (F). Davon kann direkt abgeleitet werden, dass Mediation mehr sein muss als eine Methode (z. B. die »fünf Phasen«).
- hohe Ausprägung sozial-kommunikativer Kompetenzen (S)

Geschlechterunterschiede wurden in unserer Studie nicht festgestellt. Regionale Unterschiede in der Schweiz, in Österreich und in verschiedenen Gebieten Deutschlands haben sehr deutlich gezeigt, wie Mediation von Kultur und gesellschaftlichen Rahmenbedingungen abhängt. Besonders ersichtlich war eine Verschiebung von Basiskompetenzen in Abhängigkeit von der Erfahrung. Daraus lassen sich Hypothesen über den Schwerpunkt der handlungsleitenden Aufmerksamkeit bilden. Insgesamt lässt sich hier ein Weg von der Anwendung einer Methode hin zur dienstleistungsorientierten Profession nachzeichnen:

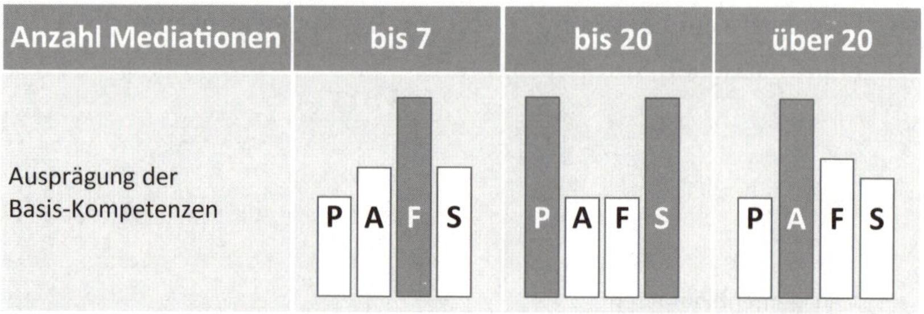

Anzahl Mediationen	bis 7	bis 20	über 20
Ausprägung der Basis-Kompetenzen	P A F S	P A F S	P A F S

Abb. 64: Kompetenz und Erfahrung

- **Beginnerin** (methodenorientiert: »ich will nichts falsch machen«): Mediatorinnen mit wenig Erfahrung (bis 7 Mediationen) haben einen relativ hohen Fokus auf die Fach- und Methodenkompetenz. Mangels Erfahrung geben Methode und Struktur Sicherheit, und es überwiegt das Bestreben, nichts falsch zu machen.
- **Fortgeschrittene** (personenorientiert: »ich bin Mediatorin«): Liegt die Erfahrung im mittleren Bereich (7 bis 20 Mediationen), dann sinkt die relative Bedeutung der Fach- und Methodenkompetenz. Das bedeutet nun nicht, dass Fortgeschrittene nicht mehr methodisch arbeiten. Vielmehr haben sie eine gewisse Erfahrung und Sicherheit gewonnen, die es ihnen erlaubt, sich anderen Schwerpunkten zuzuwenden. Diese sind die eigene Identität als Mediatorin sowie der Ausbau der kommunikativen Komponente durch besseres aktives Zuhören oder die Arbeit an der eigenen Empathiefähigkeit.
- **Professionelle** (ergebnisorientiert: »ich will Nutzen stiften«): Die starke Ausprägung der Aktivitäts- und Umsetzungskompetenz von Mediatorinnen mit viel Erfahrung (über 20 Mediationen, danach bleibt der Wert ziemlich stabil, eine weitere Untergliederung in »20 bis 50« und »über 50 Mediationen« brachte keine erkennbaren Unterschiede mehr) lässt den Rückschluss zu, dass hier besonders stark auf Ergebnisse geachtet wird. Die Aufmerksamkeit richtet sich auf die Zielerreichung. Die Handlungen sind von hohem Pragmatismus getragen.

4.3.6 Professionelle Empathie

Wir setzen Empathie – als Gegenidentität von Macht – zur Prozesssteuerung als unabdingbar voraus. Was aber ist Empathie genau?

Empathie kann nur über das Individuum entstehen (das auch Werte und Haltung entwickelt) und nicht über die Person (die in formaler Funktion der Rolle Methode anwendet). Das ist ein wiederholter Hinweis, dass konsensuale Verfahren mehr sind als der Gebrauch von Methode und bei der Durchführung einer reflektierten professionellen Haltung bedürfen. Als Gegenidentität darf Empathie nicht Selbstzweck sein (z. B. Alleinstellung eines Ideals, das die Identität von Macht als Gegenpart der Differenzierung absorbiert). Genauso wenig darf Empathie versehentlich Anteile der Beraterin einbringen (Selbstdarstellung der eigenen Empathiefähigkeit, Mitleid, Nachgehen von Hilfsimpulsen...).

Gelegentlich wird Empathie mit Idealen verbrämt oder, unter Gefahr von Vermischung und Verwechslung, in die Nähe von Sympathie gerückt. Sie ist jedoch – für sich genommen und in dieser Hinsicht – wertfrei, weder sympathisch, noch antipathisch. Mitgefühl und Mitleid, Samaritertum und Sadismus, sind mögliche Folgen und noch nicht einmal zuverlässige Indikatoren für Empathie. Die Literatur, wikipedisches Opensourcewissen und unser alltagssprachlicher Gebrauch setzen Empathie oft mit einer Fähigkeit, einem Vermögen, einer Kompetenz oder gar einer Eigenschaft der Beraterin gleich. Alle diese Setzungen sind falsch, denn für Empathie ist immer ein soziales System, also mindestens zwei Menschen, erforderlich. Man »hat« genauso wenig Empathie, wie man für sich allein Kommunikation »haben« kann. Sieht man einmal vom umstrittenen Begriff der »Selbstempathie« ab, dann ist Empathie etwas, das im Prozess zwischen Menschen entsteht und allein nicht geht. Hätte Empathie keinen Sozialbezug, also nichts mit der Beziehung und auch mit dem Gegenüber zu tun, würde sie zur bedeutungslosen Zuschreibung oder zum Selbstideal der Beraterin degenerieren. Es braucht beides: wir halten neben dem Zustand »Verstehen« auf Beraterinnenseite ebenso den Zustand »Verstanden werden« bei den Klientinnen für ausschlaggebend. Dabei sollte, das ist die Gefahr in eskalierten Lagen, die Befindlichkeit des Gegenübers nicht vorschnell auf Gefühle und Bedürfnisse reduziert und kognitive Anteile ausgeblendet werden. Professionelle Empathie ist eine gewollte Qualität der professionellen Beziehung und zeigt sich

- bei der Klientin als Zustand »**Verstanden werden**«, als kommunikativ hergestellte Gewissheit darüber, dass ihr Gegenüber situativ ihre eigenen Werte, Bewertungen, Gefühle und Handlungsimpulse, die sich in aktuellen Äußerungen und körperlichen Reaktionen ausdrücken, erfasst und respektiert. Sie sieht sich »genau und feinfühlig verstanden« (Rogers 1975:8, eigene Übersetzung);
- bei der Beraterin als Zustand »**Verstehen**«, in dem es gelingt, »den inneren Bezugsrahmen des anderen mit Genauigkeit wahrzunehmen, mit den zugehörigen emotionalen Komponenten und Bedeutungen, gerade so, als ob man die andere Person wäre, jedoch ohne jemals die ›Als-ob-Bedingung‹ aufzugeben« (Rogers 1959:201, eigene Übersetzung).

Hintergrundwissen:

Carl Rogers (der in beiden Fällen das Adjektiv »empathisch« und nicht das Substantiv »Empathie« verwendet) weist zunächst (1959) einem **Zustand** der Beraterin die Eigenschaft »empathisch« zu. Knapp zwanzig Jahre später schreibt er (1975), unter Bezugnahme auf seine damalige Definition, dass er daran Zweifel habe und »empathisch« nun als »way of being«, als Eigenschaft eines **Prozesses** zwischen Beraterin und Klientin sehe. Beide Sichtweisen, auf Zustand und auf Prozess, führen uns weiter. Es sind unterschiedliche Beobachtungen desselben Phänomens, eine klassische Unschärferelation. Die Verwendung des Adjektivs ist Hinweis auf den fehlenden Gegenstand der Definition. Es sind Indikatoren oder Promotoren, denen Rogers die Eigenschaft »empathisch« zuspricht.

Der Blick auf den Zustand führt zu der Frage, was eine »Art des Erlebens« kennzeichnet, die singuläre Kommunikationen oder Handlungen überdauert, um Indikator für Empathie zu sein. Als Prozess betrachtet stellt sich die Frage, was die Menschen im sozialen System tun, um durch ihre Handlungen und Kommunikationen »etwas« herzustellen, das wir »Empathie« nennen. Offen bleibt, wer jeweils die Fragen nach Prozess oder Zustand wie beantwortet (die Klientin? die Begleiterin? die Wissenschaftlerin?) und offen bleibt, wieviel Empathie mindestens vorhanden sein muss, damit Mediation oder Methoden nach Ergebnisfokussierter Klärung gerade noch funktionieren. Schließlich ranken sich Fragen um die professionelle Distanz (Nähe und Ferne, vgl. Georg Simmel 1908), wann also Empathie Ressource und wann sie Hindernis durch »zu viel« oder »zu wenig« ist. Und wiederum, wer diese Fragen beantwortet... Das alles sind Hinweise auf noch ausstehende empirische Antworten.

Empathie ist weder Zustand noch Prozess. So definieren wir:

> **Empathie** ist eine Qualität einer sozialen Beziehung, die sich über Zustände als Indikatoren zeigt und die im sozialen Prozess hergestellt wird.

Diese Qualität entsteht als Ressource nur dann, wenn bei der Klientin grundsätzlich Bereitschaft (zumindest ein zunächst kaum erkennbarer Minimalanteil) vorhanden ist, sich auf die Begleiterin, das Thema und eine Veränderung, sowie auf das »Verstanden werden« überhaupt, einzulassen. Fehlt diese Bereitschaft, dann erzeugt das »Verstehen« oder »Verstehen wollen« der Beraterin eher Eindrücke wie »Ertappt werden« oder »Durchschaut werden«, die dann von der Klientin abgewehrt werden und als Restriktion (Hindernis) wirken.

Hintergrundwissen:

> Wird die Abwesenheit einer Bereitschaft nicht respektiert, dann wird die Beziehung zunehmend durch eine Begrenzung aus unterschiedlichen Handlungsabsichten geprägt. Mit anderen Worten: Wer beim Versuch, Empathie herzustellen, nicht empathisch ist, endet im Konflikt. Und Konflikt ist kein Merkmal einer professionellen Arbeitsbeziehung.

Im Sinn des »ausreichend gemeinsamen Wirklichkeitskonstrukts«, das im Beratungsgespräch in Co-Konstruktion von Klientin und Beraterin entsteht, ermöglicht Empathie einen hochgradig parallelisierten Zustand im »Verstanden werden« und »Verstehen«. Hochgradig deshalb, weil es längst nicht um kognitive Aspekte allein geht. Beratungskompetenz kann sich dann nicht mehr aus Einzelinterventionen oder Fragetechniken allein definieren. Vielmehr befähigt sie dazu, mehrere aufeinanderfolgende Einzelkommunikationen so aufeinander zu beziehen, dass dieser Zustand erreicht und aufrechterhalten wird. Das gelingt der Beraterin durch permanente situative Wechsel von Führen und Folgen. Neben den Inhalt tritt die Form als ebenso wichtiger Parameter. So ist das Beratungsgespräch Methode (wie man vorgeht) und Medium (was sich dabei ereignen kann) zugleich.

Empathie*fähigkeit* der Beraterin (oder Empathievermögen oder empathische Kompetenz) ist die wertegeleitete Fähigkeit, zu dieser Qualität beizutragen, also solche Prozesse zu steuern, die förderliche Gewissheitszustände beim Gegenüber ermöglichen und selbst bestimmte Wahrnehmungszustände einzunehmen, ohne dabei das Bewusstsein für die Grenze zwischen sich und der Klientin zu verlieren. Dazu gehört wesentlich auch das Verifizieren des Erlebten. Die eher kognitive Rollenübernahme (das rationale Nachvollziehen von Argumenten und

Sichtweisen als Perspektivenwechsel) oder eine Resonanz von Spiegel-neuronen allein (als emotional-affektives Nacherleben einer Verfassung anderer) sind noch keine Empathie, da auch sie ausschließlich bei der Empfängerin stattfinden. Das sind höchstens kognitive und affektive Voraussetzungen für Empathie.

Reflektierte Empathiefähigkeit und die Bereitschaft, diese zur Wirkung zu bringen, sind die Beiträge der Beraterin dazu, dass Empathie im sozialen System entstehen kann. Dazu sind sowohl personale als auch sozial-kommunikative Kompetenzen erforderlich. Denk- und Fragetechniken, als fachlich-methodische Anteile, erleichtern das Handeln, machen es jedoch bei weitem nicht in Gänze aus. Professionelle Beraterinnen entwickeln daneben Parallel-Fähigkeiten:

- Die Fähigkeit der **Nichtidentifikation**. Das ist die Distanzierung von Klientinnen-Anteilen, die aufgenommen werden. Die Literatur spricht hier gelegentlich von »emotionaler Ansteckung«, gegen die es Immunisierung braucht. Es geht also darum, die Not der Klientin zu erfassen, ohne am Leid der Klientin zugrunde zu gehen.
- Die Fähigkeit des »**Richtigen Irrtums**«. Diese führt die Möglichkeit von Projektionen und des eigenen Irrtums permanent mit. Sie greift dabei systematisch und regelmäßig auf Formen des redlichen Überprüfens und des rückstandslosen Verwerfens eigener Hypothesen zurück, sollten diese nicht zutreffen.

Hintergrundwissen:

> Die Idee der **Rollenübernahme** stammt von George Herbert Mead, der darunter die Fähigkeit eines Menschen versteht, von der Position einer Anderen aus zu denken. Rollenübernahme ist bei Mead vor allem ein kognitiver Erkenntnisprozess und beinhaltet weniger affektive Komponenten (vgl. Joas 1989).
>
> Mit seiner »Hypothese der Affektlogik«, der wir hier folgen, geht Luc Ciompi (1993) über rein kognitiv bestimmte Realitäten hinaus. Wie er feststellt, »… besteht die Psyche aus zwei untrennbar verbundenen komplementären Funktionseinheiten: einem qualifizierenden Emotions- und einem quantifizierenden Kognitionssystem.« Er schlägt ein integratives psycho-sozio-biologisches Modell vor, »… in dem den Affekten oder Emotionen beziehungsweise ihren neurophysiologischen Korrelaten grundlegende organisatorische und integrative Funktionen zukommen. So verbinden sie zusammengehörige kognitive Inhalte zu kontextabhängigen Fühl-, Denk- und Verhaltensprogrammen mit gleicher emotionaler Färbung. Auch spielen sie bei der funktionsgerechten Speicherung und Mobilisierung von Gedächtnisinhalten eine zentrale Rolle.«

Wie jede professionelle Relation ist professionelle Empathie asymmetrisch. So bezeichnet man Beziehungen zwischen unterschiedlichen Rollen mit unterschiedlichen (teils auch hierarchischen) Abhängigkeiten und Erwartungen wie Eltern-Kind, Lehrerin-Schülerin, Führungskraft-Mitarbeiterin oder eben auch Beraterin-Klientin. Empathie wird von der Beraterin angestrebt, von der Klientin erwartet oder erhofft. So ist hier, wie in jedem konsensualen Verfahren, ein situativ günstiges Maß an Empathie ohne Über- oder Untertreibungen herzustellen. Sie dient als

- **Prozessqualität** dem Zweck der Dienstleistung etwa im Sinn der »stellvertretenden Deutung« oder des besseren »Fallverstehens« nach Ulrich Oevermann (1996). Dazu steht »Verstehen« bei der Beraterin im Vordergrund. Über reflektierte Werte der Beraterin und ihre professionelle Haltung grenzt Empathie sich dabei von Manipulation ab und bleibt authentisch. Ohne diese Abgrenzung wäre sie eine intransparente – manipulative – Intervention. Ergebnisfokussierte Klärung macht nicht oder nur extrem spärlich von »stellvertretender Deutung« Gebrauch und das »Fallverstehen« überlässt sie weitgehend den Klientinnen.
- **Beziehungsqualität** beim Erzeugen und Erhalten von »Freiwilligkeit« und damit letztlich dem Aufrechterhalten der Erlaubnis zur Prozesssteuerung. Dazu ist vor allem »Verstanden werden« bei der Klientin notwendig. Beim Vorgehen nach Ergebnisfokussierter Klärung wird diese Qualität besonders am Anfang (Standpunkte, Entscheidung) sowie bei Verweisen auf die »Wutwand« sichtbar.

Hintergrundwissen:

> Für Arbeitsformen der professionellen Lösungsbeschaffung (Kreuser, s. o.) durch konsensuale Verfahren – in Abgrenzung zur Therapiebeschaffung (Oevermann 1996) – kann man kritisch weiter fragen, ob es nicht völlig ausreicht, dass die Klientin den Zustand des »Verstanden werden« erreichen, ohne dass die Beraterin notwendig einen Zustand des »Verstehens« im oben genannten Sinn einnimmt.
>
> Wenn das so ist, dann muss gefragt werden, ob Empathie in solch einseitigem Fall als Beziehungs- oder Prozessqualität überhaupt möglich ist. Weiter dann, ob sich die Zustände »Verstanden werden« auf der einen und »Verstehen« auf der anderen Seite gegenseitig Bedingung sind, wie weit also die Zustände auf beiden Seiten hinreichend oder notwendig für den jeweils anderen und für Empathie insgesamt sind. Auch hier hat die Empirie noch Aufgaben.

Die von Carl Rogers erwähnte »Genauigkeit« im Verstehen der Werte, Bewertungen, Gefühle und Handlungsimpulse der Anderen richtet sich nach den Erfordernissen des Vorgehens. Wird damit ausreichend »Verstanden werden« erzeugt, dann kann Empathie in zwei Formen erscheinen, die für unsere Arbeit bedeutsam sind:

- als Resultat feststellender Akzeptanz, *dass* beim Gegenüber »Etwas« (wie Werte, Bewertungen, Gefühle und Handlungsimpulse – ggf. in der Ausprägung stärker/schwächer – und ohne verstehen zu wollen oder zu müssen, was es genau ist) vorhanden ist, das das Wahrnehmen, Entscheiden und Handeln aktuell beeinflusst. Akzeptanz enthält eine zustimmende Bewertung, im Gegensatz zu Ablehnung. Sie beruht auf Freiwilligkeit und weist über die Bewertung ein aktives Moment auf, was sie wiederum von der passiven Toleranz unterscheidet. Ferner erzeugt diese Akzeptanz Zustände bei der Klientin (»Verstanden werden«) und auch bei der Beraterin (»Verstehen«) und ist damit etwas anderes als das Ergebnis unbeteiligter, diagnostischer Analyse. Das Einbeziehen (anstatt es etwa zu tabuisieren) dieses »Etwas« beeinflusst die Struktur der Arbeitsbeziehung und verleiht ihr damit eine Qualität. Ich nenne diese strukturfunktionale Form **»syntaktische Empathie«**;
- als Resultat erkundender Kommunikation, *welche* Werte, Bewertungen, Gefühle und Handlungsimpulse beim Gegenüber das genau sind, die das Wahrnehmen, Entscheiden und Handeln aktuell beeinflussen. Diese bedeutungsgebende Form bezeichne ich als **»semantische Empathie«**.

Hintergrundwissen:

Syntax beschreibt die Zusammenfügung von Elementen im System und die Struktureigenschaften von Systemen. Wir verstehen Werte, Bewertungen und Handlungsimpulse als nicht wegzudenkende Elementarteile von sozialen Systemen. Das Auftauchen solcher Anteile im Prozess beeinflusst die Struktureigenschaften und darf deshalb nicht ignoriert werden. Die Zusammenfügungsregeln der Syntax stehen den Interpretationsregeln der **Semantik**, der Bedeutungslehre, gegenüber.

Über diese Formen von Empathie lassen sich konsensuale Verfahren unterscheiden, wie am Beispiel Mediation und der Methodik Ergebnisfokussierter Klärung gezeigt werden soll: Sie setzen beide auf Empathie zwischen Beraterin und Klientin als notwendige Beziehungsqualität. Sie dient der inneren Differenzierung gegenüber der Macht, den Prozess zu steuern und somit der Aufrechterhaltung einer Bedingung des Verfahrens. Beide Formen ignorieren keine Gefühle, Bedürfnisse, Bewertungen oder Handlungsimpulse, darin gleichen sie sich. Sie gehen jedoch anders damit um, darin unterscheiden sie sich. Jede Form kann auf ihre Art Probleme zu Lösungen machen und Konfliktkompetenz der Streitenden ermöglichen. Lösung meint hier immer das »Verschwinden des Problems« im Sinn von Wittgenstein (2003) und nicht die Realisierung einer vorab favorisierten Option.

- **Mediation** setzt auf semantische Empathie als Prozessqualität in der Relation der Streitenden. Bereits bei der Darstellung der einzelnen Sichtweisen lenkt sie durch Umformulierungen (reframing) und gerichtetes Hinterfragen letztlich auf Gefühle und Bedürfnisse und versucht, kognitive Bewertungen sowie Handlungsimpulse zu absorbieren. Darin beeinflusst sie die möglichen Inhalte (man nennt das »inhaltsdirektiv«). Die Grundannahme ihres Funktionierens beruht auf der voraussetzungsreichen Kettenfunktion, zwischen den Streitenden zunächst

  a) im Ansatz gegenseitiges kognitives Verständnis (Perspektivenwechsel, Rollenübernahme) zu schaffen, um konfliktbedingte Belastungen zu reduzieren, dadurch dann

  b) im Schwerpunkt gegenseitiges emotionales »Verstehen« und »Verstanden werden« herzustellen (partielle, auf Bedürfnisse beschränkte, semantische Empathie als Beziehungsqualität. Das setzt bei den Streitenden die Fähigkeit voraus, den oben beschriebenen Als-ob-Zustand des »Verstehens« im laufenden Verfahren einnehmen zu können und zu wollen) und damit wiederum

  c) Lösung zu ermöglichen, die den Streitenden dann

  d) eine Transformation des Konflikts in Konsens erlaubt

  Die Gefahr der Grundannahme liegt in der denkbaren Schlussfolgerung, je mehr semantische Empathie vorhanden sei, desto wahrscheinlicher oder sogar besser werde die Lösung.

- **Zeitoptimierte Klärung** will die Frustrationstoleranz (Fähigkeit, Enttäuschungen auszuhalten) und Ambiguitätstoleranz (Fähigkeit, Widersprüche auszuhalten) der Beteiligten durch syntaktische Empathie (dem Einbeziehen von »Etwas«) fördern. Wichtig scheint hier die Tatsache des Erwähnens und Akzeptierens von allem, was erwähnenswert scheint, ohne es verstehen zu wollen oder zu müssen (die Beiträge der »Wutwand« werden nicht zensiert, die Einschätzungen emotionaler Belastung/Bedeutung nicht hinterfragt, kognitive und affektive Anteile gleichwertig und gleichwirklich behandelt und Wertungen nicht ausgeschlossen). Eine Unterscheidung der Strukturebenen (Beziehung zur Beraterin oder zu den Kolleginnen) ist dabei nicht erforderlich. Prozess- und Beziehungsqualität können nicht immer unterschieden werden und das ist für das Gelingen auch nicht relevant. Grundannahme des Funktionierens ist, dass der Zustand »Lösung« in einer Differenzierung emotionaler und rationaler Aspekte liegt und diese Differenz im Prozess hinreichend (und eben nicht vollständig!) abgebildet, also »verstanden worden« sein muss. Mögliche Gefahr ist hierbei das Abfallen von beteiligter Akzeptanz (syntaktische Empathie) in unbeteiligte diagnostische Feststellung. Weitere Gefahr droht, wenn bei sehr hohem Leidens- und Lösungsdruck der Klientinnen zu semantischer Empathie übergegangen wird. Beide Gefahren beziehen sich auf das Verlassen einer geeigneten professionellen Distanz. Die erste wird »zu fern«, die zweite »zu nah«.

Professionelle Empathie, als gewollte Beziehungs- und Prozessqualität, zeigt sich über Zustände bei Klientin (»Verstanden werden«) und Beraterin (»Verstehen«). Die Betrachtung ergab, dass sich darüber Mediation und Vorgehensweisen nach Ergebnisfokussierter Klärung charakterisieren lassen. Das Hauptmerkmal der Unterscheidung liegt dabei in der »Genauigkeit«, die die verschiedenen Formen von syntaktischer (»Etwas«) und semantischer Empathie (»was genau?«) hervorbringt.

4.3.7 Professionelle Kulturarbeit

Jedes Führungshandeln und jede externe Begleitung findet im Unternehmenskontext statt. Dabei hat jedes Unternehmen bestimmte Eigenheiten, die es einzigartig und unverwechselbar machen: das bezeichnet man als »Kultur« des Unternehmens. Es schließen sich Fragen an, ob in jeder Kultur jede Führungs- oder Begleitform möglich ist und inwiefern Kultur die Art, Konflikte anzugehen oder Probleme zu lösen, beeinflusst.

Kulturen gelten nach Edgar Schein (1995) für Gruppen »als rational und emotional korrekter Ansatz ... ein Muster gemeinsamer Grundprämissen ... bei der Bewältigung ihrer Probleme«. Die Beschreibung unterschiedlicher kulturell geprägten Konstellationen ist keine Wertung. Sie verweist vielmehr auf die Aufgabe, für Anschlüsse zu sorgen, wenn Vertreter verschiedener Kulturen zusammenarbeiten.

In hierarchischen (herkömmlichen) Unternehmen treffen wir prototypisch auf »Umsetzungskulturen« oder »Verwaltungskulturen« (Vollmer 2005). Man kann sich gut vorstellen, dass je nach gelebter Kultur ein anderes Konflikt- und Problemlösungsverhalten vorherrscht. Demokratische Unternehmens- oder Teamstrukturen sind ein kulturprägender Aspekt. Eine kulturelle Diskrepanz entsteht dort immer dann, wenn trotz heftiger Abstimmungen keine Einigung möglich scheint oder wenn unbegrenztes Autonomiestreben der Mitglieder »Symbiosen« festigen und damit Commitments oder konsequente Herstellung von Lösung unmöglich machen. Je nach Kultur etablieren sich in Unternehmen verschiedene typische Kompetenzmuster (hier als Fähigkeiten-Bündel, mit Problemen umzugehen). Diese Zusammenhänge und das, was dabei jeweils möglich ist, sollen näher betrachtet werden.

Konträr zu den in Unternehmen vorgefundenen Kulturen steht die »Mediationskultur« (als Stellvertreterin für die Kultur konsensualer Verfahren allgemein). Sie passen einfach nicht gut zusammen. Anfangsbedingung für konsensuale Verfahren ist immer ein Zustand Problem. Angestrebt wird Lösung, als »Verschwinden des Problems« (Wittgenstein 2003).

Die Auswahl favorisierter Lösungsmuster ist vom kulturell geprägten Kompetenzmuster abhängig. So ist absehbar, dass Unternehmen mit »Umsetzungskultur« Konflikte anders bewerten und bearbeiten als solche mit »Verwaltungskultur«. Auch das Maß an Mitbestimmung beeinflusst dies als kulturprägender Aspekt. Der Soziologe und Konfliktforscher Walter Bühl (1976) stellt für den Umgang mit Konflikten fest: »Überspitzt gesagt: die Definition des Konfliktbegriffs ist letztlich eine Willenserklärung zur einzuschlagenden Konfliktstrategie.« Mit anderen Worten hängt alles Wahrnehmen, Denken und Handeln im Streit davon ab, welche grundlegende Vorstellung über Konflikt vorliegt. Das kann ohne Einschränkung auf das bevorzugte Bearbeitungs- und Lösungsverfahren übertragen werden.

Maßgeblich für die Neubewertung der Situation (»Wollen und schaffen wir es überhaupt, hier eine Veränderung hinzubekommen?«) und die Auswahl des Vorgehens ist dabei, in welchem Kompetenzfeld diese Neubewertung stattfindet. Je nach kulturell bevorzugtem Kompetenzfeld unterscheidet John Erpenbeck (2014) dabei anders geartete Stile der Konfliktbegleitung, die er »Mediationsstile« nennt. Diese Unterscheidung, worauf die Neubewertung und Lösungsfindung jeweils aufbaut, ist idealtypisch. Wir gehen davon aus, dass in der Praxis Mischformen vorherrschen.

Mediationsstil	Akzentuiertes Kompetenzfeld
Administrativ: auf die sozialkommunikative Vermittlung bestehender Werte, Normen und Regeln bauend	sozial-kommunikative Kompetenzen
Kompromisssuchend: auf die Wirkung der hoch aktiven Lösungssuche im Entscheidungskontinuum zwischen Normen, Regeln und Vorschriften einerseits und individuellen Werten, Motiven und Emotionen andererseits bauend	Aktivitäts- und Umsetzungs-kompetenzen
Kompetenzgetrieben: auf die Verankerung von Kompetenzen im Bereich der personalen Werte und Emotionen bauend	personale Kompetenzen
Kognitionslastig: auf das Verständnis und die fachlich-methodische Analyse der Prozesse und Randbedingungen der Konfliktaustragung bauend	fachlich-methodische Kompetenzen

Abb. 65: Mediationsstile nach Erpenbeck

Bei seinen Überlegungen stellt John Erpenbeck (2014) fest, dass Ansätze, die auf rein kognitives Problemlösen durch Analyse und Ursachenforschung abzielen, für Mediation ungeeignet sind. Vielmehr verweist er auf die notwendige Einbeziehung von Werten (also auch kulturellen Aspekten), wenn Mediation funktionieren soll. Damit kann ein idealtypisch »kognitionslastiger Mediationsstil« sofort wieder ausgeschlossen werden. Eine objektive Analyse der Ursachen oder die Anwendung von rein rationalen Methoden der Entscheidungsfindung gehören nicht zur Mediation, die ja immer auch Werte und Bedürfnisse einbezieht. Durch den methodischen Aufbau, die strikte Vorgehensweise und die verwendeten einheitlichen Hilfsmittel wirken Verfahren der Ergebnisfokussierten Klärung sehr analytisch und rational. Das sind jedoch Merkmale ihrer Grammatik, die gesondert von ihrer mediativen Haltung und den Inhaltsdimensionen (Ergebnisse und emotionale Bedeutung/Belastung) zu betrachten sind. Der methodisch stringente, fachlich-methodische Rahmen schafft ein gesichertes Feld, in dem Lösung möglich wird. Die wesentlichen Gegenidentitäten, die sich in diesem Rahmen entfalten können, bestehen darin, dass es neben der emotionalen auch eine rationale Seite gibt, neben der individuellen auch eine kollektive, neben der inneren des Teams auch eine äußere des Unternehmens oder Markts, die stets gleichwirklich mitzuführen sind.

Den Schwerpunkt von konsensualen Verfahren im engeren Sinn sehen wir im »kompetenzgetriebenen Mediationsstil«, der die Selbstorganisation der Streitenden fördert, damit diese den Konflikt aus eigener Kompetenz zu Konsens transformieren können. Das gilt auf kollektiver Ebene auch für die Ergebnisfokussierte Klärung. Bei letzter kommt ein spürbares Moment des »kompromisssuchenden Mediationsstils« hinzu, der auf wirksame Handlung und Umsetzung abzielt. Der »administrative Mediationsstil« wird dabei – und hier liegt ein möglicher Unterschied zu Mediation – bewusst auf Minimalerfordernisse beschränkt. Das bedeutet besonders einen Verzicht auf semantische Empathie, also auf das ausdrückliche Erkunden und Benennen von Gefühlen und Bedürfnissen. Gerade in betrieblichen Kulturen ist es nach unserem Dafürhalten wichtig, quasi eine Schutzfunktion gegenüber den Kolleginnen, die ja immer auch faktische oder potenzielle Konkurrentinnen sind, zuzulassen. Diese Schutzfunktion würde durch Beharren auf der gegenseitigen Vermittlung von Gefühlen und Bedürfnissen missachtet.

Hinzu kommen allgemeine kulturelle Tendenzen, Konflikte »sachlich« auszutragen. Empathie beginnt mit der Akzeptanz von Gefühlen und Bedürfnissen. Alles, was davor liegt, fällt in den Bereich der rationalen, methodischen Entscheidungsfindung. Das ist idealtypisch der Bereich, den John Erpenbeck vorläufig als »kognitionslastigen Mediationsstil« beschrieben und dann sofort wieder als nicht mediationstauglich verworfen hat. Die Dimension der emotionalen Belastung und Bedeutung wird in der Ergebnisfokussierten Klärung methodisch mitgeführt. Starke Emotionen werden über die »Wutwand« sichtbar dokumentiert, jedoch nur marginal weiter bearbeitet. Grundsätzlich setzt dieses Verfahren radikal auf syntaktische Empathie, auf die Selbstverantwortung der Teilnehmenden, vorhandene Störungen anzuzeigen, ohne dabei Gefühle oder Bedürfnisse benennen zu müssen.

Abhängig von einer Begriffsbestimmung bleibt, wie das gewählte Verfahren, das auf einem bevorzugten Lösungsmuster aufbaut, bezeichnet wird (z. B. »Mediation«) und was beim Bezeichnen diesem Verfahren an Vorannahmen beigemessen wird. Durch ihren zunehmenden Verbreitungsgrad, aber auch durch Thematisierung in den Unterhaltungsmedien (derzeit bekanntestes Beispiel ist die Abendserie »Paul Kemp – Alles kein Problem«, in der Harald Krassnitzer einen Mediator spielt) gibt es ganz unterschiedliche Vorstellungen, was Mediation ist und kann. Das kann durch Mediatorinnen oder durch Mediationsfremde unterschiedlich ausfallen. Hinzu kommen Vorurteile (»Mediation ist doch nur was für Mädchen...«). Mediation ist also nicht nur Name eines Verfahrens, sie ist auch das innere und äußere Vorurteil ihrer selbst.

Je nach Kultur und worauf das Muster der Neubewertung und Lösung baut, können Verfahren wegen dieser Vorannahmen gewählt oder abgelehnt werden.

Neben die Frage, worauf Neubewertung und Lösungsfindung grundlegend bauen, und die Frage, wie das dazu passende Verfahren genannt und mit Vorannahmen versehen wird, tritt die Frage, was bei der Begleiterin während der Durchführung handlungsleitend ist. Das erinnert an die Ergebnisse der Forschungsarbeit (siehe Kapitel 4.3.5), die eine Entwicklung nachzeichnet von der

- Methodenanwendung (F: fachlich-methodische Kompetenzen) über die
- Identitätsdarstellung (P: personale Kompetenzen und S: sozial-kommunikative Kompetenzen) zur
- Profession (A: Aktivitäts- und Umsetzungskompetenzen)

Verdichten sich die Antworten auf diese drei Fragen nach
- Neubewertung und Lösungsfindung
- Verfahren nebst innewohnenden Vorannahmen
- Handlungsleitende Kompetenzen der Begleiterin
und entsteht darüber Übereinstimmung, dann kann von »Mediationskultur« gesprochen werden. In verschiedenen Gruppen wie in Unternehmen oder unter Mediatorinnen können dabei verschiedene Versionen dieser Kultur samt ihren Vorurteilen bestehen.

Vorgehen nach Ergebnisfokussierter Klärung ist, wie wir zeigen konnten, eine Anwendungsform von Mediationskompetenz, auch wenn sich die Verfahren grundlegend unterscheiden. Diese Kompetenz ist theoretisch und empirisch gut erforscht (siehe Kapitel 4.3.5). Der Unterschied in der hohen Ausprägung in [A] bei »Umsetzungskulturen« (Management: erst handeln, dann reden) und im hohen [S] der »Mediationskultur« (Mediation: erst reden, dann handeln) sorgt immer wieder für gegenseitiges Unverständnis und Ablehnung. Im Gegensatz dazu haben Spezialistinnen-Kompetenzen ein hohes [F] (z.B. Technikerinnen, Betriebswirtinnen, Juristinnen...: erst analysieren, dann handeln). Diese Ausprägung erscheint auch in »Verwaltungskulturen« (erst Zuständigkeit prüfen, dann handeln). So konfligieren »Mediationskultur« und »Spezialistenkultur« bzw. »Verwaltungskultur« in der unterschiedlichen Bedeutung von [F].

Unreflektierte Bewertungs- und Handlungsroutinen bei Begleiterinnen und Klientinnen sorgen beim Aufeinandertreffen für einen Kulturschock. Die Professionalität der Begleiterin besteht dann darin, eine für das Klientinnensystem stimmige und adaptionsfähige Version des Begleitverfahrens herzustellen. Das ist die Anwendung syntaktischer Empathie auf das Verfahren selbst (und nicht nur auf seine Inhalte). Das Beharren auf einem Verfahren, das man als Begleiterin als richtig erkennt, ohne Berücksichtigung von Effekten, die es bei den Klientinnen auslöst, zeugt von fehlender Empathie und weckt den Verdacht vermeintlicher Heilslehren. Dabei sind der Klientin akademische Feinheiten egal, was z. B. Mediation ist oder nicht. Sie will nichts als eine funktionierende und annehmbare Form, die aus ihrem Problem eine Lösung macht. In Anlehnung an unsere Ausführungen zu professioneller Distanz geht es nicht darum, es dem Klientinnensystem möglichst bequem und einfach zu machen oder ihm »nach dem Mund zu reden«. Das wäre »zu nah« (Nähe als Hindernis). Die Herausforderung ist, eine Verfremdung einzubringen, die Kompetenz provoziert (Fremdheit als Ressource), ohne dabei »zu fremd« zu werden.

5. Anhang

5.1 Abbildungsverzeichnis

5.2 Glossar

Beratungslogik: Grammatik eines Begleitprozesses, die von einem bestimmten Grundverständnis und bestimmten Grundannahmen des Funktionierens ausgeht und die dem Begleiter bestimmte Handlungsmaximen und Interventionsrichtung nahelegt.

Dienstleistung: betriebliche Transformationsprozesse, die zielgerichtet gelenkt und unter systematischem Vollzug Eigenschaftsänderungen unmittelbar an externen Faktoren bewirken und/oder die Eintrittswahrscheinlichkeit solcher Ereignisse verändern, die die externen Faktoren potenziell transformieren könnten.

Empathie: Qualität einer sozialen Beziehung; Indikatoren sind Zustände des »Verstehens« und des »Verstanden-werdens« von Gedanken, Gefühlen und Bedürfnissen, die das aktuelle Erleben und Handeln beeinflussen. Erscheinungsformen: *a)* syntaktische Empathie als Resultat feststellender Akzeptanz, *dass* da etwas ist; *b)* semantische Empathie als Resultat erkundender Kommunikation, *was* es genau ist.

Ergebnisfokussierte Klärung: auf Rollenklarheit, mediativer Haltung, klarem Bild von Führung und den Kompetenzen aller Beteiligten aufbauende Denkwelt, aus der heraus konsensuale Dienstleistungen und Verfahren (z. B. Zeitoptimierte Klärungsprozesse) zur Förderung von kollektiver Kompetenz und Lösungsorientierung ermöglicht werden.

Formale Struktur: Struktur, deren Letztelemente unternehmerische, juristische usw. Prämissen sind.

Gegenidentität: Ergebnis einer symmetrischen, bivalenten Differenz. Gegenidentitäten schließen sich gegenseitig nicht aus. Typische Verbindung: Sowohl...als auch. Beispiel: Das Formale ist nicht das Nichtsoziale und das Soziale ist nicht das Nichtformale.

Gegenteil: Ergebnis einer asymmetrischen, dichotomen Unterscheidung. Gegenteile schließen sich gegenseitig aus. Typische Verbindung: entweder...oder. Beispiel: Das Informelle ist das Nicht-Formale.

Gruppe: Soziales System, das »Team« als gemeinsames Wirklichkeitskonstrukt herstellt und darauf bezogen handelt.

Kollektiv: Sammelbegriff für Teams, Unternehmen und deren Fraktale (Bereiche, Abteilungen, Projektgruppen...).

Kompetenz: Fähigkeit zu kreativ selbstorganisiertem Handeln in neuartigen Situationen.

Konflikt: Eigenschaft eines sozialen Systems bei Vorliegen einer Begrenzung eigener Handlungsabsichten für mindestens eine Partei, wenn unterschiedliche Handlungsabsichten existieren.

Konsens: Eigenschaft eines sozialen Systems, wenn für keinen Beteiligten eine Begrenzung eigener Handlungsabsichten vorliegt, unabhängig davon, ob unterschiedliche Handlungsabsichten existieren oder auch nicht.

Konsensuale Verfahren: Begleitverfahren, die die Möglichkeit herstellen, dass dazu bereite (autonome Freiwilligkeit) Konfliktparteien ihren Konflikt kreativ selbstorganisiert (also mit eigener Kompetenz) in Konsens transformieren können. Anders gesagt sind es Verfahren, die im Konfliktsystem eine Zustandsänderung von Problem nach Lösung bewirken.

Kultur: rational und emotional korrekter Ansatz für Gruppen, ein Muster gemeinsamer Grundprämissen, bei der Bewältigung ihrer Probleme.

Lösung: Systemzustand, dessen Veränderung mindestens ein Systembestandteil für notwendig oder wünschenswert hält und diese Veränderung als einfach und möglich bewertet.

Organisation: Soziales System, das »Unternehmen« als gemeinsames Wirklichkeitskonstrukt herstellt und darauf bezogen handelt.

Problem: Systemzustand, dessen Veränderung mindestens ein Systembestandteil für notwendig oder wünschenswert hält und diese Veränderung als schwierig oder unmöglich bewertet.

Profession: *a)* institutionalisierter Altruismus mit der gesellschaftlichen Funktion der Wahrheitsbeschaffung (Wissenschaft), Konsensbeschaffung (Recht), Therapiebeschaffung (Körper, Psyche) oder Lösungsbeschaffung (Konsensuale Verfahren wie Mediation oder Ergebnisfokussierte Klärung bzw. inhaltsabstinente Verfahren wie Coaching); *b)* in unserem Zusammenhang meist: durch Methodik und Haltung geprägte Bearbeitungsweise realer Anliegen anderer, insbesondere mit Fähigkeiten wie Hermeneutische Kompetenz (Fallverstehen), Stellvertretende Deutung oder Mäeutik.

Soziale Struktur: Struktur, deren Letztelemente individuelle oder kollektive Werte sind.

Symbiose: Systemzustand, dessen Veränderung mindestens ein Systembestandteil für nicht notwendig oder nicht wünschenswert hält.

Team: Kollektiv als Wirklichkeitskonstrukt einer »sozialen Gruppe«, auf das bezogen die Mitglieder handeln.

Unternehmen: Kollektiv als Wirklichkeitskonstrukt eines sozialen Systems »Organisation«, auf das bezogen die Mitglieder handeln.

Verdeckter Gewinn: subjektiver, oft nicht bewusster und/oder nicht kommunizierter Vorteil beim Beibehalten eines Systemzustands.

Wert: Etwas, das von einer Person oder einem Kollektiv aus der Wirklichkeit hervorgehoben wird und dessen Realisierung dieser Person oder diesem Kollektiv notwendig oder wünschenswert erscheint.

Zeitoptimierte Klärung: strukturiertes, ziel- und auftragsbezogenes, straff moderiertes Verfahren nach den Prinzipien Ergebnisfokussierter Klärung, um einem Team in einer belastenden Situation wieder zur Arbeitsfähigkeit zu verhelfen.

5.3 Stichwortverzeichnis

5.4 Literatur

Barthel Erich, Kreuser Karl (2011). Strategisches Kompetenzmanagement, in: Dworschak Bernd, Karapidis Alexander: Professional Training Facts 2010, Stuttgart

Bauer Joachim (2005). Warum ich fühle, was du fühlst. Intuitive Kommunikation und das Geheimnis der Spiegelneurone, Hamburg

Breyer Thiemo (2013). Grenzen der Empathie, München

Bühl Walter (1976). Theorien sozialer Konflikte, Darmstadt

Ciompi Luc (1993). Die Hypothese der Affektlogik, in: Spektrum der Wissenschaft Heft 2/1993

Erpenbeck John, Brenninkmeijer Bernward (2007). Werte als Kompetenzkerne des Menschen, in: Heyse Volker, Erpenbeck John: Kompetenzmanagement, Münster, S. 251–291

Erpenbeck John (2010). Kompetenzen – eine begriffliche Klärung, in: Heyse Volker, Erpenbeck John, Ortmann Stefan: Grundstrukturen menschlicher Kompetenzen, Münster, S. 13–20

Erpenbeck John (2012). Weitere Konflikte – erweiterte Kompetenzen?, in: Kreuser Karl, Robrecht Thomas und Erpenbeck John: Konfliktkompetenz, Wiesbaden, S. 43–59

Erpenbeck John (2014). Mediationskompetenz und Kompetenzmediation, in: Die Wirtschaftsmediation 4/2014

Gassner Burghard (2007). Empathie in der Pädagogik: Theorien, Implikationen, Bedeutung, Umsetzung, Dissertation, Heidelberg

Geser Hans (1990). Organisationen als soziale Akteure, in: Zeitschrift für Soziologie, Jahrgang 19, Heft 6

Günther Gotthard (1980). Identität, Gegenidentität und Negativsprache, in: Hegeljahrbücher 1979, Berlin

Haken Hermann (1991). Erfolgsgeheimnisse der Natur – Synergetik: die Lehre vom Zusammenwirken, Stuttgart

Haken Hermann, Schiepek Günter (2006). Synergetik in der Psychologie, Göttingen

Heisenberg Werner (1979). Quantentheorie und Philosophie, Stuttgart

Hejl Peter (1992). Selbstorganisation und Emergenz in sozialen Systemen, in: Krohn Wolfgang, Küppers Günter: Emergenz: die Entstehung von Ordnung, Organisation und Bedeutung, Frankfurt, S. 269–292.

Hejl Peter, Stahl Heinz (2000). Management und Wirklichkeit: Das Konstruieren von Firma, Märkten und Zukünften, Heidelberg

Heyse Volker, Erpenbeck John (2007). Kompetenzmanagement, Münster

Heyse Volker, Erpenbeck John, Ortmann Stefan (2010). Grundstrukturen menschlicher Kompetenzen, Münster

Heyse Volker, Ortmann Stefan (2008). Talentmanagement in der Praxis, Münster

Joas Hans (1989). Praktische Intersubjektivität. Die Entwicklung des Werkes von George Herbert Mead, Frankfurt

Jokisch Rodrigo (1996). Die Logik der Distinktionen, Opladen

Jokisch Rodrigo (2007). Bisher leider unveröffentlichter Entwurf unter dem Titel »Theorie der Gesellschaft: Beobachtung und Diskurs« in der Fassung von 2007, Darmstadt. Angekündigt unter dem Titel »Zur Beobachtung von Gesellschaft: Auf dem Weg zu einer integrativen Sozialtheorie«, Wiesbaden.

Koring, Bernhard (1996). Zur Professionalisierung der Pädagogik, in: Combe, Arno und Helsper, Werner; Zur Professionalisierung pädagogischen Handelns; Frankfurt

Kreuser Karl (2010). Konflikt und Führungsaufgaben, in: Kreuser Karl, Robrecht Thomas, Führung und Erfolg, Wiesbaden, S. 39–57

Kreuser Karl, Heyse Volker und Robrecht Thomas (2011). Mediationskompetenz, Münster

Kreuser Karl, Robrecht Thomas und Erpenbeck John (2012). Konfliktkompetenz: eine strukturtheoretische Betrachtung, Wiesbaden

Kreuser Karl (2012a). Organisation gedacht, in: Robrecht Thomas, Organisation ist Konflikt. Kühbach, S. 38–55

Kreuser Karl (2012b). Darf es etwas mehr Simmel sein? Die Rolle des Dritten im Konflikt, in: konfliktDynamik, Heft 3/2012

Kreuser Karl (2012c). Denn sie wissen, was sie tun... Rollenklarheit bei Mediation in Organisationen, in: Spektrum der Mediation, Ausgabe 47/2012

Kreuser Karl (2014a). Wenn sich zwei streiten, was macht dann der Chef?, in: konfliktDynamik, Heft 1/2014

Kreuser Karl (2014b). Unternehmen um halb zehn – auf der Suche nach kollektiven Kompetenzen. www.sokrateam.de/veröffentlichungen/

Kreuser Karl (2015). Kompetent beim Streiten helfen: Beiträge der Kompetenzforschung zu Konflikt und Mediation, in: Perspektive Mediation-Beiträge zur Konfliktforschung, Heft 1/2015

Kreuser Karl (2015). Ungleiche Schwestern – Kompetenzen von Coaching und Mediation, in: OSC Organisationsberatung, Supervision, Coaching, Heft 3/15

Liekam Stefan (2004). Empathie als Fundament pädagogischer Professionalität – Analysen zu einer vergessenen Schlüsselvariable der Pädagogik, Dissertation, München

March James Gardener (1991). Exploration and Exploitation in Organizational Learning. In: Organization Science, Vol. 2, No. 1, Hanover

Neidhardt Friedhelm (1994). Das innere System »sozialer Gruppen« und ihr Außenbezug, in: Schäfers Bernd: Einführung in die Gruppensoziologie, Heidelberg, S. 135–156

Oevermann Ulrich (1996). Theoretische Skizze einer revidierten Theorie professionellen Handelns, in: Combe, A./Helsper, W. (Hrsg.), Pädagogische Professionalität, Frankfurt, S. 70–182

Ortmann Stefan (2011). Ergebnisse der Umfrage, in: Kreuser Karl, Heyse Volker und Robrecht Thomas, Mediationskompetenz, Münster

Piaget Jean (1976). Die Äquilibration kognitiver Strukturen, Stuttgart

Richter Magnus, Souren Rainer (2008). Zur Problematik einer betriebswirtschaftlichen Definition des Dienstleistungsbegriffs: Ein produktions- und wissenschaftstheoretischer Erklärungsansatz, Ilmenauer Schriften zur Betriebswirtschaftslehre 4/2008

Robrecht Thomas (2012). Organisation ist Konflikt, Kühbach

Rogers Carl Ransom (1959). A theory of therapy, personality, and interpersonal relationships, as developed in the client-centered framework, in: Koch Sigmund, Psychology: A Study of a Science, Band 3, New York, S. 184–256

Rogers Carl Ransom (1975). Empathic – an unappreciated way of being, in: The Counseling Psychologist 5,2, S. 2–10Schein Edgar (1995). Unternehmenskultur – Ein Handbuch für Führungskräfte, Frankfurt

Simmel Georg (1908). Soziologie, Untersuchungen über die Formen der Vergesellschaftung, Berlin. Dabei besonders: »Die quantitative Bestimmtheit der Gruppe«, S. 76–100 und »Exkurs über den Fremden«, S. 509–512

Spencer Brown George (1999). Gesetze der Form, Lübeck

Staemmler Frank (2009) Das Geheimnis des Anderen – Empathie in der Psychotherapie: Wie Therapeuten und Klienten einander verstehen, Stuttgart

Stöger Heidrun, Ziegler Albert, Schimke Diana (2009). Mentoring. Theoretische Hintergründe, empirische Befunde und praktische Anwendungen, Lengerich.

5.4 Literatur

Sulz Serge, Gräff-Rudolph Ute, Hebing Miriam, Hauke Gernot, Hoenes Annette, Richter-Benedikt Annette (2009). Erlebnisorientierte Schemaänderung – zwei Ansätze zur wirksamen Bearbeitung dysfunktionaler Schemata, in: Psychotherapie 14. Jahrgang 2009, Bd. 14, Heft 2

Teubner Gunther (1987). Hyperzyklus in Recht und Organisation – zum Verhältnis von Selbstbeobachtung, Selbstkonstitution und Autopoiese, in: Haferkamp Hans, Schmid Michael: Sinn: Kommunikation und soziale Differenzierung: Beiträge zu Luhmanns Theorie sozialer Systeme, Berlin, S. 89–128

Varga von Kibéd Matthias, Sparrer Insa (2009). Ganz im Gegenteil, Wiesbaden

Vollmer Günther R. (2005). Verwaltungskultur im Wandel? Ergebnisse einer empirischen Untersuchung, in: Maier Walter, Hopp Helmut und Ziegler Eberhard (Hrsg.), Mut zur Veränderung, Stuttgart, S. 217–225

Watzlawick Paul (1983). Anleitung zum Unglücklichsein, München

Weber Max (1922). Wirtschaft und Gesellschaft: Grundriss der verstehenden Soziologie, Tübingen

Weick Karl Edward (1995). Der Prozess des Organisierens, Frankfurt

Wittgenstein Ludwig (2003). Tractatus logicus-philosophicus, Frankfurt

5.5 Die Autoren

Thomas Robrecht ist geschäftsführender Gesellschafter der Beratergruppe SOKRATeam. In seine Arbeit fließen die Erfahrungen der achtjährigen Vorstandstätigkeit im BM (Bundesverband MEDIATION) ein. Sein großes Anliegen ist es, die Anschlussfähigkeit von konsensualem Denken an ihre unterschiedlichen Kontexte zu erreichen und zu sichern. Als Leiter des Fachgebiets Wirtschaftsmediation im BM verfolgt er dieses Ziel konsequent weiter.

Sein Arbeitsschwerpunkt ist die Entwicklung von zukunftsfähigen Unternehmenskulturen mit Wertebewusstheit in Management und Führung. Zu seinen Tätigkeiten gehören die Begleitung der Entwicklung von Führungskräften und Mediatoren mit Seminaren, Workshops und Coachings sowie die Bearbeitung von Konflikten in Unternehmen zwischen Einzelpersonen, Teams und Organisationseinheiten.

Dr. Karl Kreuser ist geschäftsführender Gesellschafter der Beratergruppe SOKRATeam. Seine Arbeitsschwerpunkte sind die Beratung und Begleitung von Projekten zu Talent-, Potenzial- und Kompetenzmanagement sowie zu retention management. Neben organisationsspezifischen Konzepten erarbeitet er Lernarchitekturen zu selbstorganisierter Kompetenzentwicklung. Zudem arbeitet er als Mediator und systemischer Strukturaufsteller für wirtschaftende, öffentliche und soziale Organisationen und Familienunternehmen.